33

HELMUT SCHREIER

BÄUME

Streifzüge durch eine unbekannte Welt

Rogner & Bernhard
bei Zweitausendeins

1. Auflage als Zweitausendeins-Taschenbuch Nr. 33, März 2011.

www.rogner-bernhard.de

Lektorat: Evelin Schultheiß, Hamburg.
Umschlaggestaltung: Heine/Lenz/Zizka Projekte GmbH, Frankfurt.
Umschlagmotiv: fotolia.
Herstellung: Dieter Kohler GmbH, Wallerstein.
Satz: Offizin Götz Gorissen, Berlin.
Druck und Bindung: CPI – Clausen & Bosse, Leck.
Printed in Germany.

Dieses Buch gibt es nur bei Zweitausendeins im Versand, Postfach, D-60381 Frankfurt am Main, Telefon 069-4208000, Fax 069-415003.
Internet www.Zweitausendeins.de. E-Mail Service@Zweitausendeins.de.
Oder in den Zweitausendeins-Läden 2x in Berlin, Düsseldorf, Frankfurt/Main, Freiburg, 2x in Hamburg, Hannover, Köln, Leipzig, Mannheim, München, Nürnberg und Stuttgart.
Oder in den Zweitausendeins-Shops in Augsburg, Bonn, Braunschweig, Bremen, Darmstadt, Dresden, Erfurt, Göttingen, Karlsruhe, Kiel, Koblenz, Ludwigsburg, Marburg, Münster, Neustadt an der Weinstraße, Oldenburg und Ulm.

In der Schweiz über buch 2000, Postfach 89, CH-8910 Affoltern a. A.

ISBN 978-3-86150-933-2

INHALT

VORBEMERKUNG

An einem Wintertag erscheint der Umriss der alten Eiche im Park scherenschnittartig im Licht. Ihr mächtiger Stamm mündet in fast ebenso starke Äste, die dann in dünnem Gezweig enden, das kurz und knapp mit regelmäßig geschnittener Silhouette vorm Himmel steht, so dass die Gestalt aus der Ferne an die eines Baobab erinnert, dessen Zweige sich wie Wurzelwerk aus dem gigantischen Stamm herausstrecken. Aus der Nähe betrachtet, zeigt sich die besondere Kompaktheit der Eiche in der Ungleichmäßigkeit ihrer Glieder, die nicht geradewegs zum Licht emporstreben wie die von Ahorn oder Esche, sondern unregelmäßig abgeknickt sind wie Ellbogen und Knie und in sich gedreht wie ein extra dickes Tau. Das Holz besteht aus Fasern, sieht aus wie die Muskelfasern an den Beinen von Radrennfahrern, es ist von einer Schicht Rinde aus lauter einzelnen Schorfplättchen bedeckt, die sauber aufgereiht aneinander sitzen, die erstarrte Rüstung eines Samurai. Mitten im Stamm, auf Bodenhöhe, ist eine Höhlung, eine besondere Attraktion für Parkbesucher. Eine Familie kommt über den Rasen heran, der kleine Junge inspiziert die Höhle. Die Erwachsenen gehen um den Stamm herum, schauen in die Krone hinauf, schätzen das Alter. Die Szene illustriert das Verhältnis zwischen Menschen und Bäumen in der gegenwärtigen Gesellschaft, gerade auch durch die Flüchtigkeit des Augenblicks der Wahrnehmung. Bäume: Ist nicht alles Wissenswerte über sie längst ermittelt und dokumentiert worden? Einen Baum verstehen heißt demnach, ihn einordnen in vorgegebene Kategorien, Nadel- und Laub-, immergrüne und Laub werfende, heimische und exotische Bäume.

Das Lexikon unterscheidet Zier- und Nutzbäume. »Letztere«, heißt es im Duden-Lexikon, »liefern Holz, Gerb-, Bitter-, Farbstoffe, Harz, Kautschuk, Saft, Obst u.a.« Zierbäume, so wäre zu ergänzen, dienen der Dekoration von privaten Gärten oder öffentlichen Parks, Alleen, Einkaufszentren. Derartige Einteilungen sind selbstverständlich erst der Anfang. Die Botanik nimmt Bäume genauer unter die Lupe, sie beschreibt Funktionen, etwa den chemischen Prozess der Chlorophyllsynthese, die Bindung von Kohlendioxid, die ausgewogene Statik von Zug- und Spannkräften, und wie alle Wissenschaft schielt sie dabei auf Möglichkeiten der Nutzanwendung für uns. Die Ökologie beschreibt komplexe Funktionen, etwa das symbiotische Zusammenspiel der Mykorrhiza oder auch Vorgänge, deren Funktion noch ungeklärt ist. Eichen beispielsweise bilden 120 verschiedene Gallenarten aus, Behausungen für die Larven von 120 unterschiedlichen Gallwespen, mehr als jede andere Baumart. Auf welche Weise die Eiche von der energieaufwändigen Eichengallenproduktion selbst profitiert, ist noch unerforscht. Anzunehmen, dass es gelingt, derartigen Funktionen mit Hilfe von akribisch genauen Beobachtungen und Messungen auf die Spur zu kommen. Wissenschaft ist schließlich das mächtigste Instrument zur Erkenntnis derartiger Zusammenhänge. Und sie liefert ein Wissen, das am Ende stets darauf hinausläuft, menschlichen Zwecken zu dienen.

Die Frage des Verhältnisses zwischen Menschen und Bäumen stellt sich ihr insofern nicht, als durch ihre Methoden der Zugang zur Baumnatur einseitig festgelegt ist. Ihr Instrumentarium ist nicht dafür geeignet, die Beziehung zu reflektieren, weil sie bereits auf der Trennung zwischen dem erkennenden Menschen und dem Gegenstand seiner Erkenntnis beruht. Diese Trennung verleiht ihr das, was »Objektivität« genannt wird. Deswegen sind die »Erkenntnisse«, die man mit Hilfe der Wissenschaft über Bäume haben kann, stets eingeschränkt. Oder anders formuliert: Angesichts der alten Eiche im Park wird deutlich, dass die wissenschaftliche Betrachtungsweise wichtig ist, um interessante Daten zu ermitteln, dass sie aber nur einen engen Aspekt der mentalen Beziehung zu Bäumen präsentiert.

Vielleicht liegt im Ästhetischen ein Zugang, der eher dazu geeignet ist, dieses Verhältnis zu beleuchten. Immerhin ist es trotz des offensichtlichen Widerspruchs zur Objektivität der wissenschaftsförmigen Weltsicht möglich, bei einem Gespräch über Bäume von der Würde einer jahrhundertealten Eiche zu sprechen, ohne von den Gesprächspartnern deshalb sofort den Vorwurf der Vermenschlichung oder der naiv-animistischen Natursicht hören zu müssen. Offenbar besteht für die meisten ein Zugang zu dieser Art Wahrnehmung; man kann von der Poesie des Filigrans der kahlen Bäume vor dem Winterhimmel reden, ohne sich lächerlich zu machen. Und doch liegt darin eine Redeweise, die häufig ins Klischeehafte führt. In Kalendern und Bildbänden mit Fotos von Bäumen und Zitaten von Aussagen über Bäume hat sie ein eigenes Genre hervorgebracht.

Immerhin ist hier die Spur genau des Verhältnisses gegeben, dem nachzugehen sich zu lohnen scheint, wenn man es unternimmt, Informationen aus Geschichte, Literatur, Ethnographie, Religionskunde usw. mit in die Betrachtung einzubeziehen. Schließlich gilt Ästhetik auch als philosophische Disziplin.

Wohin kommen wir, wenn wir diesen Anmutungen mit Aufmerksamkeit und Umsicht folgen? Gleich am Anfang zeigt sich, dass die gegenwärtig vorherrschende Sicht der Bäume keine allgemeingültige »Normalperspektive« darstellt. Anderswo gelten andere Perspektiven, und zu anderer Zeit hat man die Dinge auch hierzulande anders gesehen. In seiner Abhandlung über die *Historischen Wurzeln unserer Ökologischen Krise* schreibt Lynn White:

»In der antiken Welt hatte jeder Baum, jeder Quell, jeder Fluss, jeder Hügel seinen eigenen genius loci, seinen Schutzgeist ... Bevor man einen Baum fällen, einen Berg aufgraben oder ein Flüsschen stauen durfte, musste man den Geist besänftigen, der für die gegebene Angelegenheit zuständig war, und man musste sein Wohlwollen erhalten. Indem das Christentum diesen heidnischen Animismus zerstörte, eröffnete es die Möglichkeit, die Natur ohne Rücksicht auf die Gefühle der Naturdinge auszubeuten.«[1]

Demzufolge käme es womöglich darauf an, etwas Verlorengegangenes zurückzugewinnen und den heidnischen Animismus aufs Neue ins Spiel zu bringen. Aber der einfache Anschluss an die alte Naturmoral würde bedeuten, wissenschaftliche Erkenntnis etwa auf dem Gebiet der Umweltethik schlicht auszublenden, und zur Isolation vom gegenwärtigen Diskurs führen. Aussichtsreicher und interessanter erscheint es, all das, was im Zusammenhang des Themas das Interesse erregt, aufzugreifen und ins Gespräch einzubeziehen.

So trage ich in diesem Buch Daten über Bäume zusammen, die mir faszinierend erscheinen: der Ginkgo, der den Atombombenabwurf auf Hiroshima überlebt hat, das Wurzelwerk der Aspen in den Rocky Mountains, das seit einigen hunderttausend Jahren unter der Erde über das Land wandert und immer neue Klone hervorbringt, die Epidemien der Ulmenkrankheit als Ergebnis des Wechselspiels zwischen dem Krankheitserreger, einem Pilz, und dem Virus, das diesen Pilz in Schach hält.

Ich berichte über Manifestationen des Wechselspiels von Baum und Phantasie: die mythenbildende Kraft von Bäumen, die dem Haselholz unterstellte Zauberwirkung, der Zusammenhang zwischen Buche und Schrift, der Wald als historischer Widerpart und Grundlage der Zivilisation zugleich, als Projektionsfläche unserer nationalen und vielleicht einer künftigen globalen Identität.

Und ich erzähle von den Zeugen der Möglichkeit einer vielleicht verwandtschaftlich begründeten, aber noch längst nicht erkundeten Nähe zu den Bäumen: von den hinduistischen Bishnoi und den Baumbesetzern in Oregon und Nordkalifornien aus den letzten Jahren, von der Chipko-Bewegung im Himalaja und von Walter Benjamin, der die Sprache eines Baumes auf Ibiza vernahm, oder von Jorge Semprun, dem die Begegnung mit einer Buche im Konzentrationslager Buchenwald zum Überleben verhalf und dazu, auch die Gefangenschaft in der Ideologie zu überwinden.

Es ist eine Sammlung verschiedener interessanter Facetten. Die Daten, Geschichten, Informationen und Konzepte, die hier ausgebreitet werden, sind vielleicht auch für den Anfang einer Klärung unseres Verhältnisses zu den Bäumen geeignet, denn erst, wenn sämtliche Aspekte einer Sache berücksichtigt sind, kann man sie zu klären versuchen. Natürlich stehen Bäume für Natur überhaupt. Sie stellen einen Fokus zur Verfügung, der für eine Diskussion des Verhältnisses zur Natur besonders geeignet ist, weil es zur Erfahrung der meisten gehört, dass in der allgemeinen Fremdheit der Naturdinge die Möglichkeit einer Begegnung noch am ehesten mit einem von ihnen aufblitzt. Eine Neubestimmung unseres Verhältnisses zur Natur wird seit langem kontrovers diskutiert. Die Texte dieses Buches über Bäume unternehmen es, ein anderes, ungewöhnliches Allianzverhältnis zu formulieren. Sie deshalb als Beitrag für eine Neubestimmung zu bezeichnen, erschiene mir hochtrabend. Mir genügt es, meine anhaltende Faszination auszudrücken. So lange ich denken kann, sind Bäume mir fremdartige und schöne Vertraute gewesen.

DIE BEFREMDLICHE NÄHE VON BÄUMEN

EIN NAHER BAUM

Mitten in meinem Garten steht eine Kiefer – *Pinus sylvestris* – mit einem Stamm, den ich gerade noch umfassen kann und der sich in Brusthöhe in zwei gleich starke Stämme gabelt, die auf 7 oder 8 Meter Höhe emporstreben. Beim Blick aus dem Fenster bildet die Masse der Nadeln ein silbergrünes Geflecht, das die Birken am unteren Rand des Rasens und die Dächer der Nachbarhäuser verdeckt. Wenn ich den abschüssigen Rasen hinuntergehe, so wechselt das Bild, der Baum zeigt eine struppigere Ansicht, und von der anderen Seite des Grundstücks her gesehen steht ein Gewirr von Ästen und Nadelbüscheln scherenschnittartig dunkel vor dem graublauen Himmel.

Ohne den Baum würde der Architektur des Grundstücks das Zentrum fehlen. Er zieht den Blick auf sich und gibt ihm Anhaltspunkt und Maß für den Raum des Gartens. Vom Stamm des Baumes aus betrachtet, liegen die Begrenzungen des Blickfelds, Hasel, Südbuche, Gartenhäuschen, Ginkgo, Eibenhecke, Birke und die Tür zur Terrasse in einem Nahbereich von 20 Metern. Innerhalb der Zone also, die Johannes Gabriel Granö in seiner *Reinen Geographie* 1929 als unmittelbaren Erfahrungsbereich beschrieben hat – der Raum, in dem Augen, Ohren und Nase die genauesten Eindrücke wahrnehmen.[2] Es ist der Raum, der die Hälfte der Strecke zum Horizont einnimmt. Dementsprechend erscheint beispielsweise vom Meeresstrand aus eine Möwe, die 20 Meter entfernt auf dem Wasser schwimmt, exakt in der Mitte der Strecke zwischen Augen und Horizont. In diesem Sinn des unmittelbaren Erfahrungsraumes beherrscht der Baum den Garten, der um ihn herum angelegt worden ist. Er hält das Fleckchen Land in einer den Menschen bestens zugänglichen Dimension. Wäre er nicht gewesen, hätte ich das Grundstück vor fünfzehn Jahren nicht gekauft. Damals umwucherte ihn ein Gestrüpp von Birken und Eichen, aber die Schönheit des leicht geschwungenen Stammes, die symbolträchtige Gabelung fielen mir ins Auge. Er war älter und noch immer höher als die Laubbäume, die sich um ihn drängten. Ein paar Jahre noch, sie wären über ihn hinausgewachsen und hätten ihn verkümmern lassen. Und all die hunderte von geflügelten kleinen Nüsschen, die aus den Zwischenräumen der Zapfen fallen und davonwehen, wären unter dem Laubdach vielleicht aufgekeimt, aber die winzigen Kiefernbäumchen hätten im Schatten verderben müssen, denn die Kiefer geht ein, wenn sie nicht den offenen Himmel über sich hat. Jetzt steht der Baum frei und produziert hunderte von grauen holzigen Zapfen, die der Wind von den Zweigen bricht, oder von jenen grünen schlanken Kegeln, die die Eichhörnchen den Sommer über auseinander klauben, so dass der Boden mit Schuppen und Spindeln übersät ist. Im Juni entlassen die Blütenständer Wolken gelben Pollens, der das Gelände mit hellem Staub überzieht, und im November rieseln Nadeln auf den Rasen; zusammengerecht füllen sie drei oder vier große Säcke.

In einer regnerischen Mainacht im Jahr 1992 hörte ich, wie der Baum trank. Ich presste mein Ohr an den Stamm und vernahm sein Saugen, sein Pumpen, Schmatzen und Schlürfen, das in einen metallischen Klang überging, als ob jemand in der Ferne Milchkannen aus Zink aneinander schlüge. So laut, dass sich in unsere Überraschung ein leichtes Erschrecken mischte. Adrian Bayley, der Leiter des Field Study Centres von Preston Montford, war damals zu Besuch; er zog erstaunt die Augenbrauen hoch. Wir gingen in der Regennacht von Baum zu Baum, um unsere Ohren an die Stämme zu halten und verschiedene Saufmuster herauszuhören. Am lautesten schmatzten die Birken, aber am Ende fand ich die Kiefer am interessantesten, ihr ziehendes Schlürfen, ihr klingendes Rauschen, ihr zischendes Knistern. Wir überlegten, dass jemand mit ausgeprägt feinem Gehör das Saufgeräusch der Bäume doch hören können müsste, auch ohne das Ohr an den Stamm zu pressen. Eine solche Person müsste im Wald das Saugen der Bäume zumindest als eine Art Hintergrundrauschen vernehmen.

Weshalb findet sich über diese Beobachtungen nichts in der Literatur, den Quellen des Wissens, denen wir zu vertrauen gewohnt sind? Seither habe ich das Geräusch allerdings nicht wieder gehört, so oft ich auch im Regen den Rasen hinuntergelaufen bin und mein Ohr an eine glatte, zwischen den Schrunden liegende Stelle der Rinde des Stammes gepresst habe. Ein Gärtner, dem ich von der Erfahrung jener Regennacht erzähle, schüttelt den Kopf: Unmöglich, sagt er, wahrscheinlich haben Sie das Knistern der Zweige im Wind gehört, aber sonst sind Bäume doch völlig stumm. Ich entgegne, dass ich einmal im Wald ein Stethoskop an verschiedene Baumstämme angelegt und dabei immer wieder das sehr laute Knacken von Käferlarven gehört habe. Aber es stimmt mich doch misstrauisch gegen die eigene Erfahrung, dass dieser Zugang in der Literatur nirgendwo erwähnt ist und dass die ausgewiesenen Experten die Möglichkeit einfach in Abrede stellen.

War das, was ich 1992 vernahm, eine Halluzination? Unmöglich, sagt meine Erinnerung, aber mit den Jahren rückt die Zeit in eine ähnliche Zone wie der Raum jenseits des Nahbereichs von 20 Metern, den Granö die Übergangszone nannte: Ein Radius von 100 Metern, innerhalb dessen die Genauigkeit unserer Erfahrung rasch abnimmt.

Im Frühsommer 1990 saßen junge Waldohreulen wie graue Flaumbündel mit riesigen Augen auf den kahlen Ästen der Kiefer. Wochenlang vorher hatten wir sie die Abende hindurch schreien gehört wie kleine Kinder, über immer längere Zeit, bis das Geschrei den längsten Teil der Nacht belegte. Dann zeigten sie sich tagsüber, und die alten Eulen huschten aufgeregt um sie herum. Eine Waldohreule hockte im Baum, hoch über dem Boden, auf dem die Katze des Nachbarn herumstrich, beugte sich vornüber und zischte und knackte mit dem Schnabel. Das Geräusch ist mir so lebendig in Erinnerung geblieben wie das Bild. Es sind derartige Begebenheiten, aus denen ich eine Art Geschichte über die Begegnungen mit dieser Kiefer webe.

Es gibt ein naturbezogenes Wissen, das auf der enzyklopädieartigen Sammlung von Daten beruht, die entsprechend einer methodisch vorgehenden Forschung erweitert und geordnet werden. Es läuft auf die Einordnung der Welt in fachliche Kategorien hinaus und hat – jedenfalls als »reine Wissenschaft« – keinen anderen Zweck als seine eigene zunehmende Perfektion und Vollständigkeit. Und daneben gibt es ein naturbezogenes Wissen, das aus Geschichten hervorgeht und zur Verhandlung unseres Verhältnisses zu den Naturerscheinungen beiträgt. »Begegnung« ist eine Kategorie, die auf den Anspruch der Objektivität verzichtet; aber umso machtvoller an die Tatsache erinnert, dass alle Lebewesen auf diesem Planeten buchstäblich miteinander verwandt sind.

In meiner Vorstellung fängt der Baum wie eine Reuse einen Teil der Biosphäre ein, das durch die Luft treibende Plankton der aeolischen Zone – winzige Spinnen, Läuse, Schmetterlinge und Falter, Käfer, Milben und unzählige Samen, Sporen, Pollen von Pilzen und Algen, Moosen, Farnen und Blütenpflanzen – es bleibt in ihm hängen, bildet einen Wirbel um ihn herum und regnet auf ihn herab, um sich in die Schrunden an Stamm und Ästen einzunisten und im Netzwerk der Nadelbüschel und Zweige festzusetzen. Und Ströme winziger Lebewesen steigen von ihm empor und stehen über ihm wie eine Säule, die sich durch die Lagen der Luft in die Stratosphäre mit ihren eisigen Winden hinein erstreckt, die sie hierhin und dorthin um den Planeten herumtreiben.

Wenn der kalte Hauch, der vom Norden her das Land im Januar und Februar erstarren lässt, die allenthalben zu findenden reichlichen Futtermengen für viele Lebewesen in unseren Breiten wegfegt, dann fallen Schwärme kleiner grauer oder bunter Vögel in den Baum ein, weiden Stamm und Äste ab, hängen an den Nadelbüscheln und finden, was die Reuse des Baumes an Plankton aus der aeolischen Zone herausgefischt hat. Und die Metapher des Baumes als Reuse trifft auch in einer weiteren Hinsicht das Beobachtbare: Der Baum fängt das Licht selbst auf, er wirft es als graues und blaugrünes Bündel mit rötlichen Leuchtstreifen auf meine Netzhaut zurück. Aber vor allem versteht er sich darauf, einen Teil dieses aufgefangenen Lichtes mit Hilfe der Substanzen, die der magere Sandboden hergibt, in eine feste und duftende Masse zu verwandeln.

EIN DIALOGISCHES VERHÄLTNIS ZU BÄUMEN

Martin Buber hat in seinem Buch *Ich und Du* die Begegnung mit einem Baum dargestellt. Die kurze Passage wurde von Vertretern der Naturphilosophie in den achtziger Jahren entdeckt und findet sich in den einschlägigen Texten öfter zitiert.

»Ich betrachte einen Baum.

Ich kann ihn als Bild aufnehmen: starrender Pfeiler im Anprall des Lichts, oder das spritzende Gegrün von der Sanftmut des blauen Grundsilbers durchflossen.

Ich kann ihn als Bewegung verspüren: das flutende Geäder am haftenden und strebenden Kern, Saugen der Wurzeln, Atmen der Blätter, unendlicher Verkehr mit Erde und Luft – und das dunkle Wachsen selber.

Ich kann ihn einer Gattung einreihen und als Exemplar beobachten, auf Bau und Lebensweise.

Ich kann seine Diesmaligkeit und Geformtheit so hart überwinden, dass ich ihn nur noch als Ausdruck des Gesetzes erkenne – der Gesetze, nach denen ein stetes Gegeneinander von Kräften sich stetig schlichtet, oder der Gesetze, nach denen die Stoffe sich mischen und entmischen.

Ich kann ihn zur Zahl, zum reinen Zahlenverhältnis verflüchtigen und verewigen.

In all dem bleibt der Baum mein Gegenstand und hat seinen Platz und seine Frist, seine Art und Beschaffenheit.

Es kann aber auch geschehen, aus Willen und Gnade in einem, dass ich, den Baum betrachtend, in die Beziehung zu ihm eingefasst werde, und nun ist er kein Es mehr. Die Macht der Ausschließlichkeit hat mich ergriffen. Dazu tut nicht Not, dass ich auf irgendeine Weise meiner Betrachtung verzichte. Es gibt nichts, wovon ich absehen müsste, um zu sehen, und kein Wissen, das ich zu vergessen hätte. Vielmehr ist alles, Bild und Bewegung, Gattung und Exemplar, Gesetz und Zahl, mit darin, ununterscheidbar vereinigt. Alles, was dem Baum zugehört, ist mit darin, seine Form und seine Mechanik, seine Farben und seine Chemie, seine Unterredung mit den Gestirnen, und alles in einer Ganzheit.

Kein Eindruck ist der Baum, kein Spiel meiner Vorstellung, kein Stimmungswert, sondern er leibt mir gegenüber und hat mit mir zu schaffen, wie ich mit ihm – nur anders.

Man suche den Sinn der Beziehung nicht zu entkräften: Beziehung ist Gegenseitigkeit.

So hätte er denn ein Bewusstsein, der Baum, dem unsern ähnlich? Ich erfahre es nicht. Aber wollt ihr wieder, weil es euch an euch geglückt scheint, das Unzerlegbare zerlegen? Mir begegnet keine Seele des Baums und keine Dryade, sondern er selber.«[3]

Die grandiosen Formulierungen umreißen zwei alternative Möglichkeiten des Verhältnisses zwischen Mensch und Baum: die Wahrnehmung als Objekt eines naturwissenschaftlichen, ökonomischen oder ästhetischen Interesses, oder als Baumperson, die sich mit dem menschlichen Subjekt vereint. Beim ersten Lesen erscheint es wie ein Angebot: Dass neben dem Göttlichen und den Mitmenschen auch Bäume und Tiere und – wer weiß – womöglich auch Berge und Meeresbuchten in das Universum des Grundworts »Ich und Du« aufgenommen sind. Dieses Angebot erfüllt mich mit der Genugtuung dessen, der die vorherrschenden Abtrennungen schon immer für seltsame Kunstgriffe gehalten hat. Allerdings verrät der Text beim Weiterlesen, dass der Verfasser an den hergebrachten Teilungen und Hierarchien doch festhält. Das Höchste bedingt ihm ein Unteres, und die Ursprünglichkeit ist auch für ihn vor allem der Ausgangspunkt für den Fortschritt zum Feineren und Erhabeneren.

Buber war ein Sammler ekstatischer Erfahrungen. Seine chassidischen Erzählungen und Legenden, sein Repertoire mystischer Berichte aus dem islamischen, christlichen, hinduistischen Raum[4] lieferten ihm das Ausgangsmaterial für seine Theorie, eine umfassende, übergreifende Schau, in der die Formel eines einfachen Verwandlungsvorgangs entfaltet ist: Die Verwandlung des Fremden in ein Vertrautes, des Fernen in ein Nahes, des »Es« zum »Du«. Buber begriff die Welt nicht als Sammlung seelenloser Gegenstände, die sich draußen hinstrecken und dem forschenden Blick des erkennenden Geistes als Objekte darbieten, die mit Skepsis und Methode auf objektive Weise erfasst werden können. Buber vernahm in der Welt einen vielfältigen Anspruch, den es zu beantworten galt. Die Antwort auf den Anspruch ist Ver-antwortung. Das Wechselspiel von Anspruch und Verantwortung läuft nicht auf objektive Erkenntnis hinaus, sondern auf einen Dialog; das dialogische Prinzip bedeutet die Aufhebung der Zurichtung des Gegenüber zum Gegenstand. Das dialogische Prinzip verwandelt die Welt als Gegenstand in eine Welt des Gegenüber, aus Es wird Du, der Anspruch findet seine Antwort, Gott kommt in die Welt. Diese Theorie erscheint ein halbes Jahrhundert nach ihrer Formulierung als der brillante und notwendige Gegensatz zur vorherrschenden Tendenz, andere Lebewesen zu Gegenständen »objektiver« Erkenntnis herabzuwürdigen, und sie stellt eine der schönsten Blüten der deutsch-jüdischen Symbiose dar, jener umstrittenen, aber tatsächlich für ein paar Jahrzehnte zu beobachtenden Phase einer wechselseitigen Durchdringung der deutschen und der jüdischen Kulturen. Dass Buber die Verwandlung des Es zum Du auch auf Bäume ausdehnt, ist auch dann ein Schritt von sensationeller Konsequenz, wenn er diesen Vorstoß bei genauerem Hinsehen nicht zu halten vermag.

Mit einem später geschriebenen Kommentar hat er der Begegnung mit dem namenlosen Baum einen Platz innerhalb seines Systems von Wechselbeziehungen zugewiesen. Im Nachwort erklärt er anlässlich einer Wiederauflage von *Ich und Du* im Jahr 1957: »Jene lebende Ganzheit und Einheit des Baums, die sich dem schärfsten Blick des nur Forschenden versagt und dem des Dusagenden erschließt, ist eben dann da, wenn er da ist, *er* gewährt es dem Baum, sie zu manifestieren, und nun manifestiert sie der seiende Baum.«[5] Die Begegnung, die hier plötzlich als Projektion erkennbar wird, rechnet Buber einer »Vorschwelle, d. h. der vor der Schwelle liegenden Stufe« zu.[6]

Es ist schwer, in dieser nachgeschobenen Erläuterung zu der magisch anmutenden Begegnungs-Passage nicht eine Wertminderung zu erblicken: Was im Jahr 1923 als vollwertige Möglichkeit einer gewissermaßen interpersonalen Begegnung ohne Wenn und Aber – in Bubers eigenem Jargon, als Mutualität – erschien und einleuchtete, wird im Jahr 1957 auf den Boden banaler Bekanntheiten herabgeholt, zur Extension der Dukraft des Dusagenden erklärt und dem Bereich der »Vorschwelle« zugeteilt, als ob der Ausspruch des Grundworts »Ich und Du« erst auf einer höheren, späteren Ebene völlig angemessen sei.

Die rituelle Redewendung der Indianer Nordamerikas am Beginn und am Ende des Schwitzhütten-Rituals, *Mitakuye Oyasin* – »Alles meine Verwandtschaft!« –, Buber hätte sie wohl als weiteren Beleg seiner Sammlung ekstatischer Konfessionen einverleibt. Aber er hätte die Dakota und Cheyenne, die Cherokee und Huronen der Kategorie der »Naturvölker« zugerechnet und ihre Sprache als »vorgrammatisches Urgebilde« in eine unwiederbringliche Vergangenheit verlegt und ihr damit die Kraft der Wirkung auf unser eigenes Handeln genommen.

Im Licht dieser Ernüchterung fällt nun auch die Namen- und Konturlosigkeit des Baumes aus der zitierten Passage ins Auge. So, wie er vom Grundwort selbst nicht ganz erreicht wird, dringt sein Bild nicht weit genug ins Bewusstsein, um seine Gestalt erkennen und ihn mit Namen ansprechen zu können. Es bleibt uns vorenthalten, um welche Art Baum es sich handelt, ob er die Blätter zum Winter hin abwirft oder ob er immergrün bleibt.

Ob er wie die Platane ist, an der das Heer des Kyros auf dem Feldzug gegen seinen Bruder in Kleinasien vorbeiziehen wollte, er aber befahl, ein Lager aufzuschlagen, so dass er die Schönheit des Baumes bewundern und ein Silberschmied ein Bild der Platane auf eine Münze schlagen konnte? Annie Dillard, die diese Geschichte in ihrem Pilger-Buch[7] erzählt, behauptet, die Platane sei der schönste aller Bäume. Sie meint *Platanus occidentalis,* eine Art, deren kegelförmige Gestalten und nach oben gewandte Blätter wie grüne Flammen entlang den Highways und Waldrändern an der Ostküste Nordamerikas aufleuchten, während die morgenländische – *Platanus platanus* – oder auch die ahornblättrige Platane – *Platanus acerifolia* – kugelförmig oder symmetrisch gestutzt die süd- und westeuropäischen Stadtlandschaften entlang den Alleen und Fassaden dekorieren.

Ob er wie der Wacholderbaum ist, von dem wir im Ersten Buch von den Königen erfahren, dass der Prophet Elia ihn nach einer Tagesreise in die Wüste vorfand, um sich unter seine Zweige zu setzen und von Gott seinen Tod zu verlangen: »Er aber ging hin in die Wüste eine Tagereise und kam hinein und setzte sich unter einen Wacholder und bat, dass seine Seele stürbe, und sprach: Es ist genug, so nimm nun, Herr, meine Seele; ich bin nicht besser denn meine Väter.«[8] Wer die Stadt Petra im heutigen Jordanien erkundet, gerät bald in abgelegene Winkel, aus denen schmale Pfade auf weite Sandstein-Plateaus emporführen; in den Spalten dieser kahlen Steinlandschaft wachsen hier und da einzelne uralte Wacholderbäume, und angesichts der verkrüppelt erscheinenden Baumgestalten drängt sich das Bild des um Gnade bittenden Elia auf.

Dass Buber keine Namen gibt, entspricht der auf Allgemeines gerichteten Argumentation seines Textes, aber es deutet auch darauf hin, dass die Begegnungs-Passage ein Konstrukt ist, eingefügt, um die Lücke in dem zugrunde gelegten abstrakten Schema zu schließen, das den bekannten drei Ehrfurchten entspricht, die Goethe im *Wilhelm Meister* beschrieben hat: Die Ehrfurcht vor dem, was über uns ist, die vor dem, was neben uns ist, und die vor dem, was unter uns ist. Dies Muster von dreierlei Verhältnissen gibt auch Bubers Abhandlung über das dialogische Prinzip ihre innere Form. Wörter wie »Ehrfurcht« oder »Respekt« sind bei ihm allerdings nicht zu finden. Sein Programm zielt ja darauf ab, die Distanz abzubauen, die Entfernung zu überwinden, das Andere zu umarmen, das Unerreichbare wenigstens anzugehen, aller Gewissheit zum Trotz, es nie erreichen zu können. Vielleicht ist die Ausweitung des dialogischen Prinzips auf den namenlosen Baum mit der Überwindung von Selbst-Entfremdung in Zusammenhang zu bringen: Der Baum ein Spiegel des Selbst, die Begegnung mit dem Baum eine Entsprechung der Begegnung mit sich selber, die Herstellung des Dialogischen ein Versuch, sich am Ende mit sich selber ins Benehmen zu setzen.

Der Baum wird ihm jedenfalls trotz allem zum Du: Obwohl Wechselseitigkeit nicht besteht und damit die Barriere der Andersheit unüberwindbar bleiben könnte. Bubers Weg der Überwindung des Es, der auf so wunderbare Weise die Entfremdung des Menschen vom Menschen in Angriff nimmt, reicht zwar nicht so weit, dass er die Bäume mit einschlösse, bringt aber doch wenigstens die Möglichkeit des Dialogs zum Vorschein.

In diesem Zusammenhang gewinnt die Frage der Artenkenntnis einen neuen Sinn: Ist das Du einem Baum gegenüber überhaupt möglich, ohne seinen besonderen Namen zu kennen, also ohne seine Besonderheit, seine besondere Gestalt in die Ansprache einzubeziehen? Die Frage mag für viele schulmeisterhaft und veraltet erscheinen, und sie bereitet wohl manchen auch Unbehagen, denn wer kennt noch die Namen von Bäumen? Vielen meiner Studenten fällt es schwer, die Linden, Platanen und Robinien auf dem Campus der Universität zu identifizieren. Offenbar hat es keiner während ihrer Schulzeit für nötig gehalten, ihnen diese Art Wissen zu vermitteln. Noch schwerer wiegt der Verdacht, dass es sich um ein Indiz für mangelndes Interesse und fehlende Neugier handeln könnte: Ein Symptom für die Bedeutungslosigkeit der Artenkenntnis im Alltag. Umgangserfahrungen aus dem Alltagsleben vergangener Generationen, die das genaue Hinschauen erforderten und die Fähigkeit zur Unterscheidung von verschiedenen Arten förderten, sind verschwunden. Pilze und Beeren zu sammeln ist längst keine Tätigkeit mehr, die zum Lebensunterhalt beiträgt; die Kenntnis des Brennwerts verschiedener Holzsorten ist überflüssig geworden, die Bepflanzung von Gärten und Parks wird Spezialisten überlassen. Einer hessischen Untersuchung zufolge kennen Kinder am Ende der Grundschulzeit doppelt so viele Automarken wie wild wachsende Pflanzen beim Namen.

Artenkenntnis verlangt genaues Hinschauen, und der mit unserer Lebensführung einhergehende Verlust ist weniger wegen des verloren gegangenen Hersagen-Könnens verschiedener Artnamen als wegen des Abhandenkommens des genauen, untersuchenden, prüfenden und vergleichenden Blicks zu beklagen.

Trotzdem ist in Diskussionen um unser Verhältnis zur Natur häufig die Behauptung zu hören, dass Artenkenntnis mit der Nähe zu den Naturerscheinungen nichts zu tun hätte. Die Studenten erklären mir, dass sie die Bäume eben einfach als Bäume schätzen und verteidigen. Es sei nicht nötig, sie vorher als Robinien und Platanen und Linden zu identifizieren. Ich greife diese Vorstellung auf und stelle mir das Bild mit dem Titel »Vegetation« eines Malers vor, der diese Auffassung teilt. Es ist ein Gemälde, auf dem leuchtende grüne Flecken ein irgendwie sympathisch anmutendes Licht verbreiten. Es ist zweifellos ein Beleg für die Freude des Malers an der Vegetation. Diese Annäherung, so gebe ich zu, mag ein Stück weit tragen, aber eben doch nicht weit genug, um einen Baum »ansprechen« zu können. Der genaue Blick entspricht der Artikulation der Besonderheit. Wer ihn übt, kommt über kurz oder lang nicht umhin, die Namen der Arten zu nennen oder die besondere Gestalt, die typische Art und Weise der Haltung von Astwerk und Zweigen, die Form und die Stellung der Blätter im Bild wiederzugeben.

Gerade in der Geschichte der Malerei finden sich Belege für solche Formen der präzisen Benennung. Vincent van Gogh hat Bäume bekanntlich als Persönlichkeiten gemalt, als Spielarten von Wesen, die wie er selber ihr Leben in stummer Verzweiflung verbringen, gebeugt und gebeutelt, händeringend, oder auch als lodernde, schreiende Feuersäulen: Zypressen, Pflaumenbäumchen, drei belaubte und eine kahle Weide der *Herbstlandschaft mit vier Bäumen* aus dem Jahr 1885 oder der Olivenhain mit den blauen Stämmen, in denen sich die Exaltiertheit seines Himmels zu spiegeln scheint, und der aufstiebenden Masse lanzettförmiger Blätter aus dem Jahr 1889 – gewiss Projektionen seiner eigenen Befindlichkeit, aber alle auch ohne Schwierigkeit zu erkennen, also mit den Mitteln des Malers bei ihren Namen genannt.

In einer ganz anderen, nämlich eine machtvolle Harmonie verströmenden Tonart, sind Bäume vom Schweizer Maler Robert Zünd zu maßgeblichen Gestalten komponiert worden. Auf seinem Gemälde *Nußbäume auf der Schellenmatt* aus dem Jahr 1860 schwellen die akribisch genau gemalten Bäume an wie ein mächtiger Klang, der die Tätigkeiten der Menschen übertönt und durchflutet.

Seltener allerdings sind Versuche von Malern aus älterer Zeit, auf Bäume in derartiger Präzision einzugehen. Zu den wenigen Ausnahmen gehört Albrecht Altdorfers bekannte Radierung einer Doppelfichte vor einer imaginären Landschaft aus dem Jahr 1520: Sie spiegelt die Würde des alten Baumes auch durch die Genauigkeit, mit der die typische Stellung der Fichtenzweige und der über sie drapierten, von ihnen herabhängenden Flechten erfasst und wiedergegeben ist. Verstärkt sich nicht angesichts derartiger gewissermaßen greifbarer Bemühungen, das besondere Wesen von Bäumen vor Augen zu führen, der Zweifel an der Gültigkeit, ja an der bloßen Möglichkeit der Begegnung mit einer anonymen, abstrakten Baumessenz? Nicht der Baum als anonymes Abstraktum begegnet uns, sondern die besondere Gestalt der Fichte, des Nussbaums, des Ölbaums, der Weide, der Kiefer. So weit Fremdheit vorherrscht, ist – ähnlich wie beim menschlichen Gegenüber – allenfalls eine Anmutung möglich; dagegen löst die Erfahrung der Begegnung die Anonymität auf.

Die Funktion der Artenkenntnis könnte wie für die Malerei auch für die Literatur entwickelt werden. Vielleicht genügt das einzelne Beispiel der Passage aus einer Kurzgeschichte von Johannes Bobrowski, um den metaphorischen Reichtum vor Augen zu führen, den die Namen der Arten für die Literatur mit sich gebracht haben. Und umgekehrt, welchen Verlust das Lesen mit der Unkenntnis der präzisen Bezeichnungen hinnehmen muss.

> »Der Berg ist aus Sand. Er trägt einen dünnen Kiefernwald, vielleicht zweihundert Stämme. Wäldchen kann man darauf nicht sagen, dafür ist alles – Bäume, Unterholz, Kraut – zu schäbig und kahl. Es fehlen die Himbeerbüsche und eine herabgekommene Sorte ungenießbarer Johannisbeeren, die sonst in der Gegend überall vorkommt, sogar die Tollkirsche, die besseren Boden braucht. Nur am Osthang, zur Straße hinunter und nach

der Gärtnerei König zu, gibt es verwilderten, kleinblütigen Flieder, der immer schon frühzeitig krausgezogene, braunfleckige Blätter zeigt, und ein bisschen Holunder. Und der Abhang auf der anderen Seite, nach der Bahnstrecke hin, hat ein Robiniendickicht, das sogar die Hunde meiden, nur die Vögel nicht. Wald dürfte man aber wohl auch nicht sagen, Wald ist das ja gewiss nicht.«[9]

Sinnentnehmendes Lesen ist wahrscheinlich immer möglich. Auch wenn der Leser nicht weiß, was er sich unter einem Robiniendickicht vorzustellen hat, so wird er vielleicht doch nachvollziehen können, dass dieser Schriftsteller mit Hilfe der detaillierten Vegetationsbeschreibung ein eigenartiges Land und eine verlorene Zeit wieder heraufzurufen unternimmt. Aber die Sinnentnahme wäre unter diesen Umständen doch lädiert, und falls der Leser nicht einmal wüsste, wie er sich den Rainfarn vorzustellen hätte, das Titel-Kraut dieser Kurzgeschichte, dem eine Schlüsselrolle zugeschrieben ist, müsste der Text für ihn eine sozusagen exotische Komponente annehmen.

Ähnliche Stolpersteine für das Leseverständnis stecken in vielen Texten. Würde man sich auf die Suche begeben, es fände sich ein reicher literarischer Pflanzenbau, vor allem in der älteren Literatur.

Wie unter den Malern, ist es allerdings auch unter Schriftstellern längst nicht mehr aktuell, die Vielfalt der Vegetation genau wiederzugeben. Wir Betrachter und Leser neigen dazu, die Akribie der Abbildung zu übersehen und die Auflistung von Pflanzennamen zu überfliegen, registrieren dies lediglich als stilistisches Mittel, ohne die einzelnen Positionen nachzuvollziehen. In dieser Hinsicht sind wir zu Analphabeten geworden.

Der Vorgang, bei dem sich vor unsern Augen Bubers Verwandlung des »Es« zum »Du« im Handumdrehen wieder zur Distanz zurückverwandelt, macht die Unverfügbarkeit des Gegenüber deutlich. Die Spezifität der Gestalt korrespondiert mit der Andersheit des Wesens; an der Besonderheit der Art offenbart sich ein letzter Rest unauflösbarer Fremdheit; in der Begegnung erfahre ich ein mir letztlich unzugängliches, unverfügbares Gegenüber. Dementsprechend erscheint weniger der vertrauliche Umgang, nicht das Du, sondern eher der Respekt vor der Andersheit und Fremdheit als angemessene Haltung für die Begegnung mit dem Baum.

Die Unzugänglichkeit der Naturerscheinungen, unser Unvermögen, sie in den Horizont unseres Verstehens einzugliedern, ist eine altbekannte Facette der Erfahrung dessen, der sich auf sie einlässt. Zur Illustration sei aus der Reihe eindrucksvoller Begegnungen Goethes Brief aus Chamonix an Charlotte von Stein in Weimar vom 4. November 1779 als Beispiel herausgegriffen:

> »Es wurde dunkler, wir kamen dem Thale Chamouni näher und endlich darein. Nur die grossen Massen waren uns sichtbar, die Sterne gingen nacheinander auf und wir bemerkten über den Gipfeln der Berge, rechts von uns, ein Licht, das wir nicht erklären konnten, hell, ohne Glanz wie die Milchstrasse, doch dichter, fast wie die Pleiaden, nur größer, unterhielt es lang unsre Aufmerksamkeit, bis es endlich, da wir unsern Standort änderten, wie eine Pyramide von einem innern, geheimnisvollen Lichte durchzogen, das dem Schein eines Johanniswurms am besten verglichen werden kann, über den Gipfeln aller Berge hervorragte und uns gewiß machte, dass es

> der Gipfel des mont blancs war. Es war die Schönheit dieses Anblicks ganz außerordentlich, denn da er mit den Sternen, die um ihn herumstunden, zwar nicht in gleich raschem Licht, doch in einer breitern zusammenhängenden Masse leuchtete, so schien er den Augen einer höhern Sphäre zu gehören und man hatte Müh', in Gedanken seine Wurzeln wieder an die Erde zu befestigen.«[10]

Das, was Goethe »außerordentlich« nennt, entspricht dem unverfügbaren Anderen der Natur. Der Begegnung haftet etwas Unheimliches an. Zunächst weiß man nicht, worum es sich bei dem geheimnisvollen Licht überhaupt handelt, Und auch, nachdem das Leuchten überraschend als Gipfel des Montblanc benannt ist, behält es etwas aus dem Horizont der Erfahrung Herausgehobenes und Erschreckendes.

Wahrscheinlich ist es kein Zufall, dass diese Erhabenheit mit dem Blick in die Höhe, in die unmittelbare Nachbarschaft des gestirnten Himmels, zusammengeht. Immanuel Kant, der bekanntlich Astronom war, bevor er sich der Philosophie zuwandte, stellte dem Schönen der Natur das Erhabene gegenüber: Im Erschrecken angesichts der unbezähmbaren Naturgewalt, die in einer Gewitternacht begegnet oder im Anblick des sternbedeckten Himmels oder in der Erfahrung des Todes ereignet sich die Begegnung mit dem Erhabenen, das nicht an die harmonische Eingebundenheit des eigenen Lebens in Naturzusammenhänge erinnert, sondern an die unzugängliche Fremdheit des Anderen der Natur.

Jean-François Lyotard hat Kants Konzept des Erhabenen aufgegriffen und aufs Neue erklärt. Er weitet Kants naturbezogenen Horizont aus und beschreibt, wie die Vorstellungskraft unseres Geistes durch die Begegnung mit dem Erhabenen aus den Fugen gerät. Die Einbildungskraft stellt unserem Denken demzufolge eine Art Flussbett zur Verfügung, in dem es einen voraussagbaren Verlauf nimmt. Die Erfahrung des Erhabenen spült dieses Flussbett gewissermaßen fort, so dass wir uns im Augenblick dieser Erfahrung dem Unendlichen vollkommen ungeschützt gegenübersehen. Im Schock dieser Begegnung berührt uns das Erhabene, Sublime, Spirituelle »als eine nichtsinnliche Empfänglichkeit, eine Anästhesie, die die Seele einer Affizierung öffnet und preisgibt, die ›älter‹ ist als alle Naturgegebenheit und der keine Nachahmung in Form oder Gestalt je gleichen wird.«[11]

In eine ähnliche Richtung wie der Diskurs um »das Andere« zielt die konstruktivistische Sicht. Ihr zufolge ist es der Mensch selber, auch im Austausch mit anderen Menschen letztlich stets als einzelner, der das erschafft, was als Wirklichkeit bezeichnet wird. Angewandt auf Bäume stellen sich all deren Qualitäten als Konstrukte des menschlichen Hirns heraus; was ein Baum »wirklich« ist, bleibt unzugänglich, unser Umgang miteinander wie mit den Bäumen führt zu einer Vorstellung, die gangbar (»viabel«) ist, solange sie meinen eigenen Zwecken zufrieden stellend dient. In einer paradox anmutenden Wendung wird der Mensch, der einem Baum begegnet, in gewissem Sinn selber zu dem Baum, den er über seine Sinne zu »erfahren« meint. In dieser Hinsicht bleiben wir im Universum unserer eigenen Vorstellungen gefangen, ohne Aussicht auf Kommunikation und Korrespondenz mit dem Anderen, nach dem zu fragen immer schon sinnlos ist. Der Möglichkeit des unmittelbaren Zugangs zur Erfahrung anderer Wesen beraubt, erscheint in der Konsequenz das Gespenst des Solipsismus, jener vollkommenen Selbstbezogenheit, die »Wirklichkeit« nur der eigenen Vorstellungswelt zugesteht.

Heinz von Foerster ist einer der führenden Repräsentanten des so genannten Radikalen Konstruktivismus; er hat das Problem des Solipsismus auf logische Weise zu lösen versucht. Eine Beziehung zwischen A und B unterliege dem »Relativitätspostulat«, das folgendermaßen lautet: »Eine Hypothese, die sowohl für A als auch für B gültig ist, wird verworfen, wenn sie nicht auch für A und B gemeinsam gilt.«[12]

Die Vorstellungswelt wird diesem Postulat zufolge zu einer Art Medium, in dem die Beziehung zwischen A und B Wirklichkeit gewinnt. A muss B zugestehen, dass B ebenso wie A selber ein Universum bewohnt, das im Übrigen mit Geistergestalten bevölkert sein mag oder auch nicht. Entscheidend ist die Notwendigkeit der Beziehung für die Herstellung der Wirklichkeit. Bei aller Künstlichkeit der Argumentation, interessant ist die Überschreitung der Grenzen des menschlichen Horizonts, die Heinz von Foerster bei seiner Begründung von notwendiger Wechselseitigkeit im Auge hat. Überraschenderweise endet er seinen Text mit folgender Entgrenzung der menschlichen Identität: »Es bleibt immer noch die Frage: ›Wer bin ich?‹. Die Indianer der weiten Prärien wussten es: ›Ich bin all die Kräfte und Dinge, die ich berühre. Ich bin der Wind, die Bäume und die Vögel und die Finsternis.‹«[13]

Auf die Begegnung mit Bäumen bezogen, bleibt mir zwar das Du des Baumes unzugänglich, aber die Überwindung der Entfremdung von mir selber ist mir möglich durch die Herstellung des Selbst in der Beziehung.

Auf abstrakter Ebene ist eine Entsprechung herstellbar zwischen der Isolation des Solipsisten und dem völlig verschmelzenden Aufgehen in einer bestehenden Situation; einmal ist der Betrachter die einzig gegebene Realität, beim zweiten Sich-Einlassen verschwindet das Selbst des Betrachters in dem umfassenden Bild, das mehrschichtig und vielfältig von vielen konstruiert worden ist. Diese Möglichkeit spricht Heinz von Foerster an. Wie aber ist der Wechsel vom totalen Selbst zur totalen Selbstverlorenheit zu verstehen? Durch das Medium der Sprache. Dann, wenn die Grenzen der Welt die Grenzen der Sprache sind, ist sowohl die eine wie die andere Option zugänglich. Dieser Blick auf das, was wir »Wirklichkeit« nennen und gerne unseren Urteilen und Entscheidungen als einzig verlässlichen Maßstab zugrunde legen möchten, fällt doch so sehr aus dem Rahmen, dass es eines weiteren Beleges bedarf, ihn plausibel zu machen. Der folgende kurze Text faltet die sprachliche Determination der Welt gewissermaßen Schritt für Schritt aus, so dass es leicht ist, der allmählichen und doch überraschenden Ausweitung des Horizonts zu folgen. Ich wüsste keinen knapperen, schöneren Text, um diese dem Konstruktivismus innewohnende Sicht zu vermitteln, bei dem es sich interessanterweise um ein Gedicht handelt, eines der naturphilosophischen Gedichte von Pattiann Rogers:

ALLE ELEMENTE DER SZENE

Oben rechts in der Ecke dieser Szene ist ein Wäldchen
Pyramidenpappeln (Populus deltoides). Jedes Blatt
Einer Silbermünze gleich, wirbelt am flachen Stiel.
Und parallel zum Rand dieser Szene läuft
Ein Streifen Wald, dünne Zwergeichen, kriechendes
Gestrüpp,
Rauchsumach. Links hinüber von da, schwankt
Ein Feld flacher Gräser, voller stachliger Samen. Blau
Krötenflachs und Bienenbalsam, im Winde sich hinbiegend
Zum kahlen Rande des Teichs hier vorne. Sein träges
Uferwasser
Bedeckt mit Taumelkäfern, die hervorstehenden Augen

Des Leopardenfrosches (Rana pipiens). Hechtkraut
Nimmt die Libelle zur Geisel, die nistende Schildkröte.

Hier bin auch ich in dieser Szene, mein Schatten verzerrt
Auf dem Wasser des Teichs, meine Fußspuren Pfützen
Entlang seinem Rand. Und was ich sage, jedes Wort
Das ich dieser Szene gebe, ist Teil dieser Szene. Der Akt
Bei dem jedes erkannte Wesen sich seinem Namen
 verbindet
Wird selber zum Ziel und zur Absicht. Die Hummel
 schwebt
Bei der Bitterorange des Malvenkrauts. Dieser Satz
Und auch dieser hier sind Elemente der Szene.

Dies Gedicht, von gleicher Wirklichkeit, mit der ein
 Karpfen im Grün
Am Grunde des Teiches schwimmt, ist das einzige Ding
In der Szene, das sich selber und auch die Szene zu
 diskutieren
Versteht. Der feuchte, verrottende Stamm sinkt
In den Boden. Rosa Schuppenwurz sproßt daneben empor.
Das Gedicht dieser Szene umfasst 34 Zeilen.

Und schau nur, Leser, auch du bist hier und nimmst wahr,
Wie dies Gedicht zu dir spricht, wie es dir zeigt, dass du
Vom ersten Wort an schon dabei warst. Die Tatsache deiner
Mitwisserschaft hierbei erweist sich bei deinem Lesen
 dieses Satzes.

Nimm Notiz von der Existenz der Wörter in dieser Szene,
Wie sie dir sagen – der Teich ist purpurn, die Sonne blockiert
Von Zweigen unter der Eiche; Schatten liegen
Auf diesem Gedicht; Nachtdinge erwachen.[14]

Im Gegensatz zur »Botschaft« dieses Gedichts verstärken allerdings viele Konstruktivisten eher jene Sicht, der die Fremdheit des Gegenübers als unüberwindbar gilt, und die gleichzeitig Nähe und Vertrautheit als Illusionen definiert. An die Stelle von Bubers »dialogischem Prinzip« vom Anfang des 20. Jahrhunderts tritt – verkürzt gesagt – an dessen Ende Derridas Prinzip der »différence«.

Die Philosophin Keekok Lee hat im Jahr 1999 ein Buch vorgelegt, das die Andersheit der Natur als den einen letztgültigen Wert darstellt, eine Position, die den genauen Gegensatz zu der Martin Bubers markiert.

Keekok Lee setzt in *The Natural and the Artefactual* das künftige Ende der Umweltzerstörung in Szene: Die Vernichtung von natürlichen Ressourcen und die Verschmutzung der Welt mit Abfällen der Zivilisation ist durch eine fortgeschrittene Technologie überwunden worden, die mit Hilfe raffinierter Computersteuerung und durch genetische Manipulationen die Störungen zu bewältigen gelernt hat, die von den grobschlächtigen Techniken der Vergangenheit ausgelöst wurden.[15] Über die Plausibilität dieses Szenarios mag man geteilter Meinung sein, aber als Gedankenexperiment nach dem Muster »Angenommen, die Technik ist so weit verfeinert, dass die Umweltprobleme verschwunden sind« erscheint es interessant genug zu überlegen, welche Folgen solche perfektionierte Naturbeherrschung nach sich ziehen müsste. Lee jedenfalls trägt keine frohe Botschaft vor, denn der Preis für eine nachhaltige Ressourcennutzung und einen nicht zerstörerischen technischen Umgang mit der Natur ist ihr zufolge die endgültige Umformung der Welt nach dem Bild des Menschen, oder andersherum und grundsätzlicher, die Beseitigung der ontologischen Andersheit der Natur: »The elimination of the ontological Other (represented by Nature)«.

Die Einsamkeit des Menschen in einer Welt ohne »Andersheit« wäre nach Lee – zumal nach dem Tod Gottes – ein allzu hoher Preis für die Zurichtung des Universums nach unseren Vorstellungen. Die Folge nennt sie »ontologische Verarmung«, und dieser Verlust entspreche dem Triumph einer völlig selbstbezogenen und narzisstischen Zivilisation, welche die »Quelle wahrer Verwunderung«[16] zerstöre.

Dieser Gedankengang setzt voraus, dass die Quelle wahrer Verwunderung einzig in der Andersheit der Natur liegt. Er klammert die Möglichkeit aus, dass auch wir selber das Andere gewissermaßen in uns tragen. Menschen partizipieren an der Natur insofern, als sie selber Natur sind. Das Andere der Natur ist dann allenfalls ein Spiegel der eigenen Fremdheit. Genau dies wird übersehen, wenn man den Menschen ausschließlich als Gegenüber der Natur darstellt.

Das Andere: Wenn wir es erst einmal an unsere Erfahrung binden, statt es aus dem System als ontologische Kategorie hervorzuziehen, wenn wir also Beispiele aus der eigenen Erfahrung aufgreifen, weil wir ihr ebenso vertrauen wie den Gesetzen der Logik, dann ergibt sich ein Reichtum an vielfältigen Andersheiten, und es wird offenbar, dass das Andere überall anwesend ist. Die Forderung, es auf die Natur außerhalb des Menschen zu reduzieren, stellt sich als unbegründet heraus.

In der Fähigkeit zum Staunen liegt die Voraussetzung zur Möglichkeit der unmittelbaren Erfahrung des Anderen. Diese Mitgift ist für den Erhalt des von Keekok Lee formulierten Reichtums einer »Quelle wahrer Verwunderung« noch wichtiger als die Gegenstände, die sie hervorrufen, wichtiger jedenfalls als jene grandiosen Kulissen der Bergwelt, Abgründe der Meere usw., die in einer Flut von Kalenderbildern zu Klischees erstarrt sind und deren Andersheit inzwischen auf eine genaue Weise zur Ware geworden ist.

In Hamburg sehe ich seit Jahren an den Litfass-Säulen und Anschlagwänden immer wieder Plakate, auf denen

Ayers Rock abgebildet ist, der rote Berg in der Mitte Australiens. Das Bild ist als Blickfang eingesetzt, um Reisen oder Diavorträge zu verkaufen. Es ist zu einer billigen Metapher geworden, die rasch eine statusgebundene Vorstellung symbolisch bedient. Bedenkt man, was über die ursprüngliche Heiligkeit und heilige Verschwiegenheit des plakatierten Ortes in der Welt der Ureinwohner bekannt geworden ist, so wird der Bedeutungswandel derartiger Zeichen, aber auch deren vollkommene Abhängigkeit von der Definitionsvorgabe des hergestellten Kommunikationszusammenhangs deutlich.

Kürzlich entdeckte ich in einer Instrumentenhandlung ein Digeridoo (»Bullroarer«). Die Verkäuferin forderte mich auf, das Instrument einmal auszuprobieren. Bei den Aborigines wurden diejenigen getötet, die zufällig den Klang dieses Instruments gehört hatten, ohne dazu befugt zu sein.

NÄHE UND FREMDHEIT

Ein Trupp Krähen ist in die Kiefer eingefallen. Ich höre sie schwatzen, ihre Stimmen sind leise, eindringlich, mit bedeutsam erscheinenden Flexionen. Dann plötzlich ein lautes Krächzen, Geschrei aus allen Richtungen, ein Flattern und dann das Aufstieben des Schwarms, wie schwarze Farbflecken, mit dem Pinsel auf die Leinwand des Himmels geschleudert. Schabernack treiben sie. Ihre Intelligenz übersteigt das Maß, das zur Fristung ihres Lebens und des so genannten Daseinskampfes erforderlich wäre. Sie zigeunern umher, bald werden sie in einem Schwarm von tausenden ihren winterlichen Schlafplätzen zustreben. Der Baum bleibt immer für sich.

Angesichts meiner Begegnungen mit diesem Baum

scheint mir die dialogische Idee Bubers in das Dickicht einer sentimentalen und falschen Nähe zu führen, und Lees Idee vom »ontologischen Anderen« läuft umgekehrt auf weite Fernen hinaus, in denen alle Konturen verschwinden. Holzwege hier wie dort.

Manchmal führen Bilder weiter als Worte. Im Valcamonica in der Provinz Brescia, auf den Hängen des Fosse di Nadro, ragen ebene sonnenbeschienene Felstafeln wie schief stehende Tische aus dem Boden des Maronenwaldes. Sie sind mit eingemeißelten, eingeritzten Bildern bedeckt: Häuser, Schwerter, Waffen, Hirsche, Hunde, Jäger, Krieger und immer wieder Betende. Die Figuren der Männer im Gebet sind zu Strichmännchen stilisiert, die erhobenen Hände wiederholen die Form der gespreizten Beine in entgegengesetzter Richtung, oben an der die beiden Krampen miteinander verbindenden Linie eine Verdickung, der Kopf. Den Menschen im Tal waren die Felsbilder längst bekannt, bevor sie Anfang des letzten Jahrhunderts von einem Gelehrten namens Lang für die Wissenschaft »entdeckt« wurden. »Pitoli« nannten sie die Figuren, »Hampelmänner«. Sie erinnern an Zeichnungen von Paul Klee oder Keith Haring, an Bilder der arte povera oder minimal art. Es gibt tausende von diesen Gebetsbildern, sie sind die ältesten unter den Petroglyphen im Valcamonica, vor drei- bis achttausend Jahren in den Fels hineingemeißelt.

Am Rand einer Platte so groß wie ein Tanzboden finde ich eine ungewöhnliche Kombination, einen betenden Hampelmann mit einer Gruppe von sieben stilisierten Hunden mit sichelförmig nach oben gebogenen Schwänzen und spitzen Ohren rechts neben ihm, drei Rüden, vier Hündinnen. Die Tiere wuseln vor dem Betenden herum, der seine Arme über sie erhebt und deutlich seine Handflächen nach oben geöffnet hält. Er steht so, dass er sie im Auge hat, während fünf der sieben Hunde von ihm abgewandt sind.

Anders als die Tiere, hat der Betende, so interpretieren wir, Zugang zu über- oder außerirdischen Mächten, zum Sonnengott, zum Göttlichen überhaupt, zu den Wurzeln des Seins. Im Doppelsinn steht er – ausgezeichnet durch den aufrechten Gang – über den Tieren. Diese sind nichts anderes als sein Besitz, ein Statussymbol der Jungsteinzeit, und zugleich eine Erinnerung an das aus dem Rahmen des Tierreiches herausgehobene, vom unmittelbaren Zugang zum Göttlichen durchdrungene Sein des Menschen.

Aber wer weiß, vielleicht war den Menschen jener Zeit die Betonung solcher Unterschiede so fremd wie den so genannten Naturvölkern, deren Lebensweise unter dem Einfluss der fortschrittlichen Zivilisation erst in dem eben zu Ende gegangenen Jahrhundert vollends verschwunden ist. Jener Mann, als er sein Abbild und das seiner Hunde mit spitzen Steinen in den Fels hineinmeißelte und mit Farben ausmalte, hatte dabei vielleicht eher Ähnlichkeiten und Entsprechungen als Trennungen und Unterschiede von Tieren und Menschen vor Augen. Das Gebet, das Religiöse könnte ihm eben eine Besonderheit des Menschen gewesen sein, so, wie die Schwinge eine Besonderheit des Vogels und die Flosse eine des Fisches ist. Die Hierarchie wäre flach, die Nähen und Verflechtungen wären stärker, die wechselseitige Kommunikation wäre eine Herausforderung, aber kein grundsätzliches Problem. Die Hunde gehörten selbstverständlich zu seiner Gemeinschaft hinzu als entfernte Verwandtschaft.

Es gibt eine Praxis, in der dies quasi verwandtschaftliche oder tatsächlich verwandtschaftliche Verhältnis gegenüber den Naturwesen geübt wird, ohne dass eine esoterische Nähe oder eine ontologische Andersheit theoretisch konstruiert werden müsste.

Ein geeignetes Beispiel sind die Niimbäume (*Azadirachta indica*), die mir in Ostafrika und dann wieder im südlichen Jemen begegnet sind. Ein Projekt zur Umwelterziehung an ostafrikanischen Schulen war – wie die meisten derartiger Entwicklungshilfeprojekte – eine lange Kette von Konferenzen, die auf die Produktion von Unterrichtsmaterial hinausliefen. Vor Ort offenbarte sich die Künstlichkeit der Initiative. In einer Schule in Daressalam schützten die Kinder winzige Pflänzchen auf dem Schulgelände gegen hungrige Ziegen, während das Schulmobiliar von den Leuten der angrenzenden Slums als Feuerholz geplündert wurde. Aus dem Elend aber ragte unversehrt ein Niimbaum mit seinem dichten Laubwerk und seinen weißen Blütendolden hervor. Lachend zeigten die Leute auf andere Niimbäume in der Nachbarschaft: *Mwarobaini* heiße er auf Kisuaheli, »vierzig«, weil seine Blätter, seine Rinde gegen vierzig Krankheiten helfen, und jede Familie sehe zu, dass sie eine solche Apotheke im Vorgarten habe. Später, auf der Insel Sansibar, erklärte ein einheimischer Arzt, dass der Tee von den Blättern dieses Baumes das einzige Mittel sei, das gegen Malaria tatsächlich wirke, und noch später, auf dem Schulgelände von Zinjibar im Jemen, in einem Hain aus lauter Niimbäumen, berichteten Lehrerinnen, dass Mütter alle möglichen Krankheiten ihrer Kinder mit Blätterpackungen von diesen Bäumen behandeln.

Als ich einem indischen Freund, der mich in Hamburg besucht, davon erzähle, behauptet er, bereits die Gegenwart von Niimbäumen verbreite eine Atmosphäre, in der Menschen weniger krankheitsanfällig seien als ohne diese Bäume. Es ist ein Abend im Juni, wir sind auf der Terrasse, die Sonne steht zwischen den Nadelbüscheln der Kiefer. Harsh Vardhan ist Anhänger der Bishnoi Bewegung, er sagt, dass seine Leute in drei historischen Momenten ihr Leben für grüne Bäume hingegeben haben.[17] Die Bäume seien Khejri (*Prosopis cineraria*) gewesen, heimisch in den Trockengebieten des nördlichen Subkontinents. Ich zeige ihm ein

Buch mit Bildern einzelner, markanter Bäume aus Hamburg, dem ungeheuren Bergahorn aus dem Hirschpark, dem schönen Trompetenbaum vom Grindelberg, dem alten Ginkgo aus dem Jenischpark.[18] So kommt ein Gespräch über Bäume in Gang.

Vielleicht ist die Überwindung des Gegensatzes von Fremdartigkeit und Vertrautheit eher über vielfältige Geschichten als über Konzepte theorieförmiger Aussagen zu erreichen. In einer Zeit, in der die Suche nach letztgültigen Wahrheiten über das menschliche Verhältnis zur Natur in die Konstruktion abstrakter Gedankengebäude einmündet, ist es angebracht, an den überlieferten Reichtum des Umgangs mit der Natur zu erinnern. Auf diese Weise wird der Disput über die Gültigkeit der einen oder anderen Formel ergänzt und von einer Sammlung von Anekdoten und Geschichten überlagert. Der narrative Zugang enthält einen Reichtum von Mustern und Metaphern, in deren Vieldeutigkeit auch die Formen enthalten sein könnten, die unser künftiges Naturverhältnis als Möglichkeit eines angemesseneren Umgangs bestimmen werden. Damit ist die Suche nach verbindlichen Kategorien, nach Regeln des Denkens und des Verhaltens nicht ausgeschlossen. Sie wird aber von der Geschichtenförmigkeit der Darstellung gewissermaßen in der Schwebe gehalten: Relativiert und ergänzt.

In der jüdischen Tradition gibt es zwei Zugänge zur religiösen Wahrheit, *Halacha*, den Weg des Gesetzes, der zu befolgenden Vorschriften und Regeln mitsamt ihrer Auslegung in Paragraphen und Kommentaren und Präzedenzfällen – eine Art Jurisprudenz Gottes – und daneben *Aggadah*, den Weg der Geschichte, des Gleichnisses, des Beispiels mit tausend möglichen und irgendwie gleichberechtigten Deutungen, mit all den Widersprüchlichkeiten und Vieldeutigkeiten des Metaphorischen und Narrativen. Jesus beispielsweise kann als Rabbi mit einer ausgeprägten Neigung zur Aggadah gelten, er war ein genialer Konstrukteur von Gleichnissen. Beide zusammen, *Halacha und Aggadah,* sichern erst die Möglichkeit des Zugangs zur religiösen Wahrheit.

Analog zur jüdischen Tradition käme auch unserer Tradition der Auseinandersetzung mit den Naturerscheinungen eine solche Wechselwirkung zugute: Die Halacha der Wissenschaft braucht die Ergänzung durch die Aggadah der Begegnung.

ZWEI BEGEGNUNGEN MIT BÄUMEN

WALTER BENJAMIN UND JORGE SEMPRUN

Jede Begegnungserfahrung überwindet die Fremdheit des Anderen der Natur auf eigene Weise. Die Betrachtung von Sternen und Bergen, von Flüssen und Seen scheint eine weniger innige Reaktion hervorzurufen als die von Bäumen. Das Wort »Begegnung« trifft am ehesten auf sie zu. Kennzeichen jeder Begegnung ist die Herstellung einer Nähe, die das unüberbrückbar Fremde überwindet. Der Vorgang gleicht dem Wiedererkennen einer alten Verwandtschaft. Diese Nähe sei anhand von zwei Persönlichkeiten dokumentiert, mit ganz unterschiedlichen Biographien, aber beide Opfer des Nationalsozialismus in Deutschland, beide so genannte Intellektuelle, Marxisten unterschiedlicher Couleur, hoch sensible und gebildete Menschen, die sich darauf verstanden, in Worten das wiederzugeben, was sie erfahren hatten.

An einem der ersten Julitage des Jahres 1932 verlässt Walter Benjamin morgens die Bucht von San Antonio und wandert ins Innere von Ibiza. Die Insel ist noch unbekannt und arm, Benjamin ist allein. Seit Ende April lebt er dort in einem steinernen Bauernhaus unter primitiven Verhältnissen. Er ist fast vierzig Jahre alt und in einem Zustand anhaltender Depression: Seine Lage ist die eines mittellosen Intellektuellen, nur den wenigsten als Verfasser kultur- und literaturkritischer Essays bekannt, in wirtschaftlichen Schwierigkeiten, politisch und intellektuell isoliert. Dass er nach seinem Tod zu einem der einflussreichsten Intellektuellen des Jahrhunderts avancieren würde, hätte keiner vorhersagen können. Seinem Freund Gershom Scholem hat er den Plan mitgeteilt, sein Leben am 14. Juli 1932, dem Vorabend seines vierzigsten Geburtstages, in einem Hotel in Nizza zu beenden. Vielleicht findet dieser Mann bei der Wanderung über staubige Pfade unter dem heißen Himmel in der brutalen Einfachheit dieser Landschaft etwas, das seiner Situation entspricht. Sein Blick fällt auf einen Baum am oberen Ende einer Böschung, er steigt hinauf, legt sich im Schatten des Laubdaches nieder und erlebt einen magischen Augenblick, über den er später die folgenden Zeilen schreibt:

> »Der Baum und die Sprache
>
> Ich stieg eine Böschung hinan und legte mich unter einen Baum. Der Baum war eine Pappel oder eine Erle. Warum ich seine Gattung nicht behalten habe? Weil, während ich ins Laubwerk sah und seiner Bewegung folgte, mit einmal in mir die Sprache dergestalt von ihm ergriffen wurde, dass sie augenblicklich die uralte Vermählung mit dem Baum in meinem Beisein noch einmal vollzog. Die Äste und mit ihnen auch der Wipfel wogen sich erwägend oder bogen sich ablehnend, – die Zweige zeigten sich zuneigend oder hochfahrend, – das Laub sträubte sich gegen einen rauhen Luftzug, erschauerte vor ihm oder kam ihm entgegen; der Stamm verfügte über seinen guten Grund, auf dem er fußte; und ein Blatt warf seinen Schatten auf das andre. Ein leiser Wind spielte zur Hochzeit auf und trug alsbald die schnell entsprungenen Kinder dieses Betts als Bilderrede unter alle Welt.«[19]

Dies ist der persönliche, gewissermaßen atemlose Bericht über eine mit Magie aufgeladene Beobachtung. Es geht um eine Begegnung, aber auch um das Ereignis einer Vereinigung. Benjamins Rolle entspricht ungefähr der eines

Trauzeugen, der dem Vermählungsvorgang zwischen Baum und Sprache beiwohnt und sich von ihm angerührt findet. Die Vermählung von Baum und Sprache trifft den Berichterstatter Benjamin in seinem Innersten, denn was in dessen Sprachlosigkeit zum Vorschein kommt, ist die reine Sprache, die den Baum und den Hörenden umfasst. Der Bericht beschränkt sich auf die Verwandlung des Baumes zum Sprachträger, stellt ihn dar als Bewohner des Universums der sprachbegabten Wesen. Wenig ist dagegen über die Verwandlung gesagt, die sich in dem ereignet, der diesen Bericht vorlegt. Ist auch er – über seine Sprache und in seiner Sprache – mit erfasst von der »uralten Vermählung«? Sprache ist die Mitte seines Lebens. Verwandlungen, die ihr widerfahren, verwandeln auch ihn. In einem frühen Text, *Metaphysik der Jugend,* hatte er angedeutet, dass alles Gespräch auf ein Schweigen hinausläuft, das dem Zuhören und Vernehmen gleicht. Der Sprechende empfängt die Bedeutung dessen, was er sagt, vom schweigenden Zuhörer. Der Vernehmende wird zur Quelle des Sinnes. Vielleicht kann man die Begegnung als eine gelungene Übung vernehmenden Zuhörens bezeichnen. In der Begegnung mit dem Baum scheint die Begegnung mit der »reinen Sprache« auf.

Die Sprache des Baumes ist die Sprache: Keine besondere Mitteilung des Baumes an den Liegenden und keine Rede in einem Zwiegespräch, bei dem einer fragt und der andere antwortet, oder einer redet und der andere dagegen redet. Die Frage, was denn der Baum gesagt habe, ist also sinnlos. Es geht um das Sprechen über Sprache, eine Form der Metakommunikation. Dass die Gesten des Zwiegesprächs, ja des Streitgesprächs in dem, was der Baum vorführt, vorkommen und wiederholt werden, ist nur ein Teil des Repertoires der Baumsprache, die »auf einmal« die Sprache dessen ergriffen hat, der unter dem Baum liegt. Der ist mit Sprache wohl und auf intime Weise vertraut, und er erkennt jetzt, dass der Baum sich so gut auf Sprache versteht wie er selber.

Vielleicht können wir es als Anzeichen für die beglückende Wirkung dieser Erfahrung nehmen, dass Benjamin den angekündigten Selbstmord nicht ausführt. Vielleicht liegt in der Magie der Begegnung eine Geste, die es ihm möglich macht, sein Leben weiterzuleben.

Diese Vermutung wird von Manfred Geier vorgetragen und entfaltet.[20] Geier zeigt, dass Benjamins Sprachphilosophie um das Bild des Baumes der Erkenntnis von Gut und Böse im Garten Eden kreist, wie es in der jüdischen Schöpfungsgeschichte überliefert ist. Bevor Adam den Dingen ihre Namen gab, lag zwischen Sprache und Sache noch keine Distanz. Die kam erst durch den menschlichen Hang zur Abbildung der Dinge im parallelen Universum der Sprache, kam erst mit Zeichen und Bedeutung in die Welt. »Der Sündenfall ist die Geburtsstunde des menschlichen Wortes«, hatte Benjamin 1916 geschrieben. Aus dem ursprünglich sprachlosen Wort, das den Namen und die Rede zugleich umfasste, ist das menschliche Wort geworden, ein Zeichen im Hin und Her des Gesprächs, das den Prozess der Zivilisation begleitet und von Zufälligkeit behaftet ist. Es ist die Zufälligkeit der Zeichen, aus der die Distanz zwischen Sache und Sprache entsteht, die uns von jener möglicherweise gegebenen vorsprachlichen Einheit entfernt, die Benjamin sah und für die kaum eine Metapher besser geeignet ist als die einer Sprache vor aller Sprache.

Benjamin sucht nach Spuren des ursprünglichen Zusammenhangs und der alten Unmittelbarkeit, die er im biblischen Mythos findet, inmitten seiner gegenwärtigen Erfahrung, als ob ein Aufblitzen der Erinnerung an die ursprüngliche Verbundenheit von Baum und Sprache zugänglich sei. Auf Ibiza, so meint Geier, sei Benjamin dem Aufleuchten dieser Spur begegnet. Der Baum sagt nichts, er redet nicht, er hat keine Botschaft – hätte er einen Hinweis, ein Zeichen gegeben, so wäre er in den Bereich des menschlichen Sündenfalles getreten, hätte sich gewissermaßen auf den Weg von Zeichen, Logik und abstrakter Begrifflichkeit begeben. Aber die Sprache des Baumes ist derart deutlich vernehmbar, dass sie dem verzweifelten Mann das Glück ihrer Gegenwart gibt und den Sinn seines Weiterlebens erneuert.

Diese Baum- und Sprachbegegnung enthält vieles, das im Licht der modernen Sprachtheorie absurd erscheinen mag. Es geht aber nicht darum, die religionsnahe Sprachphilosophie Benjamins gegen die Grundlagen der Linguistik auszuspielen. Vielmehr genügt es, den geistigen Hintergrund als Kulisse aufzuspannen, vor der sich die Baumbegegnung auf Ibiza ereignet.

Der Grundgedanke der modernen Linguistik bezeichnet das Zufällige und Willkürliche des Zusammenhangs von Sprache und Sache. Benjamins Sprachphilosophie geht aber vom genau entgegengesetzten Grundgedanken aus: einer tatsächlichen, echten, ursprünglichen Verbindung zwischen den Dingen und ihren Namen. Man muss diesen Unterschied vor Augen haben, um die Bedeutung von Benjamins Baum-Begegnung zu verstehen.

Der Maler René Magritte hätte anstelle von Apfel und Pfeife auch einen Baum malen und daneben schreiben können: »*Ceci n'est pas un arbre*«. Man würde begreifen, dass es sich nicht um einen Baum, sondern um Farbspuren auf einer Leinwand handelt, und dass außerdem das Wort »*arbre*« so wenig mit diesen Spuren zu tun hat wie mit dem Lebewesen, das damit bezeichnet ist. Ferdinand de Saussure, der Begründer der Linguistik, erklärt, dass das linguistische Zeichen nicht etwa eine Verbindung zwischen einem Ding und einem Namen herstellt, sondern ein Konzept mit einem Sprachmuster verbindet. Wenn das Wort »Baum«

ausgesprochen wird, so entstehen Schallwellen, die auf den Hör-Organismus eines Zuhörenden treffen und dort die Vorstellung des Konzepts »Baum« auslösen unter der Voraussetzung, dass diese Verbindung zwischen Sprachmuster und Konzept in der Sprache »institutionalisiert« ist, die gesprochen wird. Was das Bezeichnete mit der Bezeichnung verknüpft, ist aber willkürlich. Die von dem Bezeichnenden vorgenommene Bezeichnung – ob »arbre«, »tree« oder »Baum« – berührt das Bezeichnete nicht. Auf solchen Vorstellungen beruht die moderne Sprachwissenschaft.

Walter Benjamin vertritt eine andere Sicht. Das Wort ist für ihn nicht nur ein Mittel, das etwa die Bezeichnung eines Naturgegenstandes wie »Baum« kommuniziert, sondern eine gewissermaßen schöpferische Kraft, die den Baum erst in die Welt bringt. Sprache steht nicht in einer zufälligen Beziehung zu den Dingen, die durch irgendeine Übereinkunft festgelegt wurden, sie partizipiert an den Dingen selbst. Kern dieses Verhältnisses ist der Name der Dinge. In ihren Namen haben die Dinge selbst Teil am Wissen über sich selbst; unser Wissen über die Dinge spiegelt nur das Selbstbewusstsein eines denkenden Wesens, und dieses Wesen muss nicht unbedingt »Ich« sagen können. Im Namen besteht eine unmittelbare Partizipation von Sprache an der Welt. Das Wort kann als mittelbare, nämlich auf den Namen bezogene Partizipation der Sprache insgesamt an diesem Zusammenhang aufgefasst werden. Der Name hat sowohl am Wort als auch an der Welt teil. Sprache ist »Vermittlung von Unmittelbarem«. Der Name ist unmittelbare Vermittlung, das Wort ist vermittelte Unmittelbarkeit. Die Beziehung von Wort und Sache ist nicht willkürlich, weil sie durch den Namen zusammengehalten werden, der beiden innewohnt. Weder Name noch Wort können jeweils für sich irgendetwas Konkretes herstellen, aber gemeinsam bewegen sie die Wirklichkeit wie durch Zauberei.[21]

Der Versuch, diese Ideen Benjamins zur Sprache auf plausibel erscheinende Weise zu vermitteln, wird vielleicht weniger absurd erscheinen, wenn man seine Idee einer »reinen Sprache« berücksichtigt. Die reine Sprache erscheint als Möglichkeit einer Zusammenfassung aller Sprachen, einer Synthese, in der die einzelnen Sprachen »aufgehoben« sind. Konkret wird diese Möglichkeit beim Vorgang des Übersetzens von einer Sprache in die andere erkennbar oder erahnbar. Beim Versuch des Übersetzens wird deutlich, dass eine Übersetzung nicht gelingen kann, weil die Besonderheit der Sprache nicht in die Besonderheit einer anderen Sprache übertragen werden kann. »Tradutore traditore«, wie es im Italienischen heißt, was wir – selbstverständlich nur mit annähernder Genauigkeit – übersetzen können mit »der Übersetzer ist ein Verräter«, oder auch mit »übersetzen heißt verraten«. Der Übersetzer sieht die Unmöglichkeit des wortwörtlichen Übersetzens; er übersetzt deshalb einen Sinn, der dem Gesagten innewohnt. Eine gute Übersetzung kann auf diese Weise ein neues Licht auf das Gesagte werfen, eine neue Facette dessen aufdecken, was nicht gesagt, aber doch angesprochen worden ist. Wie die Scherben eines Gefäßes aneinander gefügt werden, um die Gestalt des zerbrochenen Kruges vorstellbar zu machen, so fügt der Übersetzer die Einzelsprachen so aneinander, dass die Umrisse einer umfassenden, reinen Sprache erahnt werden können.

Würde man alle Wörter zusammentragen, die »Baum« bedeuten, hätte man eine Sammlung von tausenden von Schriftbildern (Graphemen) und Lautmustern (Morphemen) vor Augen und vor Ohren, die um den Baum in der Mitte herum gruppiert wären. Dann wären die enormen Unterschiede all dieser Muster untereinander zu erkennen, aber hieße das automatisch nach einer Ähnlichkeit mit der von ihnen gemeinsam bezeichneten Sache in der Mitte zu suchen? Gibt es einen gemeinsamen Nenner, etwas Übergeordnetes, das in der Summe der Bezeichnungen schwingt und flimmert und auf den Namen hinweist, mit dem die reine Sprache das Ding berührt?

Benjamin zufolge haben auch die Dinge selber Anteil am sprachlichen Universum. Sie kommunizieren ihre jeweiligen Inhalte, was darauf hinausläuft, dass Sprache sich selbst vermittelt, da es einen Inhalt der Sprache streng genommen nicht gibt. Die Wörter und Namen der menschlichen Lautsprache partizipieren an den Dingen selbst und machen Sprache zu einer magischen Angelegenheit. Den Dingen ist diese Möglichkeit nicht gegeben. Sie sprechen lautlos miteinander in einer materiellen Gemeinschaft. »In der stummen Magie ihrer Sprache«, schreibt Benjamin 1916, »kommt das Wort ›Gott‹ zum Vorschein.«[22]

1932 erfährt er die Erfüllung seiner eigenen Voraussage auf Ibiza, aber der magische Augenblick dieser Erfüllung belegt auch die Vereinzelung des Philosophen in der geistigen Situation seiner Zeit. Innerhalb des Gesprächs, das die Sprachphilosophen miteinander führen, bleibt er mit seinen Vorstellungen einer ursprünglichen Unmittelbarkeit von Sache und Sprache isoliert. Er findet mit seinem sprechenden Baum keinen Platz, bleibt zwischen den Stühlen.

Auf der einen Seite haben sich im 20. Jahrhundert die Vertreter der »linguistischen Wende« niedergelassen. Sie stellen die Sprache und vor allem die der Sprache innewohnende Logik über alles. Den Weg der Zeichen, der Logik und der Abstraktheit sind sie gewissermaßen zu Ende gegangen. Benjamins Unmittelbarkeits-Idee hätte sie nicht einmal interessiert: Über das, worüber man nicht reden kann, muss man schweigen, hat Wittgenstein apodiktisch erklärt. Auf der anderen Seite haben sich diejenigen versammelt, die im Gesprächsvermögen ein Instrument wahrnehmen möchten, das den Prozess der Zivilisation voranzutreiben hilft. Sie vermeiden es, über »Sprache« als eine gegebene Größe zu sprechen, und bevorzugen stattdessen Begriffe wie »Rede« oder »Kommunikation«, die sie lieber im Plural als im Singular gebrauchen. Sprache ist Werk und Werkzeug zugleich, hatte Wilhelm von Humboldt erklärt. Die linguistischen Philosophen fassen Sprache als abgeschlossenes Werk auf, und die pragmatischen Philosophen nehmen sie ausschließlich als Werkzeug auf der Baustelle der Zivilisation. Sie betonen die Zufälligkeit der Bedingungen, von denen jederzeit alles abhängt, und arbeiten daran, Begriffe wie »Gott«, »Wahrheit«, »Selbst« als bloße Wörter zu enttarnen, die letztlich überflüssige Hilfskonstruktionen bezeichnen.

Die einen machen aus den Gesetzmäßigkeiten der Sprache eine Art allgemeingültiges Reglement, die andern nehmen das Miteinander-Reden-Können als Hilfsmittel des Menschen wie die Flosse des Fisches oder die Schwinge des Vogels.

Benjamins sprachbegabter Baum fällt aus dem jeweiligen Kontext der beiden Diskurse heraus; die reine Sprache der Welt, eine Facette seiner messianischen Sehnsucht, interessiert keinen. Umgekehrt fällt damit auch ein Licht auf die Besonderheit jener Begegnung auf Ibiza. In *Baum und Sprache* nimmt Benjamin den Baum einfach hinein in die Gemeinschaft der Sprechenden, für einen Augenblick entsteht ein Zusammenhang der Rede, der die Sprache der Menschen mit ihrer Logik und ihrer Kommunikation überschreitet.

Wenn Sprache eine verbindende Kommunikationsdecke aus Rede darstellt, mit der wir unsere Angelegenheiten regeln, dann wird Benjamins Text als Extension dieser Decke interpretierbar. Dass der Baum der Sprache verwandt ist, so wie sie in ihm lebt, öffnet den Ausblick auf eine Welt von gewissermaßen bodenloser Kommunikationstiefe. Was ich sage, was der Baum sagt, ist Teil ein und desselben Zusammenhangs. Die Sprachbewegung von Bäumen macht es offenbar. Unsere Redegemeinschaft geht an den Säumen über in die Redegemeinschaft der Bäume.

Vor einigen Jahren fragte mich ein amerikanischer Freund, ob ich glaube, dass man mit Bäumen sprechen könne. Es war am Rande einer Konferenz, die in einem Waldgebiet bei einem Vorort von Hamburg stattfand. Er hatte gerade einen Vortrag über *Die Philosophie des Natürlichen* gehalten, bei dem er vor allem die Position des amerikanischen Pragmatisten Richard Rorty vertrat, der den Ursprung dessen, was wir »Wirklichkeit« oder »Erfahrung« nennen, allein in der metaphernbildenden Funktion der Sprache sieht. Während des Vortrags waren plötzlich zwei Rehe vor der Fensterfront erschienen und hatten einen, wie mir schien, unverwandten Blick in den menschengefüllten Vortragssaal geworfen. Ich hatte anschließend im Scherz bemerkt, dass der Vorfall doch ein »perfektes Timing« zeige, und wir waren über die Frage ins Gespräch gekommen, ob derartige Zufälligkeiten immer nur Zufälligkeiten seien, oder auch Ausdruck von Vorgängen und Kräften, die sich unserem Kalkül entziehen. Auf diesem Umweg, aber auch, weil wir uns auf unserem Weg von Bäumen wie von einer Zuhörerschaft umstellt sahen, stellte er die Frage nach der Sprache der Bäume. Ich antwortete ausweichend, dass diese Sprache, wenn es sie gäbe, unserem Verständnis von Kommunikation nicht unbedingt entsprechen müsste. Was es denn für andere Formen gebe, fragte er. Ich kannte damals Benjamins Theorie der reinen Sprache noch nicht und musste mich damit begnügen, den bloßen Verdacht zu verteidigen, dass nicht alle Erfahrung mit Sprache verrechnet werden könne. Vielleicht hätte ich mit Benjamins Kategorien ein schlagkräftigeres Argument in unser Gespräch einbringen können. Ich bin nicht sicher, ob die religiöse

Dimension, auf die sein Denken zuläuft, als Gesprächsraum akzeptiert worden wäre. Aber die magische Dimension der Sprache, die er in Erinnerung bringt, und die ebenso magische Dimension unserer Erfahrung, die sich in Momenten der Begegnung mit Menschen und anderen Wesen auftut, hätte wahrscheinlich das Interesse und die vorsichtige Zustimmung meines Freundes gefunden. Eher unausgesprochen als zur Sprache gebracht, verfolgen viele, die über die Möglichkeit einer Sprache der Bäume nachdenken, das Programm einer Ent-Trivialisierung der Wirklichkeit. Für diesen Zweck wäre Benjamins Sprachtheorie hervorragend geeignet, auch wenn seine Religiosität für viele nicht zur Sache gehören mag.

Immerhin kann ich zu bedenken geben, dass einer der einflussreichsten Philosophen des 20. Jahrhunderts einmal die Erfahrung gemacht hat – geradeheraus und ohne allegorischen Umschweif – die Sprache eines Baumes zu vernehmen.

Ob der Baum an der Böschung auf Ibiza, unter dem Benjamin die Sprachbegabung der Bäume am eigenen Leibe widerfahren ist, noch dort steht, ist unbekannt. Aber an der Küste des kleinen katalanischen Ortes Portbou an der französisch-spanischen Grenze, wo er sich am 26. September des Jahres 1940 am Ende – in einem Zustand der Hoffnungslosigkeit, mit einer Überdosis Morphium – doch das Leben genommen hat, steht ein kleiner Olivenbaum. Er kann als Teil des Monumentes *Passagen* betrachtet werden, das der israelische Künstler Dani Karavan zu Ehren Benjamins an der Klippe errichtet hat, die zum Mittelmeer hin abfällt. Karavan gibt folgende Auflistung der Materialien seines Kunstwerks: »Stahl, Glas, Wellen, Fels, Wind und Oliven«, ausdrücklich nennt er den Olivenbaum bei der Beschreibung des Monuments:

»Es besteht aus drei Teilen, – einem 33 Meter langen Stahltunnel, der sich über die Klippe an dem Friedhof hinstreckt, auf dem Benjamin liegt; einer in Stahl gegossenen, abgebrochenen Treppe, die in der Nähe eines Olivenbaumes installiert ist, der in einer Ecke des Friedhofs wächst; und einer Plattform aus Stahl und kubischen Elementen, die vor dem Zaun am Ende des Friedhofs liegt.«[23]

Ob er von der Baumbegegnung Benjamins wusste, erscheint zweifelhaft. In einem Punkt jedenfalls irrt er: Benjamin liegt nicht auf diesem Friedhof. Die Peseten, die man in der Tasche des Toten gefunden hatte, reichten für eine fünfjährige Miete des Grabes Nr. 563; 1945, nach Ablauf der fünf Jahre, wurden seine sterblichen Reste dort herausgenommen und in ein Gemeinschaftsgrab umgebettet, dessen genauer Ort unbekannt ist. In die gläserne Scheibe am Ende der abgebrochenen Treppe, die zum Mittelmeer hinunterführt, ist mit dem Sandstrahl-Gebläse ein Benjamin-Zitat eingeschrieben: »Schwerer ist es, das Gedächtnis der Namenlosen zu ehren als das der Berühmten. Dem Gedächtnis der Namenlosen ist die historische Konstruktion geweiht.«[24]

An einem sonnigen Sonntagmorgen Ende Dezember 1944 stapft Häftling Nummer 44904 die schneebedeckte, von Säulen mit Reichsadlern gesäumte Allee entlang, die von der äußeren Umzäunung zum Stacheldraht-Bereich des Konzentrationslagers Buchenwald hinaufführt. Er ist 21 Jahre alt, seit einem Jahr politischer Gefangener, er trägt den Decknamen Gerard. Das Netzwerk der Partei hat ihm einen Posten bei der Arbeitsstatistik besorgt, und heute Morgen ist er zusammen mit einem holländischen Genossen auf eine Besorgung zur Mibau geschickt worden. Jetzt kommt er allein zurück, der Schnee verschluckt das Geräusch seiner Schritte, über der Weite des glitzernden Weiß und des blassblauen Himmels steht grau die dünne Rauchfahne vom Schornstein des Krematoriums. Da fällt sein Blick auf eine schöne Buche, die einzeln vor der Kulisse des Waldes erscheint. Er verlässt die Straße, klettert die Böschung empor, arbeitet sich durch den frisch gefallenen Schnee hinauf zum Baum und berührt den Stamm mit seiner Hand. Es ist der Augenblick, den er nach 36 Jahren unter seinem Geburtsnamen Jorge Semprun beschreibt:

> »Ich berühre ihn. Dieser Baum ist keine Halluzination. Ich bleibe in der Sonne stehen und betrachte selig diesen Baum. Ich habe Lust zu lachen, ich lache. Das währt Jahrhunderte, einen Sekundenbruchteil. Ich lasse mich von der Schönheit dieses Baumes durchdringen. Von seiner heutigen verschneiten Schönheit. Aber auch von der Gewissheit seiner nahen strahlendgrünen unvermeidlichen Schönheit, die meinen Tod überlebt. Das ist das Glück, irgendein stechendes und heftiges Glück.«[25]

Doch die Intimität dieser Begegnung wird durch das plötzliche Auftauchen eines SS-Manns zerstört, der die Pistole auf diesen Häftling richtet, der sich außerhalb des Lagers abseits von der Straße auf höchst verdächtige Weise bewegt. »Was machst du hier?«, brüllt er ihn an. »Diese Buche, so ein wunderschöner Baum!«, antwortet Gerard. Für eine solche Aussage ist innerhalb des Lager-Universums kein Platz, ein kritischer Moment entsteht, in dem alles möglich ist, vor allem die sofortige Erschießung des Häftlings, und erst, als er strammsteht, seine Eintragungsnummer ruft, sich zur Stelle meldet, wird die Ordnung so weit wiederhergestellt, dass die Abführung zum Verhör als nächster Schritt folgen kann.

Semprun kommt in seinem Erinnerungsbuch an drei

Stellen auf die Begegnung mit dem Baum zu sprechen, am Anfang, in der Mitte und am Ende. Es ist, als ob die Struktur des Textes aus diesem einen Augenblick hergeleitet würde. Tatsächlich entzieht sich der ineinander geschlungene Erzählfluss verschiedener Episoden aus unterschiedlichen Zeiten dem einfachen chronologischen Verständnis, allen entgegenstehenden Beteuerungen des Verfassers zum Trotz. Insgesamt kann das Buch als Bilanz gelesen werden, als eine Art Abrechnung mit dem Stalinismus, seinen immer deutlicher werdenden Analogien zum SS-Staat und mit der Kommunistischen Partei. Seine Mitgliedschaft hatte ihn nach Buchenwald gebracht, ihn dort aber allem Ermessen nach vor der Vernichtung bewahrt. Und das Buch ist der Versuch, die auf den ersten Blick privaten Gefühle und Sehnsüchte als verlässliche und beglückende Wegweiser durch das Labyrinth des politischen und sozialen Lebens festzuhalten. Beide Leitmotive, Abrechnung und Lobpreisung, werfen im Wechsel Brechungen und ironische Distanzen auf, die dem Text eine schwebende Leichtigkeit geben und die harten und blutroten Gegenstände wie mit hellen Schleiern verhängt zeigen.

Es ist aufschlussreich, die verschiedenen Darstellungen der Begegnung mit einer Buche in Buchenwald zusammen in den Blick zu nehmen. Die Episode gewinnt dabei mehr und mehr die Konturen eines Portals, das den Zugang zu Sempruns Welt gestattet. Der Baum taucht am Anfang des Textes als handfester Gegenstand aus den Fluten der Erinnerung auf, steht als lebende Säule in der Mitte des Textes und liefert am Ende die Vorgabe für die einzige Lehre, die der Schreiber gelten lässt:

> »Später sollte ich einen Aphorismus von Kafka lesen, der vollendet genau das ausdrückte, was ich undeutlich, aber intensiv an jenem Morgen beim Anblick dieser

Buche in Buchenwald empfunden hatte: ›In dem Kampf zwischen dir und der Welt hilf der Welt.‹«[26]

Versuchen wir, den Vorgang Punkt für Punkt aus den überall in diesem wunderbaren Buch verstreuten Mosaiksteinchen zu rekonstruieren: An einem Sonntagmorgen Ende Dezember 1944, nach dem Morgenappell und der Morgenmusik des Häftlingsorchesters von Jiři Zak, nimmt der zwanzigjährige Häftling Henk Spoenay, Verbindungsmann zwischen der Arbeitsstatistik der Häftlinge und dem Arbeitseinsatzführer der SS, seinen Kumpel Gerard auf eine Besorgung jenseits des Stacheldrahtzaunes mit. Es ist kurz nach neun Uhr, es liegt Neuschnee, die Sonne scheint. Als die beiden auf den menschenleeren und stillen Appellplatz hinausgehen, drängt sich ihnen das Unwirkliche der Situation auf. Ob die Welt des Konzentrationslagers Buchenwald ein Traum ist? Oder ob die Welt draußen ein Traum ist? Ob das Leben ein Traum ist, und der Tod am Ende auch? Die beiden werden am Tor kontrolliert, gehen hinüber in den SS-Teil des Lagers; als Spoenay länger als vorgesehen bleiben muss, kehrt Gerard allein zurück, und die Gedanken an die Unwirklichkeit dieser Wirklichkeit beschäftigen ihn weiter:

> »Ist diese Landschaft mit ihrem Schnee von bläulichem Weiß, ihrer blassen Sonne, dem stillen Rauch da drüben ein Tagtraum, der in mir entsteht? Oder bin ich ein Traum, der in dieser Landschaft entsteht, der aus dieser Landschaft entsteht, wie ein Rauch, kaum dichter als der da drüben?
>
> Bin ich nicht nur irgendwie ein Traum künftigen Rauchs, tagträumerischer Vorahnung, jener rauchigen Unbeständigkeit, die der Tod wäre? Das Leben?«[27]

Hier klingt ein Motiv an, das immer wieder eingespielt wird, eine traurige Melodie, die im Hintergrund ständig vernehmbar bleibt. Viel später heißt es:

»Das Leben ist kein Traum, oh nein, ich war einer. Und zudem: der Traum von irgendjemandem, der seit langem tot sein sollte. Ich habe bereits, trotz seiner unbeschreiblichen Anstößigkeit, jenes Gefühl erwähnt, das mich im Laufe der Jahre mitunter befällt. Die ruhige und völlig verzweifelte Gewissheit, nur ein Traumgespinst eines jungen Toten von einst zu sein.«[28]

Inmitten seines Totentraums taucht oberhalb der Allee eine Buche auf, deren Schönheit den jungen Mann zu ihr emporzieht. Er berührt den Stamm mit seiner Hand, kratzt den vereisten Schnee ab und erkennt angesichts des Baumes die einfache dialektische Vorstellung, die er wie ein Kleinod mit sich nehmen kann:

»Er dachte, ohne sich zu rühren, während sein ganzes Leben prüfender Blick geworden war, dass die Knospe den Winter verneinte, und die Blüte die Knospe, und die Frucht die Blüte. Er lachte betört, fast selig bei der Heraufbeschwörung dieser elementaren Dialektik, denn diese zarte, noch nicht ertastbare Knospe, diese grüne pflanzliche Feuchte im verschneiten Schoß der Zeit, würde nicht nur die Verneinung, sondern auch die Erfüllung des Winters sein.«[29]

Der Baum wird zum sichtbaren Zeichen des einzig fassbaren Vorgangs in einer Welt aus Tagträumen, Alpträumen und anderen Hirngespinsten. Dies winterliche Versprechen ist stärker als der Tod:

> »Er selber würde vielleicht schon tot sein. Die Knospe würde hervorbrechen und die tiefe Wahrheit des Winters vollenden. Und er würde tot sein. Nein, nicht einmal tot: verflüchtigt. Er würde verschwunden, in Rauch aufgegangen sein, und die Knospe würde hervorbrechen, eine Kugel prall von Saft.«[30]

Am Anfang seines Buches schreibt Semprun wie ein junger Mann von dem Versprechen des bevorstehenden Frühlings mit seinen Knospen und seiner grünen Pracht, am Ende schreibt er wie ein alter Mann, der weiß, dass die Zukunft schon immer in der Gegenwart aufgehoben ist; die Aussicht auf künftigen Reichtum verblasst angesichts der gegenwärtigen Schönheit:

> »Einen kurzen Moment der Ewigkeit hatte ich diesen Baum mit dem Blick von jenseits des Todes, mit dem Blick meines eigenen Todes betrachtet. Und der Baum war immer noch genauso schön. Mein Tod entstellte nicht die Schönheit dieses Baumes.«[31]

Der Wandel bei der Akzentuierung des dialektischen Begriffs geschieht wie im Handumdrehen, wenn wir unseren Fokus ausschließlich auf die Passagen der Baum-Begegnung richten. Die Veränderung erscheint dann als eine kaum merkliche, wahrscheinlich zufällige Verschiebung der Aufmerksamkeit von der Aussicht auf die künftige Pracht des Frühlings hin zum Anblick der gegenwärtigen Pracht des Winters. Aber sie entspricht dem Wandel vom überzeugten, gläubigen Kommunisten zum unabhängigen, zwischen skeptischer Ironie und tiefer Ergriffenheit schwankenden Denker. Dies ist die Spur des Entwicklungsromans, die der inneren Form dieser Autobiographie eingeschrieben ist und ihrem Titel eine Doppelbedeutung gibt: »Was für ein schöner Sonntag!« ist der Ausruf, den der Kumpel Fernand beim Wecken am Morgen anstelle des Ausrufs »Merde!« ausstößt, und es ist zugleich die vollkommen ironiefreie Aussage des Verfassers am Abend: »Ja, sage ich zu Jehova, ein sehr schöner Sonntag.«[32]

Man muss sich die typischen Merkmale des fanatischen Verhaltens in Erinnerung rufen, um die Tragweite dieser Emanzipationsbewegung ermessen zu können:

Der »wahre Gläubige« widmet sein Leben bekanntlich der Sache einer bestimmten Wahrheit, einer Idee, einer »Überzeugung«, die in Gestalt einer religiösen oder politischen Struktur erscheint. Sein Denken und Handeln unterwirft er den von anderer Seite bestimmten Vorstellungen. Die Unterwerfung verschafft ihm Befreiung von der Bürde, für sich selber denken zu müssen. Das untrügliche Kennzeichen im Verhalten des Anhängers einer Idee, die bedingungslose Gefolgschaft erheischt – sei es ein fanatisches Christentum oder der Kommunismus, der Nationalsozialismus usw. – ist seine Verachtung des gegenwärtigen Lebens. Über die Freuden und Genüsse, die in der Gegenwart zu haben sind, geht er geringschätzig hinweg. Der Fanatiker ist jederzeit dazu bereit, die Belanglosigkeiten, die am heutigen Tag zu haben wären, der leuchtenden Zukunft zum Opfer zu bringen, und er neigt dazu, dies auch demonstrativ zu zeigen. Umgekehrt gibt es kaum etwas, das in Kreisen von »wahren Gläubigen« so viel Misstrauen hervorruft wie die Freude eines Menschen am gegenwärtigen Leben, das Talent etwa, in der Begegnung mit Natur eine beglückende Erfahrung zu gewinnen. Es ist dieser Kontext, auf den Semprun am Anfang seines Buches anspielt, und er grenzt sich hier gleich am Eingang durch seine Formulierung von der Gemeinde der bedingungslos und absolut Gehorsamen ab:

»Kurzum, er hatte den Talmud nicht gelesen. ›Wenn du einen schönen Baum siehst, so bleib nicht stehen, sondern setz deinen Weg fort.‹ Er war stehen geblieben, er war bis zu dem schönen Baum gegangen. Er hatte niemals das Bedürfnis verspürt, seine eigene Existenz zu bestätigen, indem er die vergänglichen Schönheiten der Welt verneinte.«[33]

Der Keim zum Renegaten ist schon in ihm angelegt. In dem Maße, in dem er zu sehen lernt, was tatsächlich geschieht, taugt er immer weniger zum Gläubigen. Die Erfüllung des Seins, die der Gläubige ausschließlich als zukünftiges Ereignis wahrnimmt, widerfährt ihm tatsächlich in bestimmten Augenblicken seiner gegenwärtigen Erfahrung. Die Ewigkeit ist demzufolge kein Abstraktum, sie gilt ihm als eine Tiefendimension im vierdimensionalen Universum der Gegenwart: »Das währt Jahrhunderte, einen Sekundenbruchteil«[34] »Einen kurzen Moment der Ewigkeit hatte ich diesen Baum … betrachtet.«[35] Vor allem in diesem Punkt seiner Auffassung von einer möglicherweise bodenlos erfüllbaren Gegenwart ist er dem Wesen des gläubigen Kommunisten uneinholbar weit entfernt.

Dass er gleichwohl das Muster des dialektischen Denkens, dieses kommunistischen Werkzeugs par excellence, auf seine eigene Lage anwendet, um die Schönheit einer Buche inmitten des Konzentrationslagers Buchenwald zu erhalten, ist ein wunderbarer Schachzug des Häftlings 44904: Er gewährt ihm einen schönen Sonntag mitten im Lager, und er hält für Semprun die Tür offen, durch die er schließlich seiner inneren Abhängigkeit vom Kommunismus entrinnen wird.

Am Ende von Kafkas Roman *Der Prozeß* erscheint ein Satz, der den Prozess des Verhältnisses von Semprun zur Logik der Partei zu erläutern vermag: »Die Logik ist zwar unerschütterlich, aber einem Menschen, der leben will, widersteht sie nicht.«[36] Es ist nicht so, wie Semprun eingangs schreibt, dass er den Talmud nicht gelesen habe und deshalb vom Wege abgewichen sei, um einen schönen Baum zu bewundern: Er hat die Vorgaben der Partei, die talmudischen Weisheiten ihrer Dialektik, sehr genau studiert, und er hat sich trotzdem vom Weg abgewandt und sich der Schönheit der Gegenwart in Gestalt einer Buche zugewandt.

Benjamin bezeugt das Sprachvermögen der Bäume: Ihre Sprache ist wohl artikuliert, kommt aber ohne den Sinnbezug menschlicher Kommunikation aus. Die Tatsache, dass sie der Sprache mächtig sind, macht den Blick frei für vergessene Ursprünge. Die Erfahrung, diese Sprache zu vernehmen, ist in magischen Augenblicken zugänglich.

Semprun erfährt die Schönheit eines Baumes als Häftling im Konzentrationslager und als Anhänger der kommunistischen Partei. Die Schönheit des Baumes enthält ein Versprechen, das die gegenwärtige Erfahrung des Todes überstrahlt, aber auch der Gegenwart des Augenblicks einen beglückenden Reichtum gibt.

Welches Moment verbindet die beiden Begegnungen? Liegt etwa in der Krise, in der Todesnähe etwas, das diese Art von Begegnung ermöglicht oder leichter zugänglich macht? Oder ist einfach die Vorstellung, dass die Nähe von Bäumen Bestandteil unserer alltäglichen Erfahrung sein könnte, doch nicht so leichthin auszuschließen?

Jedenfalls handelt es sich hier doch um Belege für die Möglichkeit, in der eigenen Erfahrung auch solche Trennungen zu überwinden, die durch den Prozess der Zivilisation tief in unserer Sprache und unseren Vorstellungen eingegraben sind. Die Aufteilung der Welt in Subjekt und Objekt ist ebenso verwischbar wie die in sprachbegabte und sprachlose Wesen und die in Gesellschaft und Natur.

Es ist die Erinnerung daran, dass wir zusammen mit den Bäumen in der Welt sind, und zwar nicht wie Knochen in einer Urne oder wie Gefangene in dem einen und in dem andern Lager, sondern wie Töne in einer Melodie. Es ist diese Melodie, die Benjamin und Semprun in den dunkelsten Zeiten ihres Lebens vernommen haben.

DAS LANGE LEBEN VON BÄUMEN

Bei einem Schulausflug in den frühen fünfziger Jahren betrat ich zum ersten Mal einen Urwald. Es war ein Waldgebiet in der Nähe der Sababurg in Nordhessen, das sich von den anderen Gebieten des Reinhardswaldes nicht im Mindesten unterschied, obwohl es doch auf den Wegweisern für Wanderer »Urwald« genannt war. Vielleicht sind wir noch nicht da, dachte ich, als wir vierzehnjährigen Jungen auf schmalen Pfaden durch Eichen- und Buchengruppen stromerten, auch über Nadelpolster von Fichtenbeständen, die uns mit ihren dicht aneinander gerückten Stangen den Ausblick verstellten. Und dann, inmitten einer kleinen Lichtung, unvermittelt, sahen wir den Koloss eines Baumes vor uns aufragen wie ein Gebirge, etwas, das alle gewohnten Ausmaße übertraf und uns einen Augenblick lang die Sprache verschlug. Eine Eiche, die Ruine einer Eiche, zwar gab es ein paar Laub bedeckte Zweige, die einzelne mächtige Äste umkränzten, aber der Stamm war hohl und so groß, dass er sich uns als Behausung anbot. Wir krochen hinein, wir kletterten im Innern nach oben, einen Kamin empor und dann wie durch die Luke aus einem Schiffsrumpf hinaus ins Freie, hinüber auf eine Astgabel bequem wie ein Sessel. Mein Freund Otto kannte die Gegend. Er sagte, hier seien überall im Wald verstreut alte Riesenbäume zu finden, und die meisten Jungen rannten auf den Pfaden entlang, in der Erwartung, immer noch größere Bäume mit noch weiteren Höhlungen ausfindig zu machen. Tausend Jahre alt sind die, sagte Otto, und die Zahl hatte in meiner Vorstellung keine Konturen, sie war nur ein

Wort für »unvorstellbar alt«. Ich stellte mich ins Innere der Höhlung auf das dunkle, säuerlich duftende Holzmehl, das den Boden bedeckte, und tastete mit den Fingerspitzen über die inneren Flächen der Wände, um den Unterschied zur Oberfläche von jüngeren Bäumen zu spüren. Die Kruste war glatt und spröde und trocken, sie schien mir härter als das Stammgefühl jüngerer Bäume, das ich erinnerte, aber von der gleichen unüberbrückbaren Fremdheit.

Heute erscheinen mir tausend Jahre eher überschaubar als damals; ich stelle mir den Zeitraum von vierzig Generationen vor, von denen ich selber fünf kenne: Großeltern, Eltern, die eigene, Kinder und Enkel. Inzwischen weiß ich auch, dass die alten Eichen im Reinhardswald nur achthundert Jahre alt sind, und dass der Urwald gar kein Urwald ist, sondern ein alter Hutewald, in den Haustiere zur Weide getrieben wurden. Um die einzelnen besonders gut entwickelten Eichen und Buchen zu noch mächtigeren Eichel- und Bucheckernlieferanten heranwachsen zu lassen, schaffte man ihnen mehr Raum zur Ausdehnung und fällte die um sie herum stehenden Bäume. Das war vor vierhundert Jahren. Ein Erfolg, denn die Erträge stiegen steil an – pro Jahr und Hektar auf bis zu fünf Tonnen Eicheln und eineinhalb Tonnen Bucheckern – und ein Misserfolg, denn der Restwald litt durch Überweidung – die im Reglement von 1630 zugelassenen 20 000 Schafe, 6000 Schweine, 6000 Rinder, 3000 Pferde, 700 Ziegen und 50 Packesel fraßen ihn auf.

Dass er wieder da ist, dank einer auf Nachhaltigkeit angelegten Forstwirtschaft und der Fruchtbarkeit des Bodens, macht die immer noch gebräuchliche Bezeichnung »Urwald« nicht legitim, aber ein wenig plausibler, denn die Erscheinung, das Alter der überdimensionalen Eichen mitten im Forst sprengt den Rahmen der für uns wirklich vorstellbaren Zeiträume.

Vielleicht, dass die Berührung der absurd alten Giganten – alle, die zu ihnen kommen, wollen sie anfassen – eine besonders starke Variante von jenem Gefühl aus Nähe und Fremdheit auslöst, das stets mitschwingt, wenn wir Bäume wahrnehmen. Im Augenblick solcher Begegnung ist es, als ob wir erfahren, was Paracelsus vom Baum sagte, dass nämlich dieses Gewächs dem Menschen gleiche. Aber das bloße Gefühl der Nähe wäre unangemessen, wenn es nicht in Balance gehalten würde von unserem Bewusstsein der unüberwindbaren Andersheit dieses Gewächses. Die Bäume tun von sich aus nichts, um dem menschlichen Wunsch nach Verwandtschaft oder Freundschaft entgegenzukommen. Wir benutzen sie, um unsere Vorstellungen auf sie zu projizieren, sie sind das Rohmaterial zur Verbesserung und Erleichterung unseres Alltagslebens, wir bauen Häuser und Schiffe aus ihnen, und wir ritzen Zeichen in ihre Rinde oder drucken Texte auf Papier, das aus ihrem Zellgewebe besteht. Gleichzeitig bewundern wir sie, ihre Gestalt spricht uns direkt an, der eine oder andere wird sich wünschen, so alt zu werden wie sie.

Wo steht der älteste lebende Baum, zu welcher Art gehört er, welchen Namen hat er, wie alt ist er? Die Suche nach dem ältesten Baum ist zugleich die Suche nach dem ältesten lebenden Lebewesen, denn keines lebt länger als sie. Welchen Motiven diese Suche auch folgt, sie ist – jedenfalls in dem Referenzrahmen unserer Gesellschaft – von Rekordsucht nie ganz frei.

Im Jahr 1964 – Edmund Schulman hatte während der fünfziger Jahre in den White Mountains von Kalifornien viertausend Jahre alte Bäume entdeckt, die berühmten Bristlecone-Pines (Grannen- oder Borstenkiefern) – fand der Geographiestudent Donald Currey oberhalb der Baumgrenze am Gletscher des Wheeler Gipfels mehrere dieser grotesken Kiefern mit dem botanischen Namen *Pinus lon-*

gaeva. Er entnahm ihnen Holzproben mit einem Bohrgerät und fand einen Baum, den er auf viertausend Jahre schätzte. Unglücklicherweise brach sein Bohrgerät entzwei, und er beschloss, den Baum zu fällen, um das Alter präzise zu ermitteln. Er erhielt die Erlaubnis des Forstamts, sägte den Baum ab und zählte 4844 Jahresringe. So fiel »Prometheus« – diesen Namen hatte der Baum aus den White Mountains von den Leuten erhalten, die ihn kannten –, das älteste lebende Lebewesen des Planeten. Eine andere Grannenkiefer mit Namen »Methusalem« im Bergland am Osthang der Sierra Nevada ist 4723 Jahre alt. Ihr Standort wird als Geheimnis gehütet.

»Bristlecone« nennt man diese Kiefernart im Englischen wegen der scharfen, aufwärts gebogenen Häkchen (bristles) auf der Oberseite jedes Schuppens der Zapfen (cones). Sie wachsen dort, wo sonst nichts wächst: Am oberen Rand der Baumgrenze in einer Höhe von mehr als 3000 Metern, in einem der regenärmsten Gebirge der Welt. Der Baum hat hier die ökologische Nische gefunden, in der er völlig konkurrenzlos zu überleben vermag. Eine seiner typischen Überlebensstrategien besteht darin, Teile der Rinde oder des Wasser leitenden Kambiums langsam absterben zu lassen, wenn sie einmal – durch Sturm oder Blitzschlag oder Austrocknung – beschädigt sind. Was übrig bleibt, bleibt auch gesund. Bei einem der Bäume, der mehr als einen Meter Durchmesser misst, ist nur ein 30 Zentimeter breiter Streifen Rinde geblieben, der das gesamte System am Leben hält.

Grannenkiefern scheinen auf den ersten Blick halbtot zu sein wie die alte Huteeiche im Reinhardswald, doch vor dem blauen Hochgebirgshimmel, auf dem kahlen Dolomit-Kalkfelsgrund, leuchten sie im grellen Sonnenlicht wie grausilberne Skulpturen, die an eine unvorstellbar ferne Vergangenheit erinnern. Die Macht ihrer Erscheinung rührt nicht von ihrer Höhe, sondern von der ihnen eigenen Würde her. Die höchsten von ihnen sind 18 Meter hoch, der Umfang des dicksten Stammes liegt bei 11 Metern. Ihre Langlebigkeit wurde erst in den fünfziger Jahren nachgewiesen. Der Entdecker ihres Alters, Edmund Schulman, schrieb: »Die Fähigkeit dieser Bäume, derart phantastisch lange am Leben zu bleiben, könnte vielleicht, wenn wir sie ganz erforscht haben, als eine Wegmarkierung für das Verständnis von Langlebigkeit überhaupt dienen.«[37] Schulman starb im Alter von 49 Jahren an einem Herzinfarkt.

Selbst die ältesten Grannenkiefern produzieren noch reproduktionsfähige Samen, und doch haben sich einige Gentechniker vorgenommen, sie zu klonen. Nicht irgendeinen dieser vereinzelten Überlebenskünstler, sondern den ältesten, den 4700-jährigen Methusalem. Als ob der Technik des Klonens durch das Alter dieses Baumes ein besonderer Triumph zufiele. Aber für die Wissenschaft sind sie noch aus einem anderen Grund von besonderem Interesse: Sie wachsen extrem langsam und setzen sich den Launen des Wetters und der Klimaschwankungen so weit aus, dass die dünnen Wachstumsringe in ihrem Holz mit seismographischer Genauigkeit jede Änderung registrieren und bewahren. Das macht sie für die Altersdatierung mit Hilfe von Wachstumsringen, die so genannte Dendrochronologie, besonders wertvoll, zumal abgebrochene Äste für Jahrhunderte unverwest um die stets vereinzelt stehenden Bäume herum liegen, nicht nur als Folge des Klimas im Gebirge, sondern auch wegen des dichten und sehr harzreichen Holzes, das wie versteinert erscheint und Bakterien, Pilzbefall und Insekten abhält. Andere sehr alte Bäume wie die Riesensequoien in den unteren Lagen an der regenreichen Ostseite des Gebirges sind für die Erforschung des Klimas vergangener Zeiten kaum von Interesse, weil sie halbfeuchte Klimazonen besiedeln, die kurze Abweichungen wie etwa eine Trockenphase von wenigen Jahren ausgleichen, so dass ihre Wachstumsringe dauerhaft ein ziemlich gleichmäßiges Bild zeigen.

Das Zustandekommen der Ringe ist einfach zu erklären, vor allem, wenn man eine Holzscheibe zur Hand nimmt: In jedem Frühjahr beginnt der Baum, unter der Rinde eine neue Holzschicht auf dem bereits vorhandenen Holzkern aufzubauen; das Wachstum geht anfangs rapide vor sich, große breite Zellen werden gebildet, die hell und weich erscheinen, im Sommer verlangsamt sich der Nachschub, die Zellräume liegen enger aneinander, und im Herbst kommt alles zum Stillstand, es bildet sich eine feine und präzise Grenzlinie, hinter der das Wachstum des nächsten Jahres anhebt. Legt man einen Bogen Papier von der Mitte der Baumscheibe quer über die Wachstumsringe bis zum äußeren Rindenrand, so kann man mit dem Bleistift die feinen Winterlinien auf dem Papier markieren; ihre Zahl von der Mitte zum Rand entspricht der Zahl der Winter, die der Baum überlebt hat. Dabei stellt sich heraus, dass die Abstände zwischen den Linien ungleichmäßig sind. Das hängt mit dem Wachstum des Baumes zusammen, das nicht gleichförmig ist, sondern die Umweltbedingungen spiegelt, etwa trockene oder besonders kalte, und andererseits feuchte, warme Jahre. Diese Abstände ergeben so etwas wie das Bild eines einmaligen Rhythmus der Zeit, in den Ringen erscheinen die Bedingungen des Wachstums über die Jahre festgehalten, unverwechselbar wie ein Fingerabdruck. Dendrochronologen sind an weit zurückreichenden Datierungen interessiert, deshalb suchen sie nach »sensitiven« Ringmustern, die sie bei Bäumen in extremen Randlagen finden, die jede Klimaschwankung sensibel registrieren müssen; hier finden sie die ausgeprägtesten Ringprofile, die sich für Vergleiche eignen. Aus lebenden Bäumen werden feine Bohrproben entnommen. Der Durchmesser des

Bohrkerns beträgt weniger als einen halben Zentimeter. Das Ringprofil dieser Proben überlagert sich teilweise mit dem von Hölzern wie zum Beispiel Balken aus alten Gebäuden. Durch Quervergleiche und mit Hilfe von statistischen Analysen führt diese Spur zu einem chronologischen Muster. Und dieses Muster liefert schließlich den Standardmaßstab, der das Alter von Holzproben bis auf siebentausend Jahre in die Vergangenheit bestimmen kann. Mit Hilfe dieses immer feiner kalibrierten Messinstruments ist es inzwischen sogar gelungen, Radiokarbon-Datierungen zu präzisieren, die für bestimmte Zeiträume – gerade auch die Jungsteinzeit – bislang unzuverlässig waren.

Dendrochronologie, so könnte man zusammenfassen, läuft auf die Entwicklung von Standardprofilen hinaus, die für eine Datierung von Holz oder Holzresten eingesetzt werden können. Diese Methode beruht auf einer einfachen Annahme, die sie zuerst trägt und die am Ende von ihr getragen und bestätigt wird: Die Annahme, dass die ökologische Vergangenheit nach den gleichen Mustern abgelaufen ist, nach denen die Gegenwart abläuft. Hutton, der schottische Geologe, hatte diese Vorstellung 1785 als »Prinzip der Gleichförmigkeit in der Ordnung der Natur« formuliert. Von heute aus gesehen mag dieser Gedanke selbstverständlich erscheinen, aber vor zweihundert Jahren noch bedeutete er eine Revolution des vorherrschenden Weltbildes, weil er die Zeiträume der Vergangenheit ins Unvorstellbare ausdehnte. Wenn eine Muschelbank pro Jahr einen halben Zentimeter Muschelschalen ablagert, wie viele Jahre werden von einer Muschelkalkablagerung von 80 Meter Mächtigkeit repräsentiert?

Die Rechenaufgabe geht von Huttons Unterstellung aus, dass der Rhythmus des gegenwärtigen Lebens dem vergangener Leben entspricht. Indem wir diese Prämisse aufgreifen, lassen wir uns auch auf die Vorstellung ein, dass dieselben Kräfte und Prozesse, die unsere Erfahrung prägen, schon immer als einzige wirksam gewesen sein müssen – so genannte magische Einflüsse außerhalb der uns zugänglichen Wirklichkeit existieren nicht. Die Übertragung des gegenwärtig zu beobachtenden Ablaufs von Lebensprozessen auf die Vergangenheit ersetzt deshalb den auf symbolisch sieben Tage komprimierten Schöpfungsakt durch einen Ozean an Zeit.

Es gibt gute Gründe für die Auffassung, dass die allmähliche Entfaltung der Welt um keinen Deut weniger phantastisch und wunderbar ist als die Idee der plötzlichen Schaffung der Welt durch eine überlegene Macht. Und doch bedeutet die schlichte Ausdehnung unserer Alltagserfahrung auf die Entstehung der Welt den Verlust einer magischen Komponente, die uns das Wunder der Welt als Mirakel und Faszinosum direkt vor Augen stellen würde. Der Verdacht drängt sich auf, dass die Gleichförmigkeit der Ordnung der Natur die vorgefertigte Uniformität aller Erfahrungsoptionen zur Folge haben muss. Was alles existiert, ist längst bekannt, und die Welt erscheint uns als Warenlager oder Kaufhaus.

Aber dann kann es geschehen, dass wir uns unvermittelt der uralten Gestalt eines Baumes gegenüber sehen, der alle Uniformität durchbricht und uns daran erinnert, dass es in der Welt auch geheimnisvolle und rätselhafte Vorgänge gibt.

Unvermittelt oder wohlüberlegt und als Ziel einer Reiseroute eingeplant: Oliver Sacks hat 2002 in seinem *Oaxaca Journal* den Besuch bei El Gigante beschrieben, der riesigen mexikanischen Sumpfzypresse (*Taxodium mucronatum*) im Kirchhof von Santa Maria del Tule in der Nähe der Stadt Oaxaca. Der Tule-Baum, schreibt Sacks, lässt die Gebäude der Mission wie Spielzeug aussehen. Und »eine ganze Vogelwelt fliegt da ein und aus – sie haben ihre Wohnsitze, ihre Apartments, in der Stadt dieses Baumes«.[38] Der Baum ist 50 Meter hoch, der Umfang des Stammes beträgt, wenn man die vielen Ausbuchtungen überspannt, 46 Meter, über ihm erhebt sich das Laubdach wie eine pilzförmige Wolke. »Das Auge«, schreibt Sacks, »kann ihn in seiner ganzen Größe nicht aufnehmen«. Er erinnert an den Besuch Alexander von Humboldts bei dieser Zypresse im Jahr 1803; Humboldt hatte das Alter des Baums damals auf mehr als viertausend Jahre geschätzt. Heutige Schätzungen sprechen von »lediglich« zweitausend Jahren, aber der Baum war schon ein Gigant, als die Spanier kamen und ihre Mission dorthin bauten, wahrscheinlich, weil es sich um eine heilige Stätte der Azteken und vor ihnen der Zapoteken handelte. Er ist so alt, dass er in einem anderen Land aufgewachsen ist: Vor zweitausend Jahren war das Gebiet eine sumpfige, grüne Landschaft, heute ist es ein Trockengebiet, alljährlich auf Monate hin eine Halbwüste. Der Tule-Baum überlebt wegen der gigantischen Ausmaße seines Wurzelsystems.

Im Jahr 1799 hatte Alexander von Humboldt auf Teneriffa einen Drachenbaum aufgesucht, von dem er gelesen hatte:

> »Obgleich wir den Drachenbaum in Herrn de Franchis Garten aus Reiseberichten kannten, so setzte uns seine ungeheure Dicke doch in Erstaunen. Man behauptet, der Stamm dieses Baumes, der in mehreren sehr alten Urkunden erwähnt wird, weil er als Grenzmarke eines Feldes diente, sei schon im 15. Jahrhundert so ungeheuer dick gewesen wie jetzt. Seine Höhe schätzten wir auf 16–19,5 m; sein Umfang nahe über den Wurzeln beträgt 14,6 m ... Der Stamm teilt sich in viele Äste, die kronleuchterartig aufwärts ragen und an den Spitzen Blattbüschel tragen, ähnlich der Yucca im Tale von Mexico. Durch diese Teilung der Äste unterscheidet sich sein Ha-

bitus wesentlich von den Palmen. Unter den organischen Bildungen ist dieser Baum neben der Adansonia oder dem Baobab am Senegal, ohne Zweifel einer der ältesten Bewohner unseres Erdballs ... Der in Herrn de Franchis Garten trägt noch jedes Jahr Blüten und Früchte. Sein Anblick erinnert lebhaft an die ewige Jugend der Natur, die eine unerschöpfliche Quelle von Bewegung und Leben ist ...«[39]

Die Wendungen »älteste Bewohner unseres Erdballs« und »ewige Jugend der Natur« stehen nicht zufällig nebeneinander; zusammen bilden sie ein Thema, das immer wieder zum Vorschein kommt, in der Bemerkung Schulmans über die Langlebigkeit der Grannenkiefer wie in der Ginkgo-Medizin, von der noch die Rede sein wird. Der Drachenbaum (*Dracaena draco*) trägt seinen Namen wegen des dunkelroten dickflüssigen Saftes, der bei Verletzungen des Stammes austritt: »Drachenblut«. Er ist ein Liliengewächs, eigentlich ein baumähnlich wachsender Strauch, der auf den Kanarischen Inseln verbreitet war. Die erbsengroßen Früchte waren das Hauptnahrungsmittel eines Taubenvogels, der kurz nach der Eroberung der Kanarischen Inseln durch die Spanier ausgerottet wurde. Dass der Vogel aus der Welt kam, zerstörte die eingespielte Verbindung zwischen Drachenbaum und Taube, ähnlich wie die zwischen dem Kalvarienbaum und der Dronte auf Mauritius, und in der Folge wurde der Drachenbaum auf den Kanarischen Inseln zunächst immer seltener. Wegen seiner skurrilen und dekorativen Gestalt wurde er aber bald zu einem beliebten Garten- und Parkbaum, und inzwischen kann jeder Drachenbaumsamen über das Internet kaufen.

Das Exemplar von Orotava, das von Humboldt beschreibt, brach 1868 auseinander. Ein ähnlicher Baum steht heute in Icod de los Vinos im Norden der Insel. Die Bevölkerung nennt ihn »drago millenaria«, den tausendjährigen Drachenbaum, und er war passenderweise auf den alten 1000-Pesetenscheinen abgebildet. Doch die Altersangaben sind umstritten, unter Botanikern billigt man dem Baum ganze vierhundert Jahre zu. Es ist nicht leicht, das Alter dieser Bäume nachzuweisen, weil Liliengewächse keine Jahresringe bilden. Man rechnet die Verzweigungen nach, die jeweils nach etwa zehn Jahren erscheinen. Die Gestalt des Baumes erinnert an einen Kelch; der Stamm des Drachenbaumes von Icod hat am Fuß 20 Meter Umfang und verjüngt sich in 5 Meter Höhe auf ein Drittel, um sich in der Krone auf das Dreifache auszudehnen, bei einer Höhe von insgesamt 17 Metern. Interessant ist die Gliederung des Gewächses: Der Hauptstamm unterteilt sich in 8 Metern Höhe kandelaberartig in sieben kleinere Stämme, von denen zahlreiche Luftwurzeln eng am Stamm herunterlaufen. Die sieben Stämme verzweigen sich ihrerseits in 288 Äste, die wiederum in je einen Schopf mit lanzettförmigen Blättern münden, mit kleinen, süßlich duftenden Blüten oder beerenartigen orangefarbigen Früchten. Das Gewebe im Innern des Baumes speichert Wasser wie ein Schwamm, man hat ein Gewicht von 144 Tonnen berechnet. Diese und weitere Zahlen liegen den Berechnungen zugrunde, die am Institut für Modellstatik der Universität Stuttgart *Zur Stabilität des großen Drachenbaumes von Teneriffa* angestellt worden sind.[40] Um das Auseinanderbrechen des Baumes zu verhindern, hat man die Lücken zwischen den Wurzeln mit Beton ausgegossen, so genannten Zementplomben, und im Hohlraum im Innern einen Ventilator angebracht, der Fäulnisbildung vorbeugen soll.

Im Internet wird rekordsüchtigen Surfern die Frage vorgelegt: »What is the Oldest Living Tree today?«, und in den Antworten der Baumkenner aus aller Welt taucht immer wieder die Huon Kiefer von Tasmanien auf. Der Name ist vom tasmanischen Fluss Huon abgeleitet. *Lagarostrobos franklinii* wächst im kalten und feuchten Tasmanischen Hochland, ein Baum von bis zu 30 Metern Höhe und einem Stamm, den zu umfassen wenigstens drei, besser vier Erwachsene nötig sind. Er liefert ein extrem harzreiches und verwitterungsbeständiges Holz und steht auf der Liste der bedrohten Arten Australiens. Bohrproben an lebenden Bäumen haben bis zu 2500 Jahresringe ergeben. Was die Huon Kiefer ins Internet bringt, ist ein Bestand von etwa dreihundert Stämmen am Mount Read. Hier, in mehr als 1000 Metern Höhe, steht dieser seltsame Wald aus alten Bäumen: Während die Art getrennthäusig erscheint – es gibt männliche und weibliche Bäume – sind die in diesem Bergwäldchen versammelten ohne Ausnahme alle männlich und auch im Übrigen genetisch völlig gleich. Sie entstammen also einem Wurzelgeflecht, das vielleicht aus einem einzigen Baum hervorgegangen ist. Ist es berechtigt, dieses Wurzelwerk als den eigentlichen Organismus zu sehen und die dreihundert Bäume, die aus ihm hervorgesprossen sind, als Teile dieses Organismus? Diese Behauptung würde der Rekordjagd nach dem Alter eine neue Dimension eröffnen. Denn Pollenanalysen – das Alter des Pollens aus dem Boden des Wäldchens ist datiert worden – belegen das Vorkommen von Huon Kiefern an dieser Stelle bis vor 10 500 Jahren.

Der vorherrschenden Tendenz der kommerziellen Nutzung aller vorhandenen Ressourcen folgend, ist es kaum überraschend, dass »der 10 500 Jahre alte Baum« von findigen Lokalpolitikern als Touristenattraktion ins Spiel gebracht wurde, wenngleich die Anlage eines Touristenparks umstritten ist. Nicht nur, dass sich auf Seiten der Naturschützer erbitterter Widerstand formierte, nicht nur wegen des miserablen feuchtkalten Nebelklimas im tasmanischen

Bergland, sondern vor allem, weil das Konzept, demzufolge das Wurzelwerk als Organismus des Baumes zu betrachten ist, anderswo noch viel weitere Zeiträume in den Horizont der Langlebigkeit rückt: Bloße 10 500 Jahre sind da eine eher magere Zeitspanne.

Die amerikanische Zitterpappel (quaking aspen) erinnert auf den ersten Blick an den europäischen Baum gleichen Namens. Die botanische Bezeichnung drückt dies aus: *Populus tremoluides* heißt »ähnlich wie *Populus tremula*«. Die Blätter beider Bäume sitzen auf langen Stielen, die seitlich zusammengequetscht erscheinen, so dass sie der leiseste Windhauch zum Hin- und Herwackeln und Zittern bringt.

Das Laub wirkt wie eine im Wind sich kräuselnde Wasserfläche, und es entsteht ein feines und diesem Baum unverkennbar eigenes Raschelgeräusch, wie Nieselregen auf Papier oder ein Bergbach im Frühling am Wiesenhang. Die Funktion des Zitterns für den Fortbestand der Art im Sinne des Darwinschen Blicks auf Organismen ist noch unbekannt, ein Zusammenhang zwischen dem Zittern der Blätter und dem raschen Wachstum – beschleunigter Stoffwechsel – wird vermutet. Der Name Populus (Pappel) rührt von dem lateinischen Wort für »Volk« her, und die Deutung dieser Metapher liegt nahe: Die dauernde Bewegung der Blätter erinnert an das Muster eines Massenauflaufs.

Die Entsprechung zwischen der europäischen und der amerikanischen Form deutet auf gemeinsame Vorfahren, aber die Bäume sind trotz ihrer botanischen Ähnlichkeit ästhetisch sehr verschieden. Die Stämme der amerikanischen Espen (Aspen) – sie treten immer in Gruppen auf, in kleinen Ansammlungen in einem Talgrund oder als dichtes Holz, das Berghänge vollkommen bedeckt – sind cremefarben, nicht grau wie die europäische Variante, und auch nicht so schrundig, sondern glatt. Im Herbst färben sich die

Blätter goldgelb, und die Rocky Mountains scheinen in ihrem Licht zu leuchten.

Einzelne Bäume werden bis zweihundert Jahre alt, eine vergleichsweise kurze Lebensspanne, gemessen am Alter der Eichen und Kiefern. Aber man betrachtet nicht die einzelnen Bäume, sondern Gruppen identischer Bäume. Und diese, die einzelnen Bäume in den Gruppen, sind einander auf unheimliche Weise ähnlich. Genau genommen sind sie miteinander identisch. Im Frühherbst, wenn die Blätter sich zu verfärben beginnen, werden die Grenzen zwischen den Gruppenansammlungen augenfällig: Das Bild des Espenwaldes an einem Berghang zeigt ein paar Tage lang Flecken von gelben und von grünen Bäumen; die einen vergilben bereits und bilden eine Stelle von leuchtender Helligkeit, während die anderen noch alle im Saft stehen. Und die Neigung der Stämme, die Körpersprache der einzelnen Äste – der Neigungswinkel und die Position, in der sie aus dem Stamm herauswachsen – , die subtilen Farbschattierungen der Rinde – all diese Aspekte gleichen einander innerhalb jeder dieser Ansammlungen von Bäumen, die jeweils als »Klon« bezeichnet werden. Das ausgedehnte Wurzelwerk der Espen verbindet die Stämme miteinander, es treibt überall Keime wie die Kartoffeln im Keller, und aus diesen Keimen wachsen die Stämme all der Bäume empor, die genetisch einander vollkommen gleich sind.

Espen produzieren Jahr für Jahr massenhaft Samen. Dieser Samen geht im Frühjahr im Boden in den Hainen und Wäldern auf, aber er geht auch bald wieder ein. Nur wenige Keime werden zu kleinen Bäumchen, und diese wenigen sterben im Lauf des Sommers allesamt ab. Botaniker behaupten, dass seit dem Ende der letzten Eiszeit die Bedingungen für das Überleben der kleinen Bäumchen kein einziges Mal günstig waren. Tatsache ist, dass die Saat von *Populus tremoluides* nicht heranwächst. Und trotzdem besiedelt dieser vergleichsweise kurzlebige Baum Nordamerika und bedeckt von Alaska bis Mexiko weite Flächen des Westens. Wer mit dem Auto die Rocky Mountains überquert, fährt stundenlang an Espenwäldern vorüber. Der Blick fällt auf lauter geklonte Wesen, die jeweils aus einem Wurzelstock stammen, der vielleicht seit der letzten Eiszeit am Leben ist, indem er die Stämme emportreibt und von den Bäumen, die er bildet, ernährt wird. Das Wurzelgeflecht vermag Nährstoffe von reich ausgestatteten Stämmen zu bedürftigen Stämmen hinüber zu transportieren. Es vermag günstige Umweltbedingungen zu erkennen, wie sie etwa nach einem Waldbrand entstehen. Es bildet ein Entdeckungssystem und sendet dauernd neue Würzelchen aus, die nach günstigen Gelegenheiten suchen. Es erscheint extrem aktiv, als ein Organismus für sich. Immer weiter schiebt sich der Klon vor und dehnt sich in die Richtungen aus, in denen die Bedingungen für das Wachstum der Stämme günstig sind. Eine paradox klingende Redewendung bringt den Sachverhalt auf den Punkt: Die Klone wandern unter der Erde über das Land. Sie tun dies seit langem. In den Regionen der Staaten Utah und Colorado, die während der Eiszeit gletscherfrei waren, schätzt man das Alter der Klone auf mindestens eine Million Jahre.[41]

Derartige Zahlen sind es, die eine abgründige Redewendung ins Spiel gebracht haben: »theoretical immortality« stammt aus dem Begriffsrepertoire der Botaniker – theoretische Unsterblichkeit. Das will sagen: Es gibt innerhalb dieser Klonwesen keine Verfallserscheinungen, keine inneren Uhren, die ihre Lebensdauer beschränken würden. Solange die Sonne scheint, der Regen fällt, der kühle Wind weht und die Erde da ist, können sie am Leben bleiben. Eine Million Jahre lang und länger.

Ein Aspekt von Langlebigkeit ist die Fähigkeit zu überleben, wo anderes Leben stirbt. Der Maulbeerbaum auf

Helgoland ist ein bekanntes Beispiel dafür. Er überlebte das Totalbombardement der Insel als 150-jähriger Stumpf, der neue Triebe hervorbrachte und heute wieder alljährlich im Sommer auf sechs Stämmlingen ein reiches und dichtes Maulbeerlaubdach trägt. Einer Broschüre für Touristen ist zu entnehmen, dass er seinen Platz ursprünglich vor dem alten Pastorat hatte, wo sich vor der Einführung der Zivilehe im Jahr 1900 viele Paare ohne Aufgebot und Formalitäten schnell trauen lassen konnten. – Als ob mit der Assoziation zur Liebe wie in »Liebesheirat« etwas angesprochen sei, das mit dem Überleben des Bombardements durch den Baum irgendwie in Zusammenhang stehe.

Bekannter noch ist der Ginkgo von Housenbou in Hiroshima, der den Abwurf der Atombombe am 6. August 1945 überlebte, nur 800 Meter vom Epizentrum der Explosion entfernt. Der Tempel, an dem er stand, wurde weggefegt, der verkohlte Baumstamm blieb und wurde als symbolträchtiges Opfer fotografiert. Es war geplant, ihn beim Wiederaufbau der Tempelanlage zu entfernen; dann aber trieb er im Frühjahr 1946 wieder Blätter aus – ein Ereignis nicht nur von botanischem Interesse, sondern etwas, das viele Menschen als Zeichen nahmen. So baute man den Tempel um den Baum herum: Die Treppe, die zum Säuleneingang des Hauptgebäudes hinaufführt, ist in eine linke und eine rechte Hälfte geteilt, in ihrer Mitte wächst der Ginkgo.

Während des großen Brandes nach dem Erdbeben von Tokio 1923 überlebten viele Ginkgobäume im Gegensatz zu anderen Bäumen. Ein Tempel inmitten eines Ginkgohaines wurde kaum beschädigt. Die Rinde der Bäume soll einen Saft ausscheiden, der Feuer zu dämpfen vermag.

Ein anderer Ginkgo in Hiroshima, der am Tsutsuga-Schrein, wird wegen seines ehrwürdigen Alters fast ebenso häufig fotografiert wie der Housenbou-Baum, er ist 1190 Jahre alt und hat eine mächtige, reich gegliederte Gestalt.

Einer der schönsten Ginkgobäume in Hamburg steht bei der Universität. Im November, wenn seine dottergelben Blätter den Boden bedecken, sammle ich die schönsten unter ihnen dutzendfach auf und verteile sie in meinen Seminaren an die Studenten. Ich sage ihnen, es sei das beste Lesezeichen, weil das Blatt Substanzen enthält, die Bücherläuse fernhalten. Tatsächlich ist der Baum gegen Bakterien- und Pilzbefall resistent und offenbar auch gegen die Abgase des Autoverkehrs in den Innenstädten gefeit – eine Facette jener Lebenskraft, die ihn befähigt, Feuerstürme und radioaktive Strahlung zu überstehen. Ich weise noch auf die Ähnlichkeit des Blattes mit den Blättchen des Frauenhaar-Farns hin, auf die Schwierigkeiten der Zuordnung zwischen Farnen, Laub- und Nadelbäumen, auf Goethes Ginkgo-Gedicht (*Ginkgo biloba*: »Dass ich eins und doppelt bin«) und auf die Berechtigung der Redeweise »lebendes Fossil«. Der so genannte Entfaltungsschwerpunkt, der Höhepunkt der Entwicklung der Ginkgogewächse liegt vor 150 Millionen Jahren; über hundert Arten kamen damals auf der Nord- und Südhalbkugel vor, und Fossilfunde von vor siebzig Millionen Jahren zeigen das gleiche Blatt, das ich den Studenten gebe. Die Dinosaurier waren von Ginkgobäumen umgeben, es wird vermutet, dass ihr Aussterben mit dem Rückgang der Verbreitung des Baumes in einem ähnlichen Zusammenhang steht wie die rückläufige Verbreitung des Kalvarienbaums auf der Insel Mauritius mit der Ausrottung der Dronte.

Noch im Tertiär war er im heutigen Mitteleuropa häufig. Heutige Vorkommen des Baumes im südöstlichen China könnten möglicherweise Wildformen sein, die die Zeiten seit dem Tertiär überdauerten. Aber die Geschichte des Baums ist für den Zeitraum, der als historische Zeit gilt – also durch schriftliche Quellen belegt ist – eng mit der Geschichte der Menschen verknüpft. Ein typischer Tempel-,

Kloster- und Medizinbaum. »Gesundheit und ein langes Leben« sollen die gerösteten Kerne bringen, die in Japan bei Festlichkeiten aller Art angeboten werden. Gerade für alternde und alte Menschen scheinen Extrakte aus seinen Blättern Hilfe gegen Durchblutungsstörungen zu bieten.

Aus den »Ginkgo-pages« im Internet entnehme ich zur Frage, ob Ginkgomedizin unser Leben verlängern kann, die folgende Erläuterung:

> »Forscher wissen jetzt, dass sowohl der Abwehrmechanismus des Ginkgos als auch seine hohe Lebenserwartung auf fünf Stoffe zurückzuführen sind, die nur in Ginkgos gefunden werden – die Ginkgoliden. Diese bestehen aus sechs Ringen mit fünf Kohlenstoffatomen, die auf ungewöhnliche Weise miteinander verbunden sind. Diese Ginkgoliden sind auch für die medizinischen Eigenschaften des Ginkgos verantwortlich.«[42]

Diese Pseudo-Erklärung erinnert an die im 19. Jahrhundert ernsthaft vorgetragene, wonach die Wirkung des Opiums auf dessen dormitive (Schlaf induzierende) Eigenschaft zurückzuführen sei. Ähnlich werden die Eigenschaften des Ginkgo auf die Ginkgoliden zurückgeführt, ein Begriff, der weniger eine wissenschaftliche Erkenntnis als die Hoffnung zum Ausdruck bringt, die Übertragbarkeit der Wirkung auf uns Menschen nachweisen zu können. Es wird ein Extrakt aus den Blättern gewonnen, nicht in der Art einer Essenz oder Eindickung des Saftes, sondern eine nach geheim gehaltenen Formeln vorgenommene Manipulation von Blattsubstanzen. Vierzig Medikamente mit Ginkgo-Wirkstoffen bietet der Hersteller des wohl bekanntesten Präparats Tebonin an. Siegfried Unseld notiert in seinem Ginkgo–Büchlein: Der »Inhaber der Münster-Apotheke in Überlingen kennt mehr als 70 Ginkgopräparate.«[43] Unseld gibt für den Gesamtumsatz der Ginkgopräparate in Deutschland 1992 eine Summe von 370 Millionen Mark an, im Internet ist für 1993 eine Summe von 280 Millionen Dollar zu finden. Die Zahlen belegen, es geht um viel Geld.

Die größte Ginkgoplantage liegt bei Sumter, einer Ortschaft im amerikanischen Bundesstaat Süd-Carolina. Auf einer Fläche von 2,5 Quadratmeilen sind dort Millionen von Bäumchen im Abstand von einem Meter eingepflanzt; die Blätter werden mit umgebauten Baumwollpflückmaschinen abgerissen und in großen Trommeln getrocknet. Alle fünf Jahre werden die Bäume bis auf Bodenhöhe zurückgeschnitten. Sobald 2,5 Millionen Pfund getrockneter Blätter produziert worden sind, wird diese Ernte nach Europa verschifft, wo der Blattextrakt gewonnen wird. In der Nähe von Bordeaux in Frankreich sind zwei kleinere Plantagen, und für China werden 5000 Hektar Anbaufläche genannt, mit stark steigender Tendenz. Die gewonnenen Ginkgopräparate werden hauptsächlich in Deutschland umgesetzt, wo sie von den Ärzten verschrieben und von den Krankenkassen erstattet werden. In den USA gibt es vor allem Kräuterdiätmittel aus Ginkgo, die in Supermärkten verkauft werden.

Über die industrielle Deformation unseres Verhältnisses zu den Bäumen zu klagen, die in der Plantagenwirtschaft zutage tritt, ist wohl ebenso sinnlos wie die Kritik an dem uralten Wunsch der Menschen nach lebensverlängernden Mitteln, der heutzutage nach rein kommerziellem Kalkül bedient wird – ein Kalkül, das in der alljährlichen maschinellen Entlaubung der Ginkgoplantage auf präzise Weise vor Augen geführt wird. Die Brutalität derartiger Inszenierungen entspricht dem zugrunde liegenden ökonomischen Prinzip.

Ein ebenfalls kommerziell bestimmtes Konzept ist das des »Friedwaldes«. Hier werden die Bäume allerdings nicht in den Dienst der Verlängerung des Lebens, sondern in eine ultimative und kostengünstige Nähe im Todesfall der Menschen gestellt. »Ein idyllischer Wald als letzte Ruhestätte« lautet einer der werbenden Sprüche der Firma, die das Geschäft betreibt. Ein von dem Schweizerischen Unternehmen gepachtetes Areal des Reinhardswaldes wird Baum für Baum an die Kunden auf 99 Jahre weiterverpachtet; die Asche des Kunden wird in einer »biologisch abbaubaren« Urne an den Wurzeln des Baumes eingegraben. »Frau B. hat ihren Bezugspunkt gefunden: Eine zweihundert Jahre alte Eiche im Reinhardswald.«[44] Beim Blättern in den Friedwald-Prospekten wird deutlich: Was hier angeboten wird, ist die Illusion, einem Baum schon zu Lebzeiten nahe zu sein, und die Vorstellung, sich nach dem Tod mit dem langlebigen Baum verbinden zu können. Dies mag dem halb bewussten Wunsch nach einer subtilen Verlängerung des eigenen Lebens entspringen oder es mag aus einem vagen Gefühl von Verbundenheit und Nähe zum Baumwesen kommen, die es am Ende einzulösen gilt. Der Wunsch ist ebenso illusionär wie das Gefühl. Der Beigeschmack der kommerziellen Geschäftstüchtigkeit mag die Transaktion zur Trivialität herabwürdigen. Immerhin scheint das von Kirchen und Gemeinden reglementierte Friedhofswesen durch die Konkurrenz des Friedwaldes sich hier und da, vor allem in der Nähe des Reinhardswaldes, für neue, unerhörte Formen zu öffnen.

Im Buch Hiob heißt es:

»Ein Baum hat Hoffnung, wenn er schon abgehauen ist, dass er sich wieder erneue, und seine Schösslinge hören nicht auf. Ob seine Wurzel in der Erde veraltet und sein Stamm in dem Staub erstirbt, so grünt er doch wieder vom Geruch des Wassers und wächst daher, als wäre er erst gepflanzt.

Aber der Mensch stirbt und ist dahin; er verscheidet, und wo ist er? Wie ein Wasser ausläuft aus dem See, und wie ein Strom versiegt und vertrocknet, so ist ein Mensch, wenn er sich legt, und wird nicht aufstehen und wird nicht aufwachen, solange der Himmel bleibt, noch von seinem Schlaf erweckt werden.« [45]

Wir sterben früh, Bäume leben lang, die Fremdheit zwischen Baum und Mensch bleibt unüberbrückbar. Unserer Erfahrung ist nichts gegeben, das der extremen Langlebigkeit bestimmter einzelner Bäume oder gar eines Klons entspräche.

Höchstens, dass in der Geste, mit der ein Mensch die Hand ausstreckt, um einen Baum zu berühren, etwas sehr Altes liegen könnte: Wenn man diese Geste als Metapher versteht, dann ist es vorstellbar, darin die Entsprechung zum evolutionsbiologischen Konzept einer genetischen Verwandtschaft aller eukaryotischen Lebewesen zu erblicken und vielleicht sogar eine Entsprechung zum botanischen Konzept der »theoretical immortality«.

EIN NUSSBAUMBLATT

DAS GENERÖSE ANGEBOT EINES BAUMES

Vor zwanzig Jahren wohnte ich im Fuldatal in einem alten Fachwerkhaus. Am Eingang des kleinen Grundstücks stand ein gedrungener Nussbaum mit mächtigem grauem Stamm, der wie ein Tau in sich selbst verdreht war. Zwei dicke ausladende Äste streckten sich auf 3 Meter Höhe fast waagerecht wie Schirme auf der einen Seite über die Einfahrt, auf der anderen über die Straße. Er hatte beide Weltkriege überlebt, vielleicht hatte man sein Holz wegen des verzwirbelten Stammes als ungeeignet für die Herstellung von Gewehrkolben beurteilt. Jetzt, mehr als eine Generation nach Kriegsende, ordneten Vertreter des Straßenbauamts seinen Tod an. Im Interesse der Verkehrssicherheit müsse der Baum gefällt werden. Ein unangemeldeter Besucher in Jackett und Krawatte führte mir die armdicke Höhlung im Stamm als Beweis von Hinfälligkeit vor und sagte, dass ich für Folgen haften müsse, sollte der Baum etwa bei einem Sturm auf die Straße stürzen. Wenige Tage danach überraschte mich das Geknatter einer Motorsäge. Ich kam gerade noch rechtzeitig, um zwei Männer in orangefarbenen Arbeitsanzügen daran zu hindern, den straßenseitigen Ast vom Ladedeck ihres Unimog aus abzusägen. Die Verteidigung dieses Baumes spielte sich als lautstark ausgetragene Kontroverse ab. Nachdem die Holzfäller endlich davongefahren waren, ohne ihn verletzt zu haben, setzte ich mich auf einen Sandsteinquader und legte die Hand auf seine graue und schorfige Rinde.

Er schien mir den Reichtum an Erfahrung, die an diesem Ort zu haben war, wie in einer Linse zu sammeln. Im Winter verwandelte ihn der Schnee auf den Zweigen zu einem graphischen Meisterwerk, und nachts mit den Sternen zwischen ihren rautenförmigen Rahmen zu einem Arrangement von Kleinoden. Alljährlich im März erschienen wie ein Versprechen die ersten Blattknospen, im April die grünen Kätzchen wie gestrickte Zapfen, wir suchten nach den unscheinbaren weiblichen Blüten, die den Sommer über zu grünen Kugeln anschwellen sollten, in denen die Nüsse genährt wurden wie in einer Plazentahülle. Ein paar Mal ließ sich in dem Loch im Stamm ein Siebenschläfer blicken. Der Sommer ist in meiner Erinnerung geprägt vom Schattenwurf des Laubdachs auf den Pflastersteinen der Einfahrt: In vollkommener Rundung zwischen den dunklen Schatten der gefederten Blattstände die leuchtenden Sonnentaler, Abbilder der Sonnenscheibe selber und nicht weniger wunderbar als ein Regenbogen.

Und Anfang Oktober, sobald die ersten Nüsse mit aufgeplatzten schwarzgrünen Außenhäuten auf Straße und Auffahrt lagen, die Ernte – meine Finger schwarzbraun von den Gerbstoffen in den braunfleckigen Schalen, und dann, beim Herumklettern auf den windig werdenden Ästen, hoch oben, inmitten der Rahmen und Gefache aus Zweigen und Blattfächern, am Himmel der lang gezogene Keil der Wildgänse wie in ein Aquarell hineingeschrieben; sie scheinen langsam vorüberzuschwimmen, unstet, unschlüssig fast, doch Minuten später bereits nach Süden entflogen. Der Nachbar meint, es seien vielleicht Kraniche. Wir verabreden, abends die neuen Nüsse bei einem Glas Wein zu probieren.

Die sind klein und rund, mit runzliger aber kaum gefurchter Oberfläche, in deren Rissen und Schrunden noch die braunen Fäden von der nährenden Außenschale hängen, die heute Morgen schwarz aufriss und die hölzerne Nuss anbot. Wir versuchen, die Holzschale mit den Händen aufzubrechen, bevor wir zum Nussknacker greifen. Die Form mancher Walnüsse erinnert an die eines kleinen Wales, aber der Name hat damit nichts zu tun. Er kommt von »welsch« für »italienisch« – es ist die welsche Nuss, die über Italien zu uns nach Deutschland heraufgebracht worden ist, davor schon aus den alten Ländern des Nahen Ostens auf die Appeninhalbinsel herübergeholt worden war. Die Nuss liegt zwischen den Halbschalen wie ein kleines Hirn, linke und rechte Hälfte, und wir ziehen mit spitzen Fingern die bittere noch weißliche Haut herunter, um den Kern Stück für Stück freizulegen, dessen Geschmack süß ist und zart und mit nichts zu vergleichen, schon gar nicht mit dem in herbe Noten changierenden Geschmack älterer Walnüsse.

»Heimat: östliches Mittelmeergebiet, aber in Mitteleuropa mit Sicherheit bereits in der jüngeren Steinzeit angepflanzt«, heißt es über *Juglans regia* im *Kosmos Naturführer.* Der Nussbaum gehört wie der Apfelbaum zu den von Menschen kultivierten und verpflanzten Bäumen, ein nützliches, für menschliche Zwecke geformtes Stück Natur, aber auch ein Zeichen für das, was der Philosoph Ernst Bloch »Naturallianz« genannt hat: Der greifbare und essbare Beleg für die mögliche Faktizität der spekulativen Vorstellung, dass die Natur bei all ihrer Fremdartigkeit uns am Ende doch wohlgesinnt sein könnte. Und umgekehrt, dass wir selber nicht nur als Störenfriede und Fremdkörper im Zusammenhang des Ganzen aufzutreten vermögen, sondern als Teilhaber eines gemeinsamen Unternehmens, das beiden Seiten zu leben hilft.

Um den Vorgang zu sehen, auf den Bloch in seiner metaphysischen Hoffnung auf Naturallianz anspielt, muss man die Metapher auf historische Dimensionen übertragen.

Die planvolle Domestikation der ersten Pflanzen wird nach neueren Radiokarbonmessungen auf den Zeitraum um 8500 v. Chr. datiert, in den Gebieten des Nahen Ostens, die als »Fruchtbarer Halbmond« bezeichnet werden, also vom Zweistromland im heutigen Irak über Ostanatolien hinunter bis nach Syrien, Libanon, Jordanien, Palästina, Israel und den nördlichen Zipfel von Ägypten. Das Klima in diesem Gebiet – kurze regenreiche Winter und lange heiße Sommer – bringt viele einjährige Pflanzen hervor, die ihre knappe Lebensdauer durch besonders große und reiche Samen gewissermaßen zu kompensieren suchen. Dazu gehören Getreidegräser und Hülsenfrüchte, die ersten domestizierten Pflanzen; sie boten ihre Früchte dar und zeigten den Menschen, wie leicht es war, sie anzubauen.

Nussbäume könnten ähnlich wie Mandelbäume anfangs bittere Früchte getragen haben, unter denen nur einige wenige süße waren. Durch Auslese und Pflege von Bäumen mit solchen süßen Nüssen kann es nach wenigen Generationen zu neuen, vollkommen für menschliche Zwecke nutzbaren Baumwesen gekommen sein. Bedenkt man, dass dies Sich-Einlassen mit der Welt der Pflanzen die Quelle der weiteren Entwicklung war – nach Jared Diamond folgte um 8000 v. Chr. die Domestikation der ersten Haustiere, 7000 v. Chr. die Töpferei, 4000 v. Chr. Kupfer- und Bronzegerät, 3200 v. Chr. die Schrift, 900 v. Chr. der Gebrauch von Eisen[46] –, dass die Pflanzendomestikation also am Anfang dessen steht, was wir Zivilisation nennen, und bedenkt man, wie rasch diese ökonomische Anverwandlung einer fremden Naturwelt in eine vertraute Nahwelt von Ost nach West fortgepflanzt werden konnte, so gewinnt die Metapher von der »Naturallianz« Plausibilität und Gewicht: Als ob sich uns vor nicht allzu langer Zeit eine Hand entgegengestreckt habe, die von den Menschen damals ergriffen wurde, um damit absichtslos aber doch folgerichtig eine

Entwicklung in Gang zu setzen, die immer deutlicher das zum Vorschein bringen möchte, was unsere eigenen Interessen und Bedürfnisse sind, nicht ohne Rücksicht auf die ebenfalls noch nicht artikulierten Interessen und Bedürfnisse der Natur, die unsere Kultur umgibt und ernährt wie die grüne Schale den Kern der Nuss.

Die Allianz-Vorstellung wirkt angesichts einzelner Obst- und Nussbäume plausibel, die Ausbeutung unserer Mitlebewesen in Monokulturen und Ställen mit Massentierhaltung ist mit ihr nicht zur Deckung zu bringen. Selbst in den Baumgärten und Plantagen scheint den einzelnen Bäumen noch eine Würde anzuhaften, die der ausgebeuteten Natur überall sonst genommen ist. Vielleicht liegt es einfach an der vergleichsweise großen Masse jedes einzelnen der Bäume, daran, dass sie sichtbar ein Ökotop für sich darstellen, also Raum bieten für Moose und Flechten, Insekten, Vögel und Nagetiere, die auf ihnen und in ihnen ihren Lebensraum finden. So werden sie zu emblematischen Modellen für den Zusammenhang des Ganzen, und die Funktion der Pflanzen innerhalb dieses Zusammenhangs tritt in ihnen auf schöne Weise hervor.

Das eigentlich Sensationelle liegt in folgender Einsicht: Die Funktion der Pflanzen ist das Aufhalten der Vorgänge, die mit dem Zweiten Hauptsatz der Thermodynamik beschrieben sind. In einem geschlossenen System verläuft die Zunahme der Entropie irreversibel; Entropie ist die Bezeichnung für das Maß an Unordnung innerhalb des Systems. Pflanzen sind es, die den Ausgangspunkt all dessen bilden, was dem sich ausbreitenden Zustand der Diffusion entgegenzustehen scheint. Denn sie sind die Lebewesen, die die Voraussetzungen des Lebens für alle anderen Lebewesen schaffen; Tiere sind – unter dem Blickwinkel von Pflanzen – nichts anderes als Schmarotzer, die Pflanzen fressen, um ihr eigenes Leben zu erhalten. Pflanzen aber scheinen den Pfeil der Zeit aufzuhalten und den kleinen Wirbel namens Leben im ablaufenden Fluss der Welt möglich zu machen.

Um den Hauptsatz von der Unumkehrbarkeit der Wärmeströme vor Augen zu stellen, entzünde man eine Kerze: Ihre Flamme hat die Form einer aufrecht stehenden Mandel, sie bildet den Vorgang einer Verbrennung ab, der Sauerstoff umsetzt und einen Luftstrom verursacht – es gibt einen sehr leichten Wind, dessen Sausen vernehmbar zu sein scheint, wenn man genau hinhört. Er verleiht der Flamme die aerodynamische Mandelgestalt und kühlt den äußeren Teil des Kerzenkörpers, so dass sich ein kreisrunder Wall um das flüssige Wachs unterhalb der Flamme bildet, dessen Regelmäßigkeit nur durch das Flackern der Flamme in der Zugluft durchbrochen wird. Der Prozess des Verbrennens verwandelt den festen Wachskörper der Kerze in eine Flüssigkeit, die sich im Trog um den Docht sammelt, in dem sie emporquillt, um als Wachsgas aufzustieben und sich im Flammenmantel in blauen Wasserstoff und schwarze aber glühende Rußpartikelchen zu zerlegen, auf die der Sauerstoff der Luft im äußeren Flammensaum mit rascher Reaktion zugreift und sich mit ihnen zu Wasser und Kohlendioxid vereinigt, die in die umgebende Luft entweichen: Gas im Luftmeer mit vielen Gasen. Es gibt keine Umkehr, aus der Kerze werden Gase in der Luft, aber aus den Gasen in der Luft kann die Kerze nicht zurückgeholt werden.

Dies ist nur ein Beispiel für den Lauf aller Dinge. Deren Konturen gehen verloren wie die eines zersplitterten Glases, von dem Scherben bleiben, die von Wasser und Erde weiter abgeschliffen werden, bis sie schließlich Teil des Sandes sind, dem sie entstammen. Das Feste ist stets in Auflösung begriffen, der Zustand der Diffusion nimmt andauernd zu, alle der Welt innewohnenden Tendenzen weisen über kurz oder lang in diese Richtung. Man sagt, der Pfeil der Zeit hat eine Richtung. Gestalten und Formen werden sich auflösen. Das Geordnete wird in Unordnung verschwinden. »Entropie« ist das Hauptwort im Zweiten Hauptsatz der Thermodynamik. Das ist zuerst die harmlos daherkommende Feststellung, dass Wärme nicht von sich aus von einem Körper niedriger Temperatur in einen Körper höherer Temperatur übergehen kann; Arbeit ist dazu notwendig. Das griechische Wort »entropein« heißt »umkehren«, und so ist mit Entropie die Verlaufsrichtung von Wärmeprozessen bezeichnet: Wenn nichts dazu getan wird, verlaufen sie von einem Zustand höherer zu einem Zustand niederer Ordnung. Immer. Es ist die Richtung, in der die Zeit abläuft. Der Pfeil der Zeit verläuft von einem Zustand höherer Wärme und Organisation hin zu einem Zustand geringerer Wärme und niedrigerer Organisation. Deshalb ist die Welt auf dem Wege, in einem kalten sehr dünnen Brei zu erstarren und zu enden. Diese deprimierende Schlussfolgerung aus dem Zweiten Hauptsatz der Wärmelehre gilt für das gesamte Universum.

Nun könnte man als einzige bekannte Ausnahme im Sinne eines Moratoriums die Erde betrachten, die Erde mit ihren Lebewesen, die den Prozess des Verfalls mit ihrem stets erneuerten In-die-Welt-Kommen und Wachsen umkehren.

Doch diese Lebewesen sind keine Systeme mit einem thermodynamischen Gleichgewicht, sondern »offene« biologische Systeme, die für ihren Bestand darauf angewiesen sind, Energie von außen aufzunehmen. Der Energiestrom, der uns versorgt, organisiert uns und hält unseren Verfall auf. So entkommen wir eine Zeit lang dem Prozess der zunehmenden Entropie. Man hat errechnet, dass trotz der offenen biologischen Systeme die Gesamtbilanz des Systems insgesamt einen Entropiezuwachs ausweist. Die Diskussion lässt für beide Betrachtungsweisen – Pessimismus und

Optimismus – hinreichend Raum. Aber wie immer wir unser Moratorium einzuschätzen geneigt sind, die Abhängigkeit dieses momentanen Wirbels im allgemeinen Strom des Verfalls von der Pflanzensubstanz bleibt unbestreitbare Tatsache.

Wir sind es zwar, die Kerzen herstellen und entzünden, Essen kochen, den Tisch decken, und bei Brot und Wein ein Gespräch über die Zukunft unserer Kinder führen, aber bei Lichte betrachtet sind nicht wir es, die der zunehmenden Kälte und Unordnung Paroli bieten. Ohne die Hilfe der Pflanzen wären wir bald am Ende. In Wirklichkeit sind sie es, die uns die Chance einräumen, den Pfeil der Zeit für unsere Zwecke aufzuhalten, weil sie sich darauf verstehen, mit Hilfe des Sonnenlichts aus Wasser, Luft und Boden Substanzen herzustellen, von denen wir andern Lebewesen als Grundlage unseres Lebens am Ende abhängig sind, ob wir uns von Pflanzen ernähren oder von anderen Tieren.

In seinem traurigen Lied *Rexs Blues* singt Towns van Zandt einen Vers, der die tief depressive Lebensstimmung des Sängers verrät, aber auch wie eine ironische Darstellung der Biologie klingt:

»There's legs to walk and thoughts to fly,
Eyes to laugh and lips to cry,
A restless tongue to classify
All born to grow and grown to die.«

»Alles, was geboren wird, um heranzuwachsen, und was heranwächst, um zu sterben«: Wozu also die ganze Mühe? Wiederholt sich nicht alles in einem sinnlosen Kreislauf: Ein Kind wird geboren und wächst heran, um zu arbeiten und zu lieben und um am Ende zu sterben. Der Pfeil der Zeit wird uns am Ende irgendwann doch einholen, so kann die Stimmung des Songs leicht ausgesponnen werden, und das Ergebnis all der Anstrengungen wird der Zustand sein, der als »Wärmetod des Weltalls« bezeichnet wird: Die Erde dann vielleicht eine flache Landschaft aus Sand, gebildet aus den Sandkörnchen, die einmal unsere Städte waren.

Doch die endlos erscheinende Kette von Geburt und Tod bringt vielleicht auch eine eigene Größe in die Welt, einen Zusammenhang, der als spezifische Qualität erscheint. Beim Versuch, sich die Abfolge der Menschengenerationen von den Hominiden an wie in einem sehr rasch ablaufenden Film vorzustellen, werden die einzelnen Bilder von diesem Zeitraffer zu einer auf- und abtanzenden Menschenspur verwischt. Sie erinnert an das Bild einer Flamme, und beim Versuch, den Sinn des gesamten Unternehmens »Leben« zu begreifen, reden wir immer auch über diese Flamme. Dass sie weiter brennt, ist auf eine sehr handfeste Weise eine Funktion der Pflanzen.

Ähnlich, wie bei dem Verwandlungsprozess in einer Kerzenflamme ein Zustand höherer Wärme und kompakter Organisation in einen niederen Wärme- und diffuseren Organisationszustand überführt wird, verwandeln auch wir in den Stoffwechselprozessen unseres physischen Seins Energie und Wärme. Die Parallelität der beiden Abläufe entspricht dem Entropiesatz. Aber die Erneuerung, die sich wie ein Wirbel in den Lauf der Welt hineinbildet, gelingt nur Organismen auf der Basis pflanzlicher Substanzherstellung. Pflanzen verstehen sich sehr wohl darauf, etwa das im Kerzenkörper enthaltene Stearin mit Hilfe des Sonnenlichts aus Luft, Wasser und ein paar Substanzen aus dem Boden wieder herzustellen und damit Tieren die Produktionsgrundlage für ein Fett zu geben, das als Paraffin ins Kerzenwachs gelangt. Auf diese Weise tragen sie zu einer zeitweiligen Umkehr des Pfeils der Zeit bei – für die Frist ihres Lebens und des Lebenszusammenhangs, der auf ihnen gründet, wird die Unerbittlichkeit der Unumkehrbarkeit des Wärmeflusses aufgehalten und ein Raum für die Neubildung von Formen des Lebendigen geschaffen.

Unter dieser Perspektive nehme ich die Kette kleiner Begegnungen mit dem Nussbaum als Memento wahr, als eine Ansammlung von bunten Steinchen aus dem Gefüge eines Mosaikbildes, das die Geschichte unserer Abhängigkeit und unseres traditionellen Zusammenwirkens mit den Pflanzen erzählt. Die Nüsse, das Öl, der Schattenwurf, das Regendach: das generöse Angebot einer einzigen Baumart. Selbst das zartherbe Aroma, das die Bruchstelle eines frisch gebrochenen Nussblatts verströmt, bot Generationen von Menschen Genuss. In einem Gedicht von Peter Huchel findet sich dazu die Zeile: »Ein Nussblatt wegs die Magd zerreibt, dass grün der Duft im Haar mir bleibt.« [47]

Immer wieder tauchen an meinen Wegen Nussbäume auf, Zweige mit sattgrünen Blättern überschatten den Gartenzaun in einer kleinen Ortschaft am Thuner See, hängen tief über die Sandwege im Park des Schlosses Ziethen im Brandenburgischen und am Haseldorfer Herrenhaus in Schleswig-Holstein. Für Deutschland ist das Vorkommen im Artenkataster erfasst. Ich breche ein Blättchen von den gefederten Zweigen, reibe es zwischen Daumen und Zeigefinger, und mit dem Geruch steigt das vertraute Bild des alten Nussbaums wieder auf, der mächtige, graue, in sich gedrehte Stamm, die waagerecht herauswachsenden Hauptäste, der Reichtum tiefgrüner Blätter und kugelförmiger Früchte. Man hat ihn wenige Jahre, nachdem ich weggezogen war, gefällt.

Das Druckbild eines Baumblattes ist die Spur von etwas Lebendigem, die Herstellung eines Naturdrucks wird mir zu einer Geste des Festhaltens, mit der ich auf meine Weise die Möglichkeit ausdrücke, den Pfeil der Zeit anzuhalten. Und es ist eine Art Meditation, die mich mit den im Druck abgebildeten Dingen in eine Wechselwirkung und Intimität bringt, die sonst nur beim Zeichnen zu haben ist. Zeichnen zwingt zum genauen Hinschauen, und die Zeichnung eines Nusszweiges ist am Ende die Spur des Zeichenstiftes auf dem Papier: Wiedergegeben wird die Wahrnehmung. Beim Drucken bereite ich alles so zu, dass sich der Zweig möglichst genau selber abbildet. Manchmal zeigt mir dann der Druck Facetten und Ansichten, die ich übersehen hätte. Das Verfahren wird »Naturselbstdruck« genannt, aber das Ergebnis äußert genau genommen beides, die Spur des Zweiges und die meiner Bemühungen, das Material so zu arrangieren und mit dem Zweig so zusammenzubringen, dass seine Spur dem Betrachter als genaues Abbild oder als Impression einleuchtend erscheint.

Dieses Druckverfahren ist erst durch technische Entwicklungen zu Beginn der Neuzeit in Europa möglich geworden, unter anderem durch die Verfügbarkeit großer Papiermengen. Im Nachwort zu dem von ihm herausgegebenen Band *Die Natur als Drucker* gibt Peter Heilmann einen Überblick zur Geschichte des Naturdrucks.[48] Das Verfahren spielte eine wichtige Rolle bei der Auskundschaftung der pflanzlichen Ressourcen ferner Länder. Man denke an die Zeit der Entdeckungsreisen; die Politik der Kolonialmächte war auch auf die Ausbeutung der pflanzlichen Ressourcen anderer Kontinente hin angelegt. Baumwolle, Tabak, Kartoffeln, Mais, Kaffee, Tee usw. sind gewissermaßen Spitzen eines komplexen weltweiten Geschäfts, das die Erforschung der Pflanzenwelt voraussetzte. Die übliche Methode des Pflanzensammelns, Trocknens und Pressens musste wegen des Schädlingsfraßes in feuchtheißen Klimazonen aufgegeben werden, und der Naturdruck erwies sich – am einfachsten mit Ruß und Leinöl auf Papier ausgeführt – für die Botaniker als praktikable Alternative. Ein zusätzlicher Vorteil des Naturdrucks gegenüber Zeichnungen und Fotografien ist die Abbildung der Objekte in Originalgröße. Der Nachteil der geringen Auflagenmengen des Naturdrucks wurde später durch die Herstellung von Druckstöcken aus Metall überwunden, im 18. Jahrhundert von Benjamin Franklin im großen Stil betrieben unter anderem zum Druck damals fälschungssicherer Banknoten. In den Werkstätten des Polytechnischen Instituts in Wien wurde dann um die Mitte des 19. Jahrhunderts die gesammelte Kunstfertigkeit englischer und einheimischer Drucker zur Entwicklung eines Verfahrens genutzt, bei dem Druckstöcke aus Weichblei einmal (Hochdruck) oder zweimal (Tiefdruck) galvanisiert wurden, um damit Drucke von vorher nie gesehener Präzision und Schönheit zu schaffen. Wenn ich die Auswahl der Drucke in dem von Heilmann herausgegebenen Band mit meinen eigenen rasch ausgeführten Drucken vergleiche, dann tritt mir die Bedeutung des Begriffs »Dilettantismus« vor Augen, und die volkskundliche Redewendung vom »gesunkenen Kulturgut« drängt sich auf.

Die unglaubliche Präzision der Naturdrucke aus der k.u.k. Hof- und Staatsdruckerei ist von feinerer Qualität als jede Lithographie – ein Verfahren, das allerdings zur Auflagenerhöhung auch für Naturdrucke eingesetzt wurde – und als jede Fotografie. Die Fotografie war es dann allerdings, die den professionellen Naturdruck gegen Ende des 19. Jahrhunderts verdrängte, nicht, weil die Spielerei mit dem Licht interessantere Aspekte hervorgekehrt hätte als die taktile Ab-Bildung der Dinge, sondern aus Kostengründen. Das Galvanisierungsverfahren war zu teuer, der Markt gab nicht genug her, ohne Mäzene ließ sich der Aufwand nicht fortführen, und so ging mit der Sache auch die Kunst verloren. Selbst wenn ein Geldstrom wieder auf diese Mühlen flösse, wären wir jetzt nicht mehr in der Lage, Drucke in der Qualität der alten Vorlagen herzustellen, weil das handwerkliche Wissen abhanden gekommen ist.

Aber zurück zu dem Ritual, das ich als Dilettant des Naturdrucks übe: Die Zigarrenkiste mit den Druckutensilien, die ich stets griffbereit – auch im Reisegepäck – in meiner Nähe habe, enthält eine Glasscheibe im Format DIN A6, einen so genannten Bildträger, zum Auswalzen der Druckfarbe. Hauptsächlich verwende ich schwarze Linoldruckfarbe, weil sie die Feinheiten am genauesten wiedergibt. Sie wird mit einer kleinen, mit Weichgummi beschichteten Handwalze aus dem Baumarkt aufgetragen, die normalerweise zum Anbringen von »auf Stoß« geklebten Tapetenbahnen dient. Den Nussbaumzweig, den ich in mein Druckbuch mit Spiralbindung und festem Kartoneinband drucken möchte, breite ich sorgfältig aus. Dann verteile ich einen münzgroßen Klecks Druckfarbe mit einer abrollenden Bewegung auf der Glasscheibe, bis sie einen gleichmäßigen feinen Film bildet, und übertrage sie von der Glasscheibe auf den Nussbaumzweig. Blatt für Blatt rolle ich Farbe auf die Walze und von der Walze auf den Zweig. Blatt für Blatt verfärbt sich der Zweig vom lichten Grün der adrigen Unterseite in ein scheckiges Schwarz. Gescheckt und ungleichmäßig ist die Schwarzfärbung, weil diese Blätter mit einer sehr feinen Fettschicht bedeckt sind und die verdünnte Farbe nur in Form winziger Inselchen annehmen. Es ist, als ob die Blätter des Baumes das in den Nüssen enthaltene Öl bereits ankündigen wollten. Für das Drucken ist es nützlich, die Blätter ein zweites Mal sorgfältig einzufärben, und dabei mit dem Walzenrand möglichst dicht an den Blattadern entlang zu fahren.

Das Arrangement des eingefärbten Zweiges auf der Seite des Druckbuchs verlangt mindestens zwei Hände, damit die Farbe von den herunterhängenden einzelnen Blättern keine Schleifspuren zurücklässt. Darüber decke ich ein zweites Blatt Papier, halte es mit der einen Hand fest und reibe mit der anderen die Konturen des Zweiges kräftig auf den Untergrund. Das ist das Besondere beim Naturdruck: Statt eine Druckwalze über den Druckstock mechanisch abzurollen, drucke ich, den Unregelmäßigkeiten des Zweiges folgend, die Umrisse, die Strukturen des Inneren mit den Fingerspitzen nach. Es ist eher ein Massieren als ein Drucken, es schafft eine eigene sinnliche Erfahrung des Gegenstandes.

Das Bild, das dabei zustande kommt, hat zugleich etwas Pathetisches und etwas Spielerisches. Pathetisch ist es als Lebensspur, als papierenes Fossil, und spielerisch ist es – der didaktischen Gestalt dieser Abbildung zum Trotz – wegen des in ihm enthaltenen Momentes der künstlerischen Form des Arrangements.

Die pathetische Seite kommt zum Ausdruck, wenn wir uns das Beispiel der Wirkung von versteinerten Abdrücken unserer eigenen Vorfahren vergegenwärtigen. Mary Leakey entdeckte die Fußspuren von drei menschenähnlichen Wesen auf der Hochebene von Laetoli im nördlichen Tansania in einer Steinschicht, die aus Vulkanasche entstanden war. Drei kleine Leute einer Vormenschenart, die heute *Australopithecus afarensis* genannt wird, liefen damals ziemlich eng beieinander durch die weiche Vulkanasche. Ihre Fußabdrücke sind deutlich über eine Strecke von fast 30 Metern erhalten: Ein Mann, eine Frau, ein Kind, die an einem regnerischen Tag – die Einschläge der Regentropfen sind ebenfalls in der versteinerten Vulkanasche abgebildet – vor etwa 3,6 Millionen Jahren unterwegs waren. Die Frau hielt einmal kurz inne und wandte sich nach links. »Ein ferner Vorfahr«, kommentiert Mary Leakey, »erfuhr einen Augenblick des Zweifels.«[49] Und Annie Dillard schlägt vor: »Möglicherweise sah sie die Eruption des Sadiman Vulkans, oder sie wandte sich noch einmal um, bevor sie davonging.« Sie wandte sich um, sie blickte zurück, wie es Menschen zu tun pflegen, auch um den Preis, dafür bestraft zu werden. In einer überraschenden Wendung fährt Dillard fort: »Wir wissen, dass wir nichts herstellen können, das annähernd so dauerhaft sein könnte wie die Spuren dieser Barfüßigen.«[50]

Die spielerische Seite des Naturdrucks tritt hervor, wenn wir uns die Druckeinfälle von Künstlern vor Augen führen. Zen Hokusai Jitsu malte ein breites blaues Band auf einen großen Papierschirm, tauchte die Füße eines Hahnes in rote Farbe und ließ ihn über das Papier laufen: Ein herbstlicher Fluss, auf dem die Ahornblätter hinabtreiben.

Ich erfahre die einfache Form der Technik des Naturdrucks als Mittel, in der Wüste der alltäglichen Besorgungen eine Seite der Welt im Blick zu behalten, die ich wie die meisten leicht übersehen würde: Nachrichten aus dem Garten oder aus dem nahe gelegenen Wäldchen werden durch Drucken manifest, auf Reisen lerne ich über die Blätter, die ich im Hotelzimmer drucke und deren Namen und Nutzen ich von den Einwohnern erfrage, die Lebensbedingungen der Pflanzen, aber auch der Leute kennen. Über die Jahre ist ein Stapel von Druckbüchern entstanden, in denen ich herumblättere und dabei mit den Naturdingen die besonderen Situationen und Menschen erinnere.

Der Naturdruck macht die Vielfältigkeit der Blattformen deutlich. Angesichts dieses auf die Konturen und Texturen reduzierten Bildes ist der Frage kaum auszuweichen, weshalb diese Unterschiedlichkeit in der Welt ist. Wir sind daran gewöhnt, die Natur unter dem Gesichtspunkt von

Funktionszusammenhängen zu betrachten, und so drängt sich die Frage auf, welche Funktion die Vielfalt hat.

Alle Blätter sind mehr oder weniger grün, aber keines gleicht dem anderen. Die Vielfalt betrifft die unterschiedlichen Blattformen der verschiedenen Arten von Bäumen und Sträuchern, von Kräutern und Gräsern. Man beachte bei einem Spaziergang die Unterschiedlichkeit der Blattformen – zwischen denen von Esche und Ulme und Eiche und Buche und Eberesche und Ahorn und Hasel und Birke liegen gewissermaßen ganze Welten. Gibt es denn nicht irgendeine optimale Form, der sich alle annähern sollten? Und die Vielfalt geht noch weiter, denn auch noch die einzelnen Blätter sind völlig unterschiedlich. Unter den Millionen Tonnen von Blättern, die jeden Herbst auf der Nordhalbkugel von den Bäumen fallen und den Boden mit Blattstreu bedecken, ist keines völlig identisch mit dem andern. Bei manchen Arten gibt es Unterschiede, die mit dem Alter der Pflanze zusammenhängen, so zeigt die Jugendform des Efeu dreizipflige, die Altersform fünfzipflige Blätter, und an einem Baum der Roten Maulbeere finde ich an älteren und jüngeren Zweigen unterschiedliche Blattrandbuchten.

Aber das ist nur eine weitere Variante der Vielfalt, mit der wir es hier zu tun haben. Tatsächlich gleicht kein einziges Blatt einem andern vollständig. Benjamin Franklin hat diese Unverwechselbarkeit der Blätter zur Herstellung über lange Zeit tatsächlich fälschungssicherer Banknoten genutzt. Er stellte von einem Blatt einen Druckstock her, druckte die gewünschte Anzahl Banknoten und vernichtete Blatt und Druckstock. Der Philosoph Leibniz hat die Tatsache der Nichtidentität der Blätter genutzt, um den Satz vom zureichenden Grunde zu erläutern: Weil kein zureichender Grund dafür gegeben ist, dass zwei Objekte genau gleich sind, werden wir keine gleich geformten Blätter finden. Auf einem Kupferstich von Johann David Schubert

1796 ist Leibniz am Hof der Kurfürstin Sophie von Hannover im Park von Herrenhausen dargestellt, Bildunterschrift: »Leibnitz behauptet, daß nicht zwey Blätter einander völlig ähnlich seyn.« Und der schwedische Schriftsteller Lars Gustafsson hat diese Szene als Gespräch zwischen dem Philosophen und einer bayerischen Prinzessin beschrieben; er erfindet einen Narren, der dem Philosophen nicht glauben will. »Ein eifriger Hofmann aus dem Gefolge zweifelt an der These des Philosophen. Er eilt fort, um unter den Bäumen zwei Blätter zu suchen, die einander vollkommen gleich wären. Er liest das Laub vom Boden auf und lässt es wieder fallen, nachdem er jedes Blatt genau betrachtet und mit andern Blättern verglichen hat. Mehr und mehr Laub sammelt er ein, in weiteren und weiteren Kreisen springt er umher, indessen der Philosoph und die Prinzessin ihm und seiner Geschäftigkeit lächelnd zusehn. Wie viele Blätter er auch betrachtet, es ist umsonst – sie sind alle verschieden.«[51]

Dies gilt jedoch nicht für die Farbe: Es ist nicht schwierig, Blätter des gleichen grünen Farbtons zu finden, es gibt sie häufig. Offenbar ist ein zureichender Grund dafür vorhanden, dass wir Objekte gleicher Farbe finden. Die philosophische Rede vom zureichenden Grund deckt sich mit der biologischen Rede von der Funktion. Die Farbe folgt der Funktion, die Form tut es offenbar nur zu einem Teil. Der Vergleich zwischen Form und Farbe entspricht dem von Freiheit und Notwendigkeit.

Das Grün ist Bedingung, und wenn es auch dutzende von Schattierungen unterschiedlicher Grüntöne gibt, so sind sie doch alle die Spielarten eines einzigen notwendigen Farbtones. Robert Walser hat den überwältigenden Eindruck des Grün im Frühling wunderbar expressiv formuliert:

»Man begreift es nicht, man vermag es kaum zu fassen, es ist erschreckend, es ist etwas Unheimliches, etwas beinahe Überwältigendes. ›Hat es einen Sinn?‹ fragt man sich. Beinahe sinnlos ist es. Es betäubt, es macht den Verstand schwindeln. Es tut den Augen, dem Herzen weh, es beklemmt und bestürzt die Seele. Farbe, Farbe. Keine andere Farbe ist vielleicht so sehr Farbe, wie diese. Keine zweite Farbe blendet so sehr. Grün, grün. Wohin man blickt: Grün. Die Einfälle, die Gedanken, die Regungen der Seele nehmen eine heimliche Verwandtschaft mit dem Grün an und arten in Grün aus ...«[52]

Dass die Intensität des Grün eine überwältigende, aber auch geradezu verstörende Wirkung auf Wahrnehmung und Befinden haben kann, erfährt jeder, der aus einem Land, das durch die Farbtöne der ariden Zonen und Wüstennähe geprägt ist, im Frühling in europäische Räume zurückkehrt. Aber Walsers Frage »Hat es einen Sinn?« hat etwas Rhetorisches. Sie findet jedenfalls in der Biologie eine klare Antwort: Die Notwendigkeit von Grün leitet sich aus der Funktion innerhalb des Chlorophyllhaushalts der Pflanzen her: Um aus Licht und Wasser und Luft ihre Substanz herstellen zu können, brauchen sie diesen grünen Farbstoff, der immer da ist, auch wenn er in Bluthaseln und Blutbuchen von einem Rotton überlagert wird.

Ganz anders ist es mit den Formen der Blätter. Es gibt keinen zureichenden Grund dafür, dass sie einander völlig gleich sind. Es gibt keinen Funktionszusammenhang, dem sie unter allen Umständen entsprechen müssten. Zwar zeigen wir Kindern die breiten und großflächigen Blätter einer Löwenzahnpflanze im Schatten und die schmalen und kleinflächigen eines Löwenzahn, der dauernd dem Sonnenlicht ausgesetzt ist, um ihnen den Zusammenhang von Lichteinfall und Blattgröße zu erläutern. Aber diese Erklärung betrifft die Erscheinung der Vielfalt der Blätter nur am Rande, und auch da wird sie fraglich, wenn das belehrte Kind auf eine Bananenstaude zeigt und fragt, weshalb diese Sonnenpflanze denn so riesenhafte Blätter habe.

Können wir der Schlussfolgerung ausweichen, dass in der Vielfältigkeit der Blattformen etwas in die Welt kommt, das mit Funktionszusammenhängen nicht restlos verrechnet werden kann? Können wir dem Verdacht ausweichen, dass die Vielfalt der Formen von Blättern so etwas wie eine pluralistische Einstellung der Natur ausdrückt? Als ob die Natur den einzelnen Arten einen Spielraum zugesteht, in dem das eherne Gesetz der Notwendigkeit nicht gilt, einen Raum, in dem sie ihre eigene Gestalt jenseits der Maxime »form follows function« zum Ausdruck bringen können. Der Biologe Adolf Portmann hat diese Möglichkeit vertreten und ein Wort in den Diskurs eingeführt, das »bei vielen Biologen beträchtlichem Unverständnis begegnet ist: Der Begriff der ›Selbstdarstellung‹ – ein Name für die Tatsache, dass ein lebendiges Wesen, Tier oder Pflanze, nicht nur Stoffwechsel treibt und als ein Gefüge von lebenserhaltenden Strukturen zu erklären ist, sondern dass der Organismus über das bloße Fristen des Lebens hinaus, über alles nur Notwendige hinaus, eine Form aufbaut, welche das besondere gerade dieser Art darstellt.«[53]

Vor Jahren betonierte ich bei dem alten Fachwerkhaus im Fuldatal die Abdeckung der Klärgrube, die gegenüber dem Nussbaum auf der anderen Seite der Einfahrt war. Ich fasste die Kinder bei ihren Schulranzen, als sie mittags nach Hause kamen, und leitete sie um die frisch gegossene Betonfläche herum. Dann verscheuchte ich die Katze, die über den Rasen heranschnürte. Der graue Beton war mit einem glänzenden Wasserfilm bedeckt. Von dem Nussbaum löste sich ein gefiedertes grünes Blatt und fiel mit nonchalanter Gebärde in die weiche Masse hinein. Ich wollte es entfernen, mit Sorgfalt und spurlos. Aber dann erschien es mir reizvoll, diesen Abdruck zuzulassen. Ich malte mir aus, wie das Nussbaumblatt, wenn es auf der abgebundenen und gehärteten Betonschicht verwitterte, von kleinen Tieren zersetzt und vom Regen ausgewaschen und vom Wind vertrieben sein würde, immer noch als präzise Spur vorhanden wäre, ein Abdruck, eine Art Fossil, und akzeptierte das Angebot des Baumes, dieses Blattgebilde zu bewahren.

Kürzlich hatte ich in der Gegend zu tun und ergriff die Gelegenheit, einen Blick auf mein altes Haus zu werfen. Die neue Besitzerin war im Garten, sie zeigte mir die Neuanschaffungen, einen Brunnen, ein Quittenbäumchen, viele bunte Blumenstöcke. Die Ligusterhecke, die ich gepflanzt hatte, war dicht und voll und auf über 2 Meter Höhe emporgewachsen. Der Nussbaum fehlte. Ich stand vor dem breiten grauen Stumpf und sagte, dass er immer einen Reichtum an Nüssen gebracht hatte. Die Assoziation mit dem Buchtitel *The Giving Tree* trat mir in den Sinn. Aus dem Thujagebüsch, das um den abgeschlagenen Stamm herumwucherte, fielen dutzende kleiner grüner Käfer auf mein Haar und in mein Genick herab und begannen, auf meiner Haut herumzukrabbeln. Beim Fortgehen bemerkte ich, dass die Betondecke der Klärgrube durch ein Stück Rasen ersetzt worden war.

WALDBILDER

DAS WALDBILD ALS KOMPLEXE METAPHER UND SPIEGEL DES SELBSTBILDES

Wenn die Sonnenscheibe den Himmel hinaufrollt, überschütten ihre Strahlen den Wald. Das Licht des 150 Millionen Kilometer weit entfernten Sterns nehmen die Bäume auf, um mit seiner Hilfe Wasser aus dem Boden und Kohlendioxid aus der Luft in Kohlenhydrate umzuwandeln, und es fällt in unsere Augen und spiegelt die verschiedenen Baumgestalten und ihre immer neuen Spielarten von Arrangements in unserem Bewusstsein. Wir sehen das grüne Dämmerlicht in den Buchenhallen und leuchtende Strahlen vor dunklen Fichtenkammern, die massiven Silhouetten einzelner alter Eichen wie Scherenschnitte vor dem graublauen Himmel und den Verlauf der Konturen des Waldrandes aus der Distanz.

Die Gruppierungen der Waldbäume durchschreiten wir wie die Säle einer weitläufigen Behausung: Vom grünen Salon hinüber zu einer kleinen Kapelle, dann zu einer Art Zeltdach und zum Festsaal mit der lichtüberfluteten Tanzfläche. Man betritt gewissermaßen die Szenerie der Grimmschen Märchen. Die Wälder sind Illustrationen alter Geschichten, wie Gobelins, in die Bilder von fernen Ereignissen und mythischen Wesen hineingewebt sind.

Es könnte eingewandt werden, man dürfe sich nicht von den mystischen Anmutungen des Bildes dazu hinreißen lassen, im Wald eine geheimnisvolle Nähe zu irgendwelchen numinosen Kräften wahrzunehmen. Schließlich sei Wald eine von Menschen planvoll eingerichtete Wirtschaftsfläche. In einem seiner satirischen Texte greift Robert Musil die Frage des Volksliedes auf »Wer hat dich, du schöner Wald, aufgebaut so hoch da droben? Wohl den Meister will ich loben, solang' noch meine Stimm' erschallt!« Musil gibt die Antwort: »Der Meister ist ein Forstmeister, Oberforstmeister oder Forstrat, und hat den Wald so aufgebaut, dass er mit Recht sehr böse wäre, wenn man darin seine sachkundige Hand nicht sofort bemerken wollte.«[54]

Dieser Argumentation folgend käme es darauf an, den Wald auf eher nüchtern wirkende Weise, sozusagen »wissenschaftsförmig« darzustellen. Man beschreibt seine Funktionen, etwa die Funktion als Naherholungsgebiet, und untermauert diese Beobachtung durch Zahlen. Die Deutschen besuchen ihren Wald 1,8 Milliarden Male pro Jahr, im Schnitt 168 Mal pro Hektar Wald; in Stadtnähe sind es tausend Besuche pro Hektar und Jahr. Oder die Funktion als Sauerstofflieferant und als Binder von Kohlenstoffdioxid: Eine 100-jährige Eiche deckt pro Jahr den Sauerstoffbedarf von elf Menschen und filtert im gleichen Zeitraum etwa eine Tonne Staub und Schadstoffe aus der Luft.

Der deutsche Wald bedeckt eine Fläche von 10,7 Millionen Hektar Land, etwa 30 Prozent der Gesamtfläche des Landes. 46 Prozent der Waldfläche sind in Privatbesitz. In deutschen Wäldern gibt es schätzungsweise 30 Milliarden Bäume. Seit den sechziger bis zu den neunziger Jahren wurde der Laubbaumanteil von 28 auf 34 Prozent vermehrt, der Anteil des Nadelholzes ging gleichzeitig von 72 auf 66 Prozent zurück. Zurzeit werden nur 70 Prozent des jährlich verfügbaren Rohholzaufkommens geschlagen. Verfügbar sind laut Gesamtwaldbericht der Bundesregierung 2001 jährlich 57 Millionen Kubikmeter.[55]

Die Listen von Daten und Fakten, mit denen Funktionen erfasst und Tendenzen statistisch ermittelt werden, suchen all das auszusparen, was im Verdacht anthropogener Beimischungen steht. Ob diese Betrachtungsweise dem Eigensinn des Waldes in ihrer Bindung an das Messbare und die Zahl eher gerecht wird als die geschichten- und bilderförmige bleibt zu fragen. Ebenso, ob diese Darstellungsform, die sich selbst als »nüchtern« und »objektiv« präsentiert, den verdächtigen subjektiven Einlassungen tatsächlich entrinnt. Oder ob die Reduktion auf Zahlen und Diagramme eher die Reaktion auf andere Waldbilder ist, die als sentimental oder sogar als peinlich gelten. Gerade für Deutschland sind Waldmetaphern als militarismusverdächtig beschrieben worden. Unter diesem Blickwinkel liefe die Zahlenfixierung auf eine Korrektur des vorherrschenden Bildes hinaus. Vielleicht ist unsere Auseinandersetzung mit dem Wald ein Lernprozess, bei dem verschiedene Sichtweisen so ins Spiel eingebracht werden, dass wir ihre jeweilige Tragweite besser einschätzen können. Die Frage, welches Bild vom Wald zutreffender und angemessener ist, das statistische oder das metaphorische, erscheint dabei sinnlos, denn die Metaphorik ist nicht etwas, das man einfach abschaffen oder wegdenken könnte.

Die in verschiedenen Kulturen vorherrschenden Waldbilder sind Spiegel der nationalen Selbstbilder. Der Historiker Simon Schama hat eine Reihe unterschiedlicher Waldbilder beschrieben bzw. entworfen.[56] Sein ausführliches, facettenreiches Gemälde von Imaginationen des Waldes beginnt mit den polnischen Wäldern, sie sind der immerwährende Zufluchtsort einer mehrfach für verloren gegebenen Nation. Er schildert die Forsten Englands und Frankreichs, die als Stätten grüner Waldfreiheit gelten, und gerade was Frankreich betrifft, gibt er am Ende des Buches einen ausführlichen Bericht über das Wald-»Arkadien« als Gegenwelt und Erholungsort für Städter am Beispiel des Waldes von Fontainebleau. Die amerikanische Wildnispolitik, die sich auf die Einrichtung von Nationalparks konzentriert, beschreibt er als Ergebnis einer engen Assoziation von »Wildheit« und »Freiheit« beim Anblick der fast unberührten Waldgebiete. Diese Beispiele von Waldimaginationen belegen jeweils einen Mythos, und Schama zeichnet ein positives Bild von ihnen. Aber der Wald der Deutschen bleibt für ihn ein unheimlicher, blutbefleckter Ort.

Grundsätzlich sind die genannten Imaginationen mit ihren unterschiedlichen Akzenten jeweils das Ergebnis einer besonderen historischen Entwicklung, die als Verhandlungsprozess dargestellt werden kann, als Auseinandersetzung zwischen der sich entfaltenden Kultur und der Naturlandschaft als deren gigantische Projektionsfläche. Waldbilder sind Kunstwerke, die über lange Zeiträume hin bearbeitet und ausgefeilt worden sind. Jedes einzelne ist eine komplexe, mehrschichtige und gewissermaßen weitläufige Metapher, die – mit dem nationalen Selbstgefühl verbunden – als eine Art Spiegel des jeweiligen Nationalcharakters gelten kann. Vielleicht formt diese Metapher das Denken nicht so unausweichlich, wie es die Sprache selbst für die Angehörigen einer Sprachgemeinschaft bewirkt. Aber sie sitzt tief, eine Leitmetapher, im kollektiven Bewusstsein; sie wird durch die Literatur und die Malerei dauernd angespielt und weiterentwickelt, in der Musik und in populären Liedern aufgegriffen und aktualisiert und selbstverständlich in die Formen von Politik und Gesetz umgemünzt, auch wenn diese Zusammenhänge den meisten nicht zu Bewusstsein kommen. Dass sie der rationalen Verhandlung und Willensbildung entzogen ist, lässt die Imagination als heimliches Leitbild um so wirksamer werden.

Gerade der deutsche Wald tritt in seiner Metaphorik als eine komplexe und faszinierende Erscheinung entgegen: komplex, weil verschiedene widersprüchliche Betrachtungsweisen zusammentreffen; man kann leicht eine Mischung aus Selbstbild und Fremdbild erkennen. Und faszinierend, weil die Frage nach dem Waldbild als Leitmetapher mit der Frage nach dem Selbstbild zusammenhängt; eine Diskussion der Vorstellungen vom deutschen Wald schließt auch das Gespräch um Wunschbilder ein, also um Eigenschaften, die wir uns selbst gern zuschreiben möchten, und sie mag damit indirekt die Debatte um das Wünschenswerte erleichtern.

Werfen wir zuerst einen Blick auf die von Schama entwickelte Sicht, derzufolge das Waldbild der Deutschen von der Ablehnung der Zivilisation und der Neigung zum Militarismus geprägt ist – den marschierenden Wald. Und anschließend auf einige Facetten der deutschen Tradition, die in einer solchen Deutung nicht unterzubringen sind, in denen Intimität und Distanz zugleich zum Vorschein kommen – den heimatlichen Wald. Die komplexe Metapher des Waldbildes in ihrer Mehrschichtigkeit kann durch genaues Hinschauen besser erfasst werden. Und die Weiterentwicklung des Selbstbildes ist nicht allein eine Folge der Enthüllung von vermeintlich heimlichen Leitbildern, sondern auch ein bewusster und öffentlicher Prozess. Das bewusst gewählte Waldbild spiegelt das Selbstbild, das man sich wünscht.

DER HOLZWEG

Der Maler Anselm Kiefer hat sich in den siebziger Jahren ausgiebig mit der Hermannschlacht befasst und in immer neuen Anläufen diesen Ausgangspunkt deutschen Nationalgefühls als Sackgasse dargestellt. Eines seiner Bilder mit dem Titel *Varus* (1976) stellt die Metapher vom Wald als Falle auf abgründige Weise dar. Der Blick öffnet sich trichterförmig zwischen den Baumstämmen, aber es gibt keine Aussicht auf ein Durchkommen. Kiefer scheint Gedanken und Stimmungen zu illustrieren, die der Literatur entnommen sind. Er schreibt einfach Namen ins Bild hinein, links unten, am Eingang des Waldes, schwarz, Varus, und rechts unten, kleiner und weiß, »Hermann« und »Tusnelda«. In den Ästen der Bäume, die kahl und kathedralen- oder käfigförmig aufeinander zustreben, sind weitere Namen zu lesen: Rainer Maria Rilke, Königin Luise, Friedrich Daniel Schleiermacher, Gerhard Lebrecht Blücher, Fichte, Friedrich Hölderlin, von Schlieffen, Friedrich Gottlieb Klopstock, Heinrich von Kleist, Christian Dietrich Grabbe, und »Stefan« und »Martin«. Wir verstehen: Sie alle haben mit dem Mythos einer verfluchten Tat zu tun, sie alle sind Teil dieses Gehaus, das uns, die Betrachter, gefangen hält. In einer Weise dargestellt, die dem Expressionismus entlehnt ist, führt der Weg, mit aschefarbenem Schnee und mit Blutspritzern bedeckt, mitten hinein in einen Käfig aus roten, blattlosen, aneinander gedrängten Stämmen. Die Dichte und Farbe der Stangen ließe auf einen Fichtenwald schließen, wenn die Neigung der Äste im rechten Winkel verliefe. Diese Äste deuten aber eher auf einen Buchenwald hin. Wahrscheinlich kam es Kiefer bei diesem Gedankenbild vor allem darauf an, die Unentrinnbarkeit der Lage durch eine unglaublich radikale Perspektive so vor Augen zu führen, dass ihr der Betrachter nicht auszuweichen vermag. Wie hypnotisiert starre ich in die Mitte des Bildes, wo der Weg einzumünden scheint in eine Art Knoten, bis ich erkenne, dass er dort zu Ende ist, dass dort nur noch Baumstämme sind, sonst nichts. Es ist ein Holzweg, ein Weg, der in den Wald hineinführt, aber nicht weitergeht, ein Weg, der nirgendwohin führt und nichts anderes ist als diese finstere und blutbefleckte Schneise zwischen den Bäumen: Die Falle, in die Varus mit seinen Legionen geriet, ist immer noch gestellt.

Varus, dem Verlierer, steht Hermann, der Sieger, gegenüber. Die so genannte Hermannschlacht liefert den Schlüssel zum positiven Selbstbild der Deutschen, das ihnen von Schama und Kiefer als negatives Fremdbild zurückgespiegelt wird. Ausgangspunkt ist ein historisches Ereignis, eine Katastrophe, die sich vor langer Zeit in den Wäldern Deutschlands abgespielt hat.

Im Spätsommer des Jahres 9 n.Chr., irgendwo in den Sumpfwäldern zwischen Weser und Rhein, vernichtete ein Heer von germanischen Speerkämpfern unter ihrem Führer Hermann – »Mann des Heeres«, römisch: Arminius – die Armee des Publius Quintilius Varus, drei Legionen mit 25 000 Mann, von denen nur kümmerliche Reste überlebten. Bei dem Rachefeldzug des Germanicus – mehrere Vorstöße und Feldzüge in den Jahren 13 bis 16 – fanden die römischen Legionäre sechs Jahre später Skeletthaufen und an die Baumstämme genagelte Schädel. Sie bestatteten die Überreste, und der Wald verbarg das Massengrab wie so viele Gräber derart vollkommen, dass der Ort bis zum heutigen Tage nicht mit letzter Gewissheit lokalisierbar ist. Vielleicht wäre auch dies Gemetzel der Vergessenheit anheim gefallen, die entsetzliche Vorgänge häufig nach sich ziehen – der Dreißigjährige Krieg, die Kriegsgefangenenlager, das Archipel der kleinen Konzentrationslager im Zweiten Weltkrieg, deren Fundamente teilweise erst in den achtziger Jahren von Schülergruppen bei einem Geschichtswettbewerb in den Wäldern ausfindig gemacht wurden – wenn es nicht als literarische Vorlage gedient und Metaphern hervorgebracht hätte, die das Selbstbewusstsein der Deutschen ansprachen. Im Verlauf der Geschichte ist das Echo der Schlacht immer wieder hervorgerufen worden, und dem deutschen Wald wurde ein militanter Glorienschein zugeschrieben.

Die von Kiefer in sein Waldfallenbild eingeschriebenen Namen sind Echopunkte der Hermannschlacht. Mit der Waldschneise öffnet er den Blick in die deutsche Geschichte hinab, er durchfluchtet das, was über zweitausend Jahre hin geschah, mit dieser Perspektive, die vom fernen ausweglosen Fluchtpunkt auf die Ausweglosigkeit des Betrachters hinläuft. Es ist der Versuch, die Komplexität des Waldbildes auf die einfache Lesart einer negativen Metapher zurückzuführen, die alles, was sich abgespielt hat, auf diesen einen Nenner bringt. Es ist der verzweifelte Vorschlag, die Geschichte Deutschlands in Gestalt dieser Waldschneise als Geschichte einer unheilvollen und vielleicht unausweichlichen Verstrickung zu verstehen. Die Namen sind die von Schriftstellern, die die Hermannschlacht verherrlicht und von Militärs, die sich auf Arminius berufen haben. Die meisten stammen aus dem 18. und 19. Jahrhundert; das Bild kann damit – zum Zeitpunkt seiner Entstehung – auch als eine Einladung oder Herausforderung für Historiker aufgefasst werden, sich die Fluchtlinien über diese Zeiträume hinaus vorzunehmen und zu sehen, welche weiteren Echopunkte der Hermannschlacht als Belege ausfindig zu machen sind. Schama jedenfalls widmet sich mit den Mitteln des Künstlers einem solchen Programm.

Kiefers *Varus* ist in gewisser Hinsicht auch die mit den Mitteln der bildenden Kunst formulierte Antwort auf ein anderes bekanntes Bild, das Caspar David Friedrich im Jahr 1813 gemalt hatte, *Der Chasseur im Walde*. Friedrich hatte eine verlorene Figur mitten auf die Lichtung am Eingang eines Fichtenwaldes gestellt, dessen Dunkel sie anzuziehen oder anzusaugen scheint. Die Ähnlichkeit zwischen dem französischen Uniformhelm und den Helmen, die römische Legionäre in der Hermannschlacht trugen, erscheint beabsichtigt. Am unteren Rand des Bildes sind zwei Baumstümpfe, auf einem sitzt ein Rabe. Baumstümpfe gelten als Symbole für Kriegsgefallene, und der Ruf des Raben führt in die bevorstehende Schlacht. Die Bilder Friedrichs sind stets symbolträchtig, sie wirken manchmal wie Illustrationen von Stimmungen, die durch die Literatur hervorgerufen wurden. Hier ist deutlich zu erkennen: Dem Chasseur im Walde steht nichts Gutes bevor. Mit seinem goldglänzenden Helm, seinem grünen Mäntelchen, seinen hellen Gamaschen und dem hinter ihm schleifenden Säbel, der dem römischen Kurzschwert ähnelt, ist er in dieser ernsten und tiefen Wildnis ein Fremdkörper, von Anfang an verloren. Das Licht fällt auf ihn herab, er wird vorgeführt, bevor ihn das Dunkel zwischen den Bäumen aufnehmen und umfangen wird. Die Sogwirkung des Dunkels erreicht der Maler durch die trichterförmige Anordnung der Baumstämme, die später von Kiefer zitiert werden sollte. Allerdings zieht Kiefer den Betrachter in das Bild mit ein; er zwingt uns die Perspektive auf, die der französische Jäger in Friedrichs Bild im Auge haben muss.

Kiefer wiederholt gewissermaßen den Gestus des Unausweichlichen, der dem *Chasseur im Walde* von Friedrich eingezeichnet ist, zeigt aber die Kehrseite von dessen Zuversicht: Der mit den Deutschen verbündete Wald ist nichts als eine Falle. Kiefers Bild ist ein bitterer Kommentar auf Friedrichs patriotische Hoffnung.

Für Schama ist die Erneuerung des deutschen Nationalgefühls im Zusammenhang mit dem Unabhängigkeitsstreben während der Zeit der Napoleonischen Herrschaft, wie sie in Friedrichs Gemälde hervortritt, nur ein weiteres passendes Mosaiksteinchen für das Gesamtbild, das er als »Holzweg« bezeichnet. Eine Nation auf dem Holzweg.

Er beginnt seine Darstellung des deutschen Waldbildes bezeichnenderweise mit einer Szene, bei der Deutsche in SS-Uniformen im Jahre 1943 in einem Patrizierhaus in Jesi (in den Marken von Ancona) nach dem *Codex Aesinus*, der einzig erhaltenen Abschrift der *Germania* des Tacitus, vergeblich suchen, um daraufhin die Einrichtung des Hauses zu demolieren. Schama versteht es, den Zusammenhang von Wald, Patriotismus und Militarismus vor allem für den Zeitraum der Jahre 1879 bis 1945 plausibel zu machen: Die Errichtung des Hermannsdenkmals bei Detmold im Teutoburger Wald 1875 gab den Propagandisten der Presse und vielen Schönrednern Anlass, Wilhelm I. als Arminius redivivus, den wiedererstandenen Hermann, zu feiern, als Sieger des Krieges gegen Frankreich, als Schöpfer der Einheit des Reiches und der nationalen Freiheit. Und 50 Jahre später erschienen an jenem Denkmal 50 000 Nationalisten – Angehörige von Organisationen wie »Stahlhelm« und »Jungdeutscher Orden« – als »wilde Germanen« kostümiert, um einen Protest gegen die Weimarer Republik zu inszenieren.

In solchen historischen Szenen scheint das Echo der Hermannschlacht vernehmbar zu sein.

Genau genommen ist es allerdings nicht das Gemetzel selbst, das diese Prozesse einer glorifizierenden Propaganda in Gang setzte, sondern eine Textgestalt, eine Fama: Die Dublette von zwei Schriften des römischen Schriftstellers Publius Cornelius Tacitus, die *Germania* und die *Annalen*. Mit den *Annalen* schreibt er die Chronik des Römischen Reiches für die Zeit etwa des ersten Jahrhunderts unserer Zeitrechnung, einschließlich des Verlusts der Legionen des Varus und der anschließenden Feldzüge des Germanicus. Die andere Schrift aus dem Jahr 98, also etwa zwanzig Jahre jünger als die Annalen, trägt den Titel *Germania. Über den Ursprung und die Sitten der Germanen*. In ihr unternimmt es Tacitus, den Zusammenhang zwischen einfachem Leben und tugendhafter Lebensführung anhand einer Art Ethnographie der germanischen Stämme zu illustrieren, den er den Römern als beispielhaft vorhielt. Es ging ihm darum, seine römischen Mitbürger an die verloren gegangene Tugendhaftigkeit zu erinnern. Angesichts der in Rom herrschenden Dekadenz – die peinliche Zeit des verrückten Kaisers Nero lag erst eine Generation zurück – und der von Norden drohenden Invasion durch unzivilisierte, aber kraftvolle Barbarenvölker belehrte er sie mit Hilfe dieser Darstellung von Land und Leuten Germaniens über das Geheimnis von Erfolg und Untergang der Zivilisation, so wie er es verstand: Es lag in der tugendhaften Lebensführung der Männer und Frauen einer Gemeinschaft.

Tacitus ging es darum, ein Gegenbild zum Bild des Sittenverfalls in Rom zu entwerfen. Das Leben seiner römischen Zeitgenossen, vom Streben nach Luxus, von Raffinesse und durch Dekadenz geprägt, sah er als Quelle der um sich greifenden Verweichlichung und Feigheit, die in seinen Augen den Niedergang des römischen Reiches nach sich ziehen musste. In seinem Gegenbild zeichnete er das Leben und die Bräuche der Germanen am Beispiel einer Gruppe von Stämmen, die bei aller Primitivität und Abscheulichkeit im Einzelnen – mit Abscheu beschreibt er die Menschenopfer bei den Semnonen – in ihrem Kern doch von einer tiefen und einfachen Tugend geprägt war: Ihre Kleidung ist schlicht, sie tragen keinen Schmuck, es gibt so gut wie keinen Luxus, sie essen ausschließlich naturgegebene, einfache Nahrungsmittel, besitzen kaum Eigentum, kennen wenige Rangunterschiede, üben dafür eine streng monogame Eheführung, große Gastfreundschaft, harte Strafen für Überläufer, Feiglinge und Verräter. Diese Lebensführung bringt große, zähe Körper und geradlinig und einfach denkende Hirne hervor, nicht unähnlich denen der Römer der römischen Gründerzeit, aber eben barbarisch und bedrohlich.

Bedrohlich und unerfreulich wie das Land der Germanen selber mit seinen Wäldern, seinen Sümpfen, »in universum tamen aut silvis horrida aut paludibus foeda«: »Im Ganzen wirkt dies Land entweder durch seine Wälder furchterregend oder durch seine Sümpfe abstoßend«, wie es in einem häufig zitierten Satz der *Germania* heißt.

Als entscheidend gilt ihm der Zusammenhang zwischen der Natur des Landes und dem Charakter seiner Bewohner: Die harten Lebensumstände in der Kälte der Wälder unter einem nebelverhangenen Himmel sind es, die jenen zähen Menschenschlag hervorbringen, der sich hauptsächlich von Wildbret und Wildfrüchten, kaum durch Ackerbau ernährt und im Unterschied zu den von freundlichen Himmeln und allen erdenklichen Genüssen verwöhnten Römern weit von jeder Dekadenz entfernt ist. Dieser Hypothese zufolge, deren Erwiesenheit für Tacitus auf der Hand liegt, ist der Wald so etwas wie ein notwendiges Ingrediens des naturnahen Lebens, das die erstrebenswerte natürliche und tugendhafte Lebensweise mit sich bringt. Es ist längst bekannt, dass die Germanen zu jener Zeit den Ackerbau trieben und sich vor allem von Grütze (Getreidebrei) ernährten, und dass die Wälder Germaniens überall, wo die Güte des Bodens den lohnenden Ackerbau gestattete, von gerodeten Siedlungsflächen durchbrochen waren. Aber die schwungvolle Argumentationslinie dieses vornehmen Römers bestimmte später trotzdem das Selbstbild der Deutschen.

Ähnlich ist auch seine sozialgeographische Unterstellung – wie das Land, so die Leute – für sich eine zweifelhafte Hypothese. Bei Tacitus erscheint sie eingebunden in seinen Dauersermon über die Notwendigkeit der Tugend in der Politik und ist damit lediglich Illustration einer Idee, die auch dann weiter Bestand hat, wenn die Bilder sich als realitätsferne Illustrationen erweisen. Genau diese Bilder waren für die Deutschen von entscheidender Bedeutung. Die Germanen, diese Ansammlung kaum miteinander verbundener Stämme, die damals bereits – mit Ausnahme des einzig sesshaften Stammes der Chatten, wie Tacitus bemerkt – auf der Suche nach freundlicheren Himmeln herumzuziehen begonnen hatten, fanden später, als sie des Lesens und Schreibens selber kundig wurden, in dieser Schrift mit dem Titel *Über den Ursprung und die Sitten der Germanen* die einzige Darstellung ihrer Gemeinsamkeiten. Kaum verwunderlich, dass sie vor allem die geschilderten lobenswerten Charakterzüge wie Treue und Tapferkeit und ihrer gemeinsamen Bindung an die Waldheimat als maßgeblich erachteten und zugleich die aufgeführten wenig schmeichelhaften Züge wie den verbreiteten Hang zur Spielsucht ignorierten. Zudem wurde die *Germania* von der Darstellung der Hermannschlacht in den *Annalen* aufs Schönste ergänzt und gestützt: Das eine die Charakteristik, das andere die Aktionsdarstellung.

Beide Schriften sind als eine Art Gründungsurkunde der deutschen Nation reklamiert worden. Und Tacitus zufolge war es das Leben im Wald, das den Charakter der Germanen prägte, und es war der Wald selbst – das Terrain, das eine offene Feldschlacht verhindert und eine Serie von Überfällen aus dem Hinterhalt begünstigt –, der ihnen den Sieg über die Legionen der Invasionsarmee des Varus im Teutoburger Wald ermöglicht hatte. So wird der Wald zum Bestandteil der Gründungsurkunde, eingetragen als Fundament der deutschen Nation.

Vor diesem Hintergrund nun erscheint die Suche des SS-Trupps nach der einzig erhaltenen Abschrift der Germania in Jesi in einem Licht, das die Kontinuität der gesamten unheilvollen Geschichte beleuchtet, jedenfalls in den Augen von Schama: Ein und dieselbe Spur führt von der Vernichtung des Varus über die Schrift des Tacitus direkt zum Denkmal im Teutoburger Wald als Brennpunkt teutonisch-militaristischer Ansprüche und zur nationalsozialistischen Selbstherrlichkeit. Eine Blutspur auf dem Holzweg. Schama findet seinen eigenen Zugang zur Waldthematik über die Identifikation mit seinen Vorfahren, Holzjuden aus Litauen. Die polnischen Wälder boten einer Bevölkerung Zuflucht, die immer wieder den Angriffen der Nachbarn ausgesetzt war; der Wald ist eine Herberge und ein Zuhause. Dagegen ist der Wald der Deutschen ein Monument ihrer vermessenen Selbstherrlichkeit. In Archiven und Chroniken wird Schama auf der Suche nach weiteren Belegen für die perspektivische Darstellung der deutschen Geschichte als Holzweg fündig:

Eine Abschrift der *Germania* wird während des Mittelalters im Benediktiner-Kloster Hersfeld aufbewahrt. Dort wird sie um die Mitte des 15. Jahrhunderts von einem italienischen Handschriftenjäger erbeutet und nach Italien gebracht, wo die Druckversion in Venedig 1470 auf den Markt kommt und damit der Öffentlichkeit zugänglich ist. Die erste deutsche Übersetzung – eine Generation später in Nürnberg – wird als Kampfschrift einer politischen Bewegung der deutschen Selbstvergewisserung veröffentlicht, die damals hervortritt und zuerst gegen den Papst in Rom, dann auch gegen den Kaiser polemisiert.

Zu Beginn des 16. Jahrhunderts appelliert Conrad Celtis, Prediger, Professor, Berater des Kaisers, Verfasser viel gelesener und häufig zitierter Schriften, an die Deutschen, sich ihres Selbstwertes zu erinnern; er greift auf Tacitus zurück, beschwört das einfache Waldleben und versucht, die Geschichte vom Sieg des Arminius über die römischen Legionen gewissermaßen im kollektiven Bewusstsein des deutschen Volkes zu verankern.

Im gleichen Zeitraum verfasst Ulrich von Hutten, Organisator des Ritteraufstands im Namen der Reformation, den Dialog *Arminius*, der die Sache der Unabhängigkeit von Rom auf militante Weise propagiert. Überhaupt ist die Reformationsbewegung eine entscheidende Epoche, sie ruft in Deutschland die Kräfte zur Rückbesinnung auf Werte machtvoll hervor, die als »echt« und »ursprünglich« wahrgenommen werden, und stellt sie den »falschen« römischen gegenüber. Sie verbindet die bekannte theologische Polemik mit einer Wertediskussion, die in gewisser Weise an die Mahnungen des Tacitus erinnert: Ursprünglichkeit und Echtheit verbinden sich mit dem Bild vom Wald als Ursprungsort der Tugend.

Auf einzelnen Gemälden der Reformationszeit ist die Verwandlung des Waldes von einer Kulisse des dargestellten Geschehens zum eigentlichen Thema des Bildes abzulesen, am eindrucksvollsten vielleicht auf Albrecht Altdorfers *Drachenkampf des hl. Georg*, 1510, wo der wuchernde Wald den Ritter samt Drachen zu verschlingen scheint. Und Darstellungen der Bewohner des Waldes, des »wilden Manns« und »der wilden Frau« von Hans Sachs, zeigen diese nicht länger als den Tieren gleich, sondern erinnern an eine romantisierte Version des Lebens der Germanen, wie es Tacitus geschildert hatte.

1648, am Ende des Dreißigjährigen Krieges, sind 26 Ausgaben der *Germania* in Deutschland erschienen. Dieser Krieg ist eine Katastrophe ganz ungewöhnlichen Ausmaßes. Er reduziert die Bevölkerung Deutschlands von etwa zwanzig auf zwischen fünf und sieben Millionen Menschen. In seinem Buch *Über die Deutschen* vermutet der Soziologe Norbert Elias, dass diese Erfahrung zu einer kollektiven Traumatisierung geführt habe, deren Echo vielleicht noch heute den Nationalcharakter der Deutschen beeinflusse. Die militaristische Waldpropaganda verstummt zeitweise.

In der zweiten Hälfte des 18. Jahrhunderts beeinflusst eine Mischung aus Naturschwärmerei und patriotischer Gefühlsduselei aufs Neue das Dichten und Denken der Deutschen. Maßgeblich wird Klopstok, der 1768 beispielsweise ein dreiteiliges gefühlsschwülstiges »Bardenspiel« mit dem Titel *Die Hermannschlacht* verfasst, das von der deutschen Jugend mit großer Begeisterung aufgenommen wird.

Typisch ist etwa die Wald- und Gefühlsseligkeit bei der Gründung des so genannten Hainbundes, einer kleinen, aber rasch an Einfluss gewinnenden Gruppe junger Dichter, die im Frühherbst 1772 in Wehnde bei Göttingen zusammenkommen; Johann Heinrich Voß schildert den Abend:

> »Hier fanden wir einen kleinen Eichengrund, und sogleich fiel uns allen ein, den Bund der Freundschaft unter diesen heiligen Bäumen zu schwören. Wir umkränzten die Hüte mit Eichenlaub, legten sie unter den Baum, fassten uns alle bei den Händen, tanzten so um den eingeschlossenen Stamm herum, riefen den Mond und die Sterne zu Zeugen unseres Bundes an und versprachen uns eine ewige Freundschaft.«[57]

Die Zeit der Napoleonischen Kriege verschärft die patriotischen und militanten Tendenzen aufs Neue. Kleists patriotisches Trauerspiel *Hermannschlacht* ist als »großartige Poesie des Hasses« bezeichnet worden; er selbst nennt das Stück in der Widmung ein »Geschenk an die Deutschen« – es ist allerdings eine Kampfschrift, die kaum einer lesen will. Viel nachhaltiger wirken die Bilder der Maler jener Jahre, Kerstings *Auf Vorposten* (1815), wo er seine drei gefallenen Freunde in der Uniform des Lützowschen Freikorps in einem Hain mächtiger alter Eichen darstellt, oder eben Caspar David Friedrichs *Chasseur im Walde.*

Schamas Durchfluchtung der deutschen Geschichte läuft geradeswegs über die Kaiserzeit auf die Hitlerzeit zu, der blutbefleckte Holzweg einer dem Militarismus verfallenen Nation. Und er vertritt diese Sicht nicht als Einziger.

Auf der Museumsinsel Hombroich bei Düsseldorf hat der Beuys-Schüler Anatol Herzfeld in den achtziger Jahren eine Statuengruppe aufgestellt, die das vermeintliche Waldbild der Deutschen in die Form einer Installation umsetzt. In der Mitte eines in exakter Anordnung ausgerichteten Haines von Eschenbäumen steht ein Trupp stählerner Giganten, drei mal drei völlig identische rostrote Riesengestalten, uniform, in Marschordnung auf präzis ausgemessenem Karree angetreten. Und die Eschen – der Hain ist Teil des Kunstwerks – greifen diesen erstarrten Rhythmus auf: Bäume genau gleicher Höhe, in exakt gleichen Abständen gesetzt, umfangen die militärische Präzision der Ordnung des stählernen Trupps wiederum mit ihrer Uniformität. »Kunst parallel zur Natur«, wie die Parole von Hombroich lautet.

Das Kunstwerk entfaltet eine seltsame Faszination. Von ferne schimmern die Eisenriesen in stumpfem Rostrot durch Stämme und Eschenlaub, beim Näherkommen entdeckt der Betrachter den Zusammenhang der beiden Marschordnungen erst allmählich, eine Botschaft der Befremdlichkeit und Bedrohlichkeit wird entzifferbar. Man vermutet in der militaristischen Ordnung zuerst eine Anspielung auf das benachbarte Militärgelände, aber sie ist auch die erstarrte Deutung eines bekannten Schriftstellers und Nobelpreisträgers zum Wald der Deutschen, die mit folgender Beobachtung einer unheimlich-lustvollen Erfahrung anhebt: »Das Rigide und Parallele der aufrecht stehenden Bäume, ihre Dichte und ihre Zahl erfüllt das Herz des Deutschen mit tiefer und geheimnisvoller Freude.«[58]

Ob Anatol Herzfeld die Passage über die Massensymbole der Nationen in Elias Canettis *Masse und Macht* kannte, das zuerst in den sechziger Jahren veröffentlicht wurde, als er seine Stahlkolosse aufmarschieren ließ, ist mir nicht bekannt. Sein Kunstwerk trifft jedenfalls diese Formel im Kern. Wer Canettis Worte kennt, fühlt sich vom Anblick dieses Trupps von Maschinenmenschen im Eschenhain wie vom Blitz getroffen.

Das Heer als marschierender Wald, Reckenhaftigkeit und Standhaftigkeit der Bäume als Tugenden des Kriegers, die Gleichheit der Stämme im Buchenwald, vor allem im Fichtenforst, als Uniformität, als Regelgemäßheit, als Geradlinigkeit, und als Schutz: »Der Knabe«, schreibt Canetti, »den es aus der Enge zu Hause in den Wald hinaustrieb, um wie er glaubte, zu träumen und allein zu sein, erlebte dort die Aufnahme ins Heer voraus. Im Wald standen schon die anderen bereit, die treu und wahr und aufrecht waren, wie er sein wollte.«[59]

Herzfelds Maschinenmenschentrupp ist die der Canetti-Idee entsprechende Umsetzung als beklemmende Karikatur. Wie weit das auf den Nenner der Marschordnung gebrachte Waldbild Herzfelds und Canettis das Waldbild der Deutschen angemessen wiedergibt, oder ob hier eine heimliche Leitmetapher aufgedeckt wird, bleibt zweifelhaft. Zweifel bleiben auch dann, wenn sich diese Auffassung nicht in der äußerlichen Gleichförmigkeit von Fichtenforsten und in Marschordnung angetretenen Bataillonen erschöpft. Sie gewinnt zwar an Plausibilität durch die vielen Belege, die Schama für seine »Holzweg«-Interpretation zusammengetragen hat; die Marschordnung der Bäume verleiht seiner Argumentation das fehlende Aperçu; zusammengenommen, ergeben die Beobachtungen Canettis und Schamas ein machtvolles Argument; ihre diskursförmige Darstellung wird durch die präsentative Symbolik der Bilder und Skulpturen unterstützt.

Aber die Deutung des Waldbildes der Deutschen als Analogie zum marschierenden Heer und als Holzweg ist trotzdem zu eng, um restlos zu überzeugen. Aus der vielschichtigen und komplexen Metaphorik des Waldes ist eine einzige Facette herausgegriffen und zur dominanten erklärt worden. Selbst wenn man den marschierenden Wald als die Option eines Waldbildes gelten lässt, so sind einige Unstimmigkeiten doch unübersehbar, von denen die folgenden besonders auffällig erscheinen:

Der marschierende Wald ist ein Sprachbild, bei dem vielen zuerst nicht die neuzeitliche Schlachtordnung der Fichtenforsten und das Heer des Kaisers, sondern Shakespeares *Macbeth* einfallen dürfte: Als die Streitmacht auf Schloss Dunsinan vorrückt, um den Tyrannen Macbeth zu besiegen, trägt jeder Krieger auf Malcolms Vorschlag einen Zweig aus Birnams Wald vor sich, um dem Feind die Schätzung der Truppenzahl zu erschweren. Ein Bote meldet Macbeth, dass der Wald von Birnam zu gehen beginnt. Macbeth schlägt auf den Boten ein, denn damit scheint die Prophezeiung der Hexen einzutreten: Er wird dann besiegt werden, wenn der Wald von Birnam selber auf ihn vorrückt, und der Bote sagt: »Lasst Euren Zorn mich fühlen, ist's nicht so: Drei Meilen weit könnt Ihr ihn kommen sehn; Ein gehnder Wald – wahrhaftig!«[60] – Dieser auf den Bühnen der Welt tausendfach inszenierte marschierende Wald ist nur ein Beispiel für analoge Bilder anderer historischer Ereignisse. Die Wälder Europas sind voller Schlachtorte, der Patriotismus der meisten Nationen ist militant.

Heinrich von Kleists düsterer Patriotismus propagierte die Idee des Todes für das Vaterland, doch die patriotische Bewegung seiner Zeit war in Deutschland eher noch von der Idee des Lebens für das Vaterland geprägt. Die Befreiung von der napoleonischen Herrschaft würde, so hofften viele, eine politische und geistige Emanzipation des deutschen Volkes einleiten. Seit 1813 gaben die Brüder Grimm in dieser Absicht ihre *Altdeutschen Wälder* heraus, eine

Sammlung von Dichtungen und Liedern, Sprichwörtern und Redensarten, und seit 1812 ihre *Kinder- und Hausmärchen.* Es ist tatsächlich unmöglich, diese Märchen ohne den Wald zu denken, der ihr heimlicher Herrscher ist: Der Ort der Verwandlungen, der Verwünschungen, voller Hexen, Zwerge, Riesen, Drachen und Räuber, aber auch die Stätte einer Art Gerechtigkeit, die in der vom krassen Dualismus zwischen Gut und Böse gezeichneten Welt am Ende dem Guten zum Vorteil verhilft. Wenn Simon Schama in seiner Analyse des Verhältnisses der Deutschen zum Wald schreibt, dass die Märchen »im Kern eine weitere patriotische Waffe waren«, so blendet er die Hauptqualität der Textsorte »Märchen« aus: Die Erinnerung an einen Typus alter Geschichten, der den meisten Völkern in dieser oder ähnlicher Form mehr oder weniger vertraut ist. Das naive, vorlegalistische Gesellschaftsbild aus *Hänsel und Gretel* oder *Schneewittchen* ist nichts typisch Deutsches. Es findet sich überall in den Märchen der Welt. Dass die Rechtsidee, bei der die Bösen auf grausame Weise bestraft und die Guten regelmäßig zu Königen und Königinnen befördert werden, weit entfernt ist von den Prinzipien bürgerlicher Rechtsprechung, liegt auf der Hand. Dies als zivilisationsfeindliches Muster zu interpretieren und daraus den Schluss zu ziehen, dass man es mit einer weiteren Variante des marschierenden Waldes zu tun habe, erscheint weit hergeholt.

Ob die Rolle der Wildnis im Märchen in der Gestalt des Waldes oder der Wüste oder des Gebirges auftritt – es handelt sich jeweils um den Ort der Erfahrung des Anderen, an dem die Begegnung mit dem Versucher oder auch mit dem Retter sich ereignen kann. Es gibt Grimmsche Märchen, in denen die Metapher des Waldes als Ort der Erneuerung derart machtvoll wirkt, dass sie sogar für die Analyse moderner gesellschaftlicher Probleme aufgegriffen worden ist. So hat Robert Bly in den achtziger Jahren das Märchen vom

Eisenhans gewissermaßen zum Gründungsmythos der Verwandlung des Mannes in unserer Zeit erklärt: Eines »neuen« Mannes, der sich seiner chauvinistisch-überheblichen und militaristischen Vergangenheit schämt und – in der Waldwildnis – sich zum besseren Menschen zu wandeln beginnt.[61]

Eine Beobachtung zur Waldseligkeit deutscher Dichtung und Malerei allgemein: Nicht immer und überall ist sie von Patriotismus durchtränkt. Das Werk Herders etwa, der wie kaum ein anderer die geistige Situation seiner Zeit beeinflusst hat, ist von Anfang an europäisch. Seine Dichtung gipfelt im *Cid*, einem spanischen Heldenepos. Dass er das Volkslied literarisch hoffähig gemacht, dass er die Dichtung des Mittelalters gleichsam rehabilitiert hat, mag zwar auch deutschnationalen Parteien neue Spielräume eröffnet haben, die sie für ihre Sache reklamieren konnten, wie Schama erklärt. Aber Herders eigene Liedersammlung schloss die ganze Welt ein, und sein Versuch, den Nationen einen eigenen Geist zuzuschreiben, lief auf Anerkennung und Zusammenspiel hinaus, nicht auf Auseinandersetzung und Herrschaft.

Die in Deutschland zum Rang einer Wissenschaft erhobene und systematisch forschend betriebene Forstwirtschaft wirkte in vielen Ländern anregend. Konzepte und Begriffe, die hier entwickelt wurden, wurden anderswo aufgegriffen und verfolgt. Manchmal auch im Sinne von Übertragungen auf allgemeine Zusammenhänge. Ein Beispiel ist die Vorstellung der Nachhaltigkeit, ursprünglich eine Maxime forstwirtschaftlichen Handelns: nicht mehr Holz entnehmen als gleichzeitig nachwachsen kann. Sie ist unter der Übersetzung »sustainability« zur weltöffentlichen Leitvorstellung der *Agenda für das 21. Jahrhundert* geworden. Diese Aspekte lassen sich nicht ohne weiteres mit der Metapher vom Holzweg verrechnen.

War die vorbildlich erscheinende Naturschutzpolitik der Nazis die konsequente Ergänzung, das Komplement ihrer Vernichtungspolitik gegen deutsche Juden und jüdische Deutsche, wie Schama behauptet? Der unterstellte Zusammenhang von Naturliebe und Menschenverachtung ist logisch und psychologisch nicht zu halten. Trotzdem wird der Gegensatz als Topos oder Redefigur in der Literatur immer wieder ins Spiel gebracht, als ob es sich um ein typisches Symptom des deutschen Faschismus handle. Bei genauerem Hinsehen stellt sich allerdings heraus, dass die Naturschutzpolitik der Nazis gar nicht so vorbildlich war, wie viele ohne weiteres annehmen. Die einschlägigen Gesetze und Bestimmungen dienten vor allem den Jagdinteressen einiger maßgeblicher Naziführer wie Hermann Göring, und das angekündigte Projekt, Forstwirtschaft und Naturschutz in eins zu setzen, wurde keineswegs erfüllt. Das Streben nach Unabhängigkeit von Holzlieferungen führte im Gegenteil zu besonders hohen Einschlägen. Hinzu kamen die neuen Bedarfe nach dem Rohstoff Holz in der Petrochemie und durch die Holzvergaser in den Kraftfahrzeugen: Der Nationalsozialismus trieb tatsächlich und im Gegensatz zur erklärten Absicht die Abholzung der deutschen Wälder voran.

Um seine Auffassung zu stützen, zieht Schama die Bilder des Malers Anselm Kiefer aus den siebziger Jahren hinzu. Kiefer bleibt auch in den folgenden Jahren und Jahrzehnten auf neoexpressionistische Weise mit dem Mythos des Waldes in Deutschland befasst. Er umzingelt die Hermannschlacht gewissermaßen mit seiner Kunst, um ihr immer neue Ansichten abzugewinnen, so lange, bis er sich anderen Themen aus dem reichen Repertoire des 20. Jahrhunderts zuwendet. Dieser freie und konstruktive Umgang mit dem Mythos ist eine Übung, die Schama suspekt erscheinen müsste. Denn für ihn bleiben die spirituellen Gestalten der Waldbilder Hirngespinste, Gespenster, gerade auch dort, wo er sie entfaltet und akribisch mit Zitaten belegt. Er führt uns durch eine Galerie mit den Waldbildern der Nationen, auf denen gewissermaßen verschiedene Portraits abgebildet sind. Diese dienen nach Schama einzig als Illustrationen und Belege der allgemeinen Aussage, derzufolge die menschliche Imagination höchst unterschiedliche Formen anzunehmen vermag. Der Mythos aber und die ihn begründende spirituelle Einstellung bleiben in seinen Augen Unsinn. Als Historiker will er lediglich die Nationalcharaktere der Völker im Spiegel der spezifischen Imaginationen feststellen, die er ihren Waldbildern entnimmt. Dagegen ist für den Künstler Kiefer der Mythos ein wichtiger Partner, er pflegt mit Hirngespinsten und Gespenstern einen intimen Umgang, erhält sie am Leben und sieht zu, dass sie in zeitgemäßer Kostümierung erscheinen.

DER FAMILIÄRE WALD

Das unter Deutschen gegenwärtig aktuelle Waldbild erscheint kaum von patriotischen und militaristischen Assoziationen geprägt. Freundlichere Ansichten scheinen vorzuherrschen, wenn man vom Umgang der Menschen mit dem Wald auf ihre Wahrnehmung schließen will. Im Vordergrund steht die so genannte Erholungsfunktion des Waldes. Die Wälder sind voller Spaziergänger und Wanderer in »zünftiger« Wanderkleidung, die auf den genauestens ausgeschilderten Waldwegen zu irgendwelchen Aussichtspunkten oder Waldgaststätten unterwegs sind; in der Nähe der Städte führen viele Hundebesitzer ihre Tiere in den Wald; die Wittenbergener Heide bei Hamburg wird von den Anwohnern als »Hundeklo« bezeichnet; morgens und gegen Abend sind besonders viele Läufer auf den Waldwegen unterwegs, Reiter nutzen die vielen Reitwege, die den Stadtwald durchschneiden, und an den Wochenenden fallen die Fahrradfahrer ein, oft mit ihren Mountainbikes abseits der Wege mitten durch den Baumbestand.

Auch die gegenwärtige intellektuelle Auseinandersetzung mit dem Thema Wald ist weit von allen militaristischen Tendenzen entfernt. In den Buchhandlungen gibt es ein reiches Angebot an Fachbüchern für das Publikum von Nichtfachleuten, über das Sammeln von Waldpilzen und die Bestimmung von Waldbäumen, aber auch zur Ökologie des Waldes oder einfach mit schönen Bildern von Bäumen und Waldpartien mit entsprechenden Gedichten.

Die Leitmetapher der achtziger Jahre war der leidende, sterbende Wald. Das vom Waldsterben geprägte Waldbild ist nicht länger aktuell, obwohl die Gefährdung des Waldes, die damals die Bevölkerung alarmierte, weiter besteht. Der Gesamtwaldbericht der Bundesregierung von 2001 enthält jedenfalls wenig ermutigende Daten. Zu Zeiten des Waldsterbens setzte sich eine neue Sichtweise auf die Natur durch: Vorbei war der Glaube an die starke Natur, an die Unüberwindbarkeit ihrer Kraft. »Wir sind«, schrieb Hans Jonas in einem Satz von ungebrochener Aktualität, der damals häufig zitiert wurde »der Natur gefährlicher geworden, als sie uns je war«.[62] Das gesellschaftlich verursachte Leiden des Waldes stand im Mittelpunkt des Interesses. Die Schönheit der Natur hatte sich im Bewusstsein der Deutschen in die leidende Umwelt verwandelt. Die Natur litt am Menschen, sie war krank, und das Krankheitsbild war im Wald zu besichtigen. Kranke Bäume wurden als Indizien gezeigt, die Horstbildung, die Angsttriebe, die abgestorbenen Äste, die toten Wurzeln. »Robin Wood«, die kämpferische Organisation zum Schutz des Waldes veranstaltete Waldführungen, bei denen diese Schäden von Experten vorgeführt wurden. Man hätte das dominierende Waldbild damals mit der Bezeichnung »Patient Wald« auf den Begriff bringen können.

Dieses Waldbild hat inzwischen an Aktualität verloren, der sterbende Wald erweist sich als besonders zäher Patient, die Einführung von gesetzlichen oder gesetzartigen Bestimmungen zur Verminderung der Luftverschmutzung, wie vor allem die Katalysatoren an den Auspufftöpfen der Autos, mag die unmittelbare Gefahr tatsächlich verringert haben.

Für die erste Nachkriegsgeneration in Deutschland stellt die Walderfahrung aus der Kindheit, die Suche nach Pilzen, das Sammeln von Heidelbeeren oder Waldhimbeeren eine Art kollektiver Erinnerung dar: eines der seltenen Themen, bei denen Deutsche aus der ehemaligen DDR und aus der alten Bundesrepublik miteinander so reden können, als habe es keine großen Unterschiede gegeben.

Die Diskussion um die lädierte Natur hat in der Kunst Spuren hinterlassen. Nicht allzu weit von dem marschierenden Eschenhain mit seinen eisernen Kriegern ist auf der Insel Hombroich der Stamm eines umgestürzten Baumes zu besichtigen, der mitsamt den Ästen und einzelnen Zweigen vollkommen mit einer Zinkhaut eingekleidet ist, mit Nietenreihen an den Nähten wie bei einem Flugzeugrumpf: Eine Ritterrüstung für den Baum zum Überleben im Kampf ums Dasein – diese Assoziation stellt sich unweigerlich ein. Aber auch Anatols im Karree aufmarschierte Giganten können als Impuls für die kritische Auseinandersetzung mit dem vorherrschenden Waldbild aufgefasst werden. Überhaupt erscheint die weitläufige Museumsinsel Hombroich mit ihren Wald- und Wiesenwegen, ihren hölzernen Brücken, den buddhistischen Tempeln und Bildhauereien im Wald als Alternative zu den martialischen Ausflugszielen des Hermannsdenkmals im Teutoburger Wald und zum Niederwalddenkmal in Rüdesheim, wo Germania ihr Schwert gegen den französischen Feind aus dem mageren Bestand von Krüppeleichen emporschwingt. Dass Hombroich riesige Besucherscharen anzieht, die den teuren Eintritt zahlen und stundenlang in dieser Melange aus Kunst und Natur umherschwärmen, möchte ich als Indiz für die Aktualität eines neuen deutschen Waldbildes auffassen, das im Kontrast zu dem überlieferten patriotischen Bild sich entfaltet.

Aber all diese Beobachtungen ergeben noch kein in sich geschlossenes Waldbild, das man mit einer bestimmten Bezeichnung treffen könnte. Der gemeinsame Nenner, auf den sich die genannten Beobachtungen bringen ließen, ist noch nicht erkennbar, es ist kaum zu sehen, in welcher Richtung alles zusammenläuft. Wahrscheinlich handelt es sich eher um ein Auseinanderlaufen, um den Vorgang einer Pluralisierung, der eine Vielfalt von Bildern einfach deshalb hervorbringt, weil die Ausrichtung auf eine bestimmte metaphorische Auffassung nicht länger politisch durchgesetzt wird. Wie in anderer Hinsicht, handelt es sich auch beim modernen Waldbild um ein typisch pluralistisches Muster des gegenwärtigen gesellschaftlichen Lebens, das sich ähnlich auch beim Lebensort – Pluralisierung der Heimat – und bei der Bindung der Menschen untereinander – »Patchworkbiographien« – wieder findet.

Trotzdem ist es reizvoll, nach den Spuren von Manifestationen zu suchen, nach greifbaren Belegen für tragfähige neue Metaphern des Waldes. Greifen wir eine verbreitete und international bekannte heraus, die des Waldes als Kathedrale.

In den frühen sechziger Jahren sang ich in den Semesterferien bei der Herstellung von Batteriekohlen mit den Arbeitern Lieder, um so die stupide Tätigkeit des Verkupferns von Kohlenstiften zu erleichtern – zuerst halbherzig, dann mit wachsender Selbstverständlichkeit. Ein Favorit war *Im grünen Wald, dort wo die Drossel singt*. Die Industriearbeiter, die von den Erfahrungen der Nachkriegszeit geprägt waren – Kriegsgefangenschaft und Zerstörung –, sangen das Lied mit besonderer Inbrunst. Mir ist vor allem in Erinnerung geblieben, wie der Vorarbeiter Heinz an einem Freitagabend erklärte, dass er am Sonntag nicht zur Kirche gehen werde, sondern auf einen Spaziergang in den Wald: Hier fühle er sich Gott näher als dort.

Ihm war damals so wenig bekannt wie mir, dass die Architektur der Kirchen zumindest in Nordeuropa dem Vorbild des Waldes entsprach. Der Vergleich des Waldes mit einer Kathedrale ist nicht selten, man könnte meinen, dass es hier lediglich um eine Anmutung geht. So bemerkt der Trappistenmönch Thomas Merton in seinen Tagebüchern über eine Straße in Kalifornien: »Da gibt es eine lange Strecke, wo die großen Redwoodbäume unter Schutz gestellt und vor der Säge gerettet worden sind – ein vollkommener Urwald. Alles: die großen Farne zu Füßen der Bäume, das dichte Unterholz, die langen enormen Schäfte, die endlos in das Reich des Schattens hineinragen, durch das hier und da ein Lichtstrahl fällt. Ein höchst anrührender Ort – wie eine Kathedrale.«[63]

Heute sehe ich die Spur der Tradition, die zu einem vergangenen Waldbild hinführt, das viele Nationen des europäischen Nordens prägte und von den Italienern zuerst mit dem verächtlich gemeinten Wort »Gotik« – »nach Art der barbarischen Goten« – bezeichnet wurde. In diesem Zusammenhang wird die Wald-Deutschtümelei jedenfalls außer Kraft gesetzt.

Der sakrale Raum war anfangs – im 8. Jahrhundert, zu Bonifatius' Zeit – als Gegenwelt zur heidnischen Wildnis mit ihren heiligen Bäumen im römischen Stil mit Mauern und Rundbogenfenstern aufgeführt worden. Die Kirchenbauten, die bis ins 12. Jahrhundert in Europa entstanden, schienen mit ihren dicken Mauern und ihrer gedrungenen Gestalt den Geist einer wehrhaften Kirche zu verkörpern, die sich trotzig inmitten einer feindseligen Waldwelt behauptet. Am Ende des 12. Jahrhunderts wurde dann in Nordfrankreich eine neue architektonische Idee umgesetzt, die sowohl als technische Entdeckung als auch als Analogie zum Wald beschrieben werden kann; sie ersetzte den muskulösen, düsteren Stil der Frühzeit durch das leicht und lichterfüllt erscheinende Universum einer triumphierenden Frömmigkeit.

Unter technischem Blickwinkel wird damals die Einwölbung von Kirchen mit kreuzweise aufgeführten Gurten konsequent weitergeführt: Pfeiler genügen, um die Gurte zu stützen, das Mauerwerk zwischen den Pfeilern kann wegbleiben; es muss also möglich sein, einen riesigen Raum allein als Gerüst aus Kreuzrippen aufzuführen und statt der Mauern Glasfenster einzusetzen; Spitzbögen statt Rundbögen lassen die Gewölbe in beliebige Höhen emporsteigen; mit Hilfe von Strebepfeilern im Innern und Strebebögen außen am Mittelschiff kann der Außendruck der Bögen abgefangen werden, ohne die Eleganz und Leichtigkeit der Konstruktion zu stören, die mit dem Raum dieser schwebenden Kirchen etwas Neues in die Welt bringt, das den Menschen des Mittelalters wie ein Vorschein des Paradieses aus bunten Fenstern in die Augen fällt. Es ist die Idee dieser Konstruktion, die sich vor allem über die west- und nordeuropäischen Länder wie ein Lauffeuer verbreitet und für das sich die ursprünglich als abfällig verstandene Bezeichnung des gotischen Stils durchsetzt.

Die Analogie der Konstruktion zum Wald wird erst in der Neuzeit, im 18. und 19. Jahrhundert, zum Gegenstand des Gesprächs der entzückten Betrachter. Die Baumeister der großen gotischen Kirchen lieferten keine Interpretation ihrer Werke. Die Ähnlichkeit zwischen bestimmten Kennzeichen der Gotik und bestimmten Waldbildern bleibt unübersehbar. Bischof Warburton schreibt in seinem Brief über die Ursprünge der gotischen Architektur 1751, dass »kein aufmerksamer Beobachter je eine regelmäßige Allee mit gut gewachsenen Bäumen, deren Äste sich in der Mitte trafen, ansehen konnte, ohne dass sie ihn auf der Stelle an den tiefen Raum einer gotischen Kathedrale erinnerte.«[64] Er selbst sieht in den steil emporstrebenden Säulen und Pfeilern absichtliche Nachbildungen der germanischen Haine, und er hält diese Architektur für den Ausdruck einer besonders intensiven und »männlichen« Frömmigkeit. Der Schotte James Hall nimmt die Analogie von Gotik und Wald gewissermaßen wörtlich. In seinem *Essay on the Origins, History and Principles of Gothic Architecture* entwickelt er 1813 die Genese der gotischen Architektur aus Stäben und Stöcken. In einem Experiment hatte er Eschenstäbe in zwei Reihen in den Boden gesteckt und mit Weidenruten in der Mitte zu einem »natürlichen Spitzbogen« zusammengebunden. Tatsächlich waren einige der Stäbe in den folgenden Jahren ausgeschlagen und lieferten damit in Halls Augen den Beweis für die Möglichkeit einer vollkommen organischen Architektur.

Deutschen Romantikern wie Schlegel erschien diese Beweisführung lächerlich materialistisch. Sie erblickten tiefere oder höhere Affinitäten zwischen den Ideen des germanischen Haines und der gotischen Kirche, ohne auf botanische Einzelheiten zurückgehen zu müssen. Goethes Hymnus auf das Straßburger Münster ist in die Form eines an die Architekten gerichteten Appells gekleidet. Im Jahr 1772, vor der Zeit der Romantiker, stellt er die geistige Analogie der Kathedrale zum heiligen Baum dar:

> »Vermannigfaltige die ungeheure Mauer, dass sie aufsteige gleich einem hocherhabnen, weit verbreiteten Baume Gottes, der mit tausend Ästen, Millionen Zwei-

gen und Blättern verkündet die Herrlichkeit des Herrn, seines Meisters.«[65]

Folgender Nachtrag, vielleicht eine Fußnote, darf an dieser Stelle nicht fehlen:

Im Jahr 2001 baute der Architekt Marcel Kalberer mit 650 freiwilligen Helfern im Auftrag der evangelischen und katholischen Kirchen Norddeutschlands in Rostock für die Internationale Gartenbauausstellung im Jahr 2003 einen Weidendom. Er besteht aus lauter Weidenruten, die bündelweise mit Hanf- und Kokosseilen zusammengebunden und in vorgebohrten Löchern in die Erde gesteckt worden sind. Die Arbeiten wurden im März und April ausgeführt, nach drei Monaten schlugen die Weiden aus und der Dom ergrünte. Er besteht aus einem 52 Meter langen Schiff mit umlaufendem Tunnel und einer runden Kuppel von 15 Metern Höhe. Die Bögen, vor allem die des Tunnels, erscheinen eher romanisch rund als gotisch spitz, denn die Weidenbündel sind als Halbkreise eingebracht worden, bis auf die Spitze der Kuppel und die Apsis am Ende des Daches über dem Schiff: Sie wurden wie ein Haarschopf zusammengebunden und erinnern von ferne an die Form barocker Zwiebeltürme. Das Gebilde hat etwas Windiges, es gleicht eher einem Skelett als einem Gebäude. Inzwischen ist sein Kuppeldach mit einer Zeltbahn abgedeckt worden, es wird für Ausstellungen und Veranstaltungen genutzt und erscheint als interessantestes Relikt der IGA.

KINDER IM WALD

Unter den deutschen Waldbildern gibt es eines, das ins Auge fällt, weil es eine Besonderheit des Waldverhältnisses spiegelt, die nur in wenigen anderen Nationen ähnlich zu finden ist. Und es ist freundlicher als die den Deutschen von Schama und Canetti zugeschriebenen düsteren Bilder.

Die Verschiedenartigkeit der Vorstellungen unterschiedlicher Kulturkreise tritt am deutlichsten in der Art und Weise hervor, in der wir sie unseren Kindern vermitteln. Im bloßen Gespräch miteinander können alle möglichen Auffassungen vertreten werden, einfach probehalber oder aus Lust am Widerspruch. Bei der Erziehung der nachwachsenden Generation ist diese Option nicht verfügbar. Es ist uns weder gegeben, unsere besonderen Ängste und Hoffnungen vor unseren Kindern dauerhaft zu verbergen noch das, was wir als gering abtun oder für besonders kostbar halten. Dies gilt auch im Hinblick auf die Ambivalenz des Waldbildes. Die Wälder der Imagination enthalten beides, das ursprünglich Wilde und das ursprünglich Schützende, sie sind sowohl Orte der Zuflucht als auch der Gefahr, und in den europäischen Kulturkreisen liegen beide Betrachtungsweisen dicht beieinander. Die Ambivalenz kennzeichnet viele der Darstellungen des Waldes in der Literatur, und auch in Gesprächen scheint mit dem »sowohl – als auch« und dem »einerseits – andererseits« die eine Seite die andere stets in Schwebe zu halten – so lange jedenfalls, bis der Aspekt »Kind und Wald« auftaucht. Dies ist ein Passwort, an dem die Auffassungen auseinander gehen.

Der Waldkindergarten bezeichnet die einfache Idee, jeden Tag mit den Kindern bei fast jedem Wetter draußen im Wald zu sein, ohne Haus und Heizung, ohne Küche, Tisch und Stuhl, ohne sanitäre Einrichtungen. Die Idee wurde zuerst in Dänemark in die Tat umgesetzt und breitete sich während der neunziger Jahre in Deutschland aus. Anfang 2003 gibt es in Deutschland etwa vierhundert Waldkindergärten, die meisten – mit Ausnahme von Sachsen – in den Ländern der alten Bundesrepublik, die meisten auf Initiative von Eltern entstanden, nicht als behördlich veranlasste

Einrichtungen, sondern in der Auseinandersetzung mit der Administration erkämpft. Ich vermute, dass sich diese Einrichtung hierzulande wegen der Vorstellungen ausbreitet, die wir vor uns sehen, wenn wir an Kinder im Wald denken. In England oder in den USA hat diese Einrichtung keine Chance, denn dort sind die Vorstellungen der Eltern von Kindern im Wald durch eine andere Tradition geprägt.

Nehmen wir den englischen Kindervers von den *Babes in the wood* als Beleg und Beispiel für die vorherrschende angelsächsische Sicht, bei der die Wälder vor allem als zivilisationsferne und damit für Kinder gefährliche Orte erscheinen:

»They sobbed and they sighed,
And they bitterly cried,
And the poor little things,
They lay down and died.
Poor babes in the wood!«

Obwohl die toten Kinder in diesem häufig zitierten Lied am Ende von Rotkehlchen liebevoll mit Erdbeerblättern bedeckt und betrauert werden, bleibt die Warnung vor dem Wilden als dem tödlichen Gegenpol des Zivilisierten als wichtigste Botschaft bestehen. Angesichts der Gruppen von englischen Schulkindern, die als wohlgeordnete Kolonnen, einander bei der Hand fassend, von ihren Lehrerinnen durch den Wald geführt werden, als ob es sich um ein Museum handle, fällt mir dieser Vers wieder ein, und ich sehe, wie Lied und Verhalten ein Waldbild verraten, bei dem die bedrohlichen Züge überwiegen.

Die Vorschulen und Kindergärten in den Vereinigten Staaten sind von der Vorstellung der Kontrolle über jede Handlung der Kinder so weit beherrscht, dass sie den Einrichtungen gleichen, die nach Art von »totalen Institutionen« fungieren. Amerikanischen Eltern und Erzieherinnen ist die Vorstellung zutiefst suspekt, Kinder einfach im Wald spielen zu lassen: Hygienische Einwände, die Gefahr, dass sich Kinder der Aufsicht entziehen könnten, und die tatsächlichen Bedrohungen durch die Natur machen den Waldkindergarten zu einer nicht vorstellbaren Angelegenheit. Wie sollten sich die Erzieherinnen bei einer der im Frühsommer häufigen Tornadowarnungen verhalten? Wie sollten sie mit den tückischen Verletzungen durch »poison ivy«, Giftefeu umgehen, die mit Sicherheit zu erwarten sind? Schlangenbisse, Mückenstiche, Zeckenbisse, Feuerameisenattacken: alles Gründe, Kinder den Gefahren des Waldes niemals auszusetzen. Der Wald steht für Wildnis und für die Erfahrungen und Begegnungen mit dem Wilden, die zwar das Leben eines Erwachsenen spirituell bereichern können, wenn er klug ist und sich ihnen in der angemessenen Ausrüstung nähert. Aber Kinder sind im Wald Risiken ausgesetzt, die nicht zu verantworten sind.

In der deutschen Tradition überwiegt die Idee des Waldes als Stätte einer ursprünglichen Sicherheit. Hans Sachs (1494–1576) formulierte in diesem Sinn die *Klag der wilden Holtzleut über die ungetrewen Welt*:

»So seyn wir gangen darauß,
Halten im wilden walde hauß
Mit unsern unerzogen Kindern
Das uns die falsch Welt nit mög finden.«[66]

Er spielt die Verlässlichkeit der wilden Natur gegen die Falschheit der Städte aus, ein Thema, in dem die Gegenüberstellung von germanischer Ursprünglichkeit und römischer Dekadenz anklingt und das die nostalgische Sehnsucht nach dem »edlen Wilden« vorwegzunehmen scheint, die Jahrhunderte später eine wichtige Figur im europäischen Denken werden sollte.

In den Grimmschen Märchen ist der Wald ein Ort verwunschener Mächte, die darauf warten, freigesetzt zu werden wie der Eisenhans, der dem Jungen hilft, ein Mann zu werden, oder die Allerleihrauh helfen, sich in den Wäldern vor dem inzestuösen Vater zu verbergen und in ihrem Schutz heranzureifen.

In Adalbert Stifters Erzählung *Granit* erscheint der Böhmerwald geradezu als Sanktuarium der Kinder: Der Text gibt die Erinnerung an einen langen Waldgang mit dem Großvater, der die Geschichte von zwei Kindern erzählt, dem Jungen aus einer armen Kohlenbrennerfamilie und dem Mädchen aus einer reichen Adelsfamilie, welche im Schutz des Waldes die Pestzeit als Einzige von allen ihren Angehörigen überleben – im genauen Gegensatz zu den englischen *poor babes in the wood* – und die nach ihrer Rückkehr in das Leben außerhalb der Wälder die Gesellschaft mit der Gründung einer eigenen, die Schranken der Herkunft überschreitenden Familie erneuern.

Die Annahme, dass man zur Not irgendwie in den Wäldern überleben könnte, ist sicher eine Illusion, aber sie scheint zumindest in vielen deutschen Köpfen fest eingenistet, und sie veranlasst uns, den Wald als Stätte einer wie auch kurzen Zu- und Ausflucht zur »Erholung« wahrzunehmen. Dies gilt nicht nur für sonntägliche Waldspaziergänge. Während des Bombenkriegs der Alliierten gegen die deutsche Bevölkerung flohen viele aus den Städten in die umliegenden Wälder. Ich erinnere mich, wie ich als Drei- oder Vierjähriger auf einem Leiterwagen abends immer wieder in die Wälder um Hersfeld gezogen wurde, in Decken gehüllt, an die leisen Gespräche der Großeltern, an die Rückkehr im Morgenlicht zu unserem Haus, an die Erleichterung, dass nur Spuren von Maschinengewehreinschüssen an der Fassade waren. Wenige Jahre später, nach dem Krieg, zogen wir Kinder mit den Frauen in die Wälder, um im

Sommer Heidelbeeren und Himbeeren zu sammeln und im Herbst Holunder von den Büschen zu pflücken.

Über meinem Kinderbett hing ein Bild, das ich bewunderte: Zwei Kinder in einer Waldlandschaft im Gebirge, unterwegs auf der Flucht bei der Überquerung eines ramponiert aussehenden Holzstegs, der über ein tosendes Wildwasser führt, und hinter ihnen, groß und lächelnd und offenbar weiblich, ein riesiger Schutzengel mit weit emporragenden Schwingen, der schützend die Hände über die beiden hält, die sich aneinander festzuhalten suchen. Ein Massendruck, den ich noch heute manchmal auf Flohmärkten sehe, der über tausenden von Kinderbetten hing, – Kitsch aus heutiger Sicht, aber damals wusste ich: Das bin ich, das ist meine Schwester, das ist unser Engel.

EIN WALDKINDERGARTEN

Bei Schönberg in Ostholstein, in der Nähe eines der Parkplätze entlang einer Landstraße, die für Spaziergänger im Wald angelegt sind, rufe ich die angegebene Nummer auf dem Handy an: »Wir sind ganz in der Nähe«, antwortet eine Stimme, »Sie müssten uns eigentlich hören können.«

Ich begrüße die Leiterin und die Praktikantin. Die fünfzehn Kinder im Alter von vier und fünf Jahren sind alle mit verschiedenen Tätigkeiten an verschiedenen Orten beschäftigt. Drei sitzen auf der großen Skulptur einer Baumwurzel, die vom Windwurf aus einem der letzten Jahre stammt, und unterhalten sich. Manche rutschen immer wieder den Erdwall hinunter, auf dem der Knick aus Hainbuchen steht, der diesen Wald wie einen Vorhang gegen die Viehweide abschirmt. Zwei Kinder klettern auf die unteren Astgabeln der kleineren Laubbäume, andere brechen Äste in kleine Stücke, die sie zu hohen Türmen aufeinander schichten, andere sammeln Steine und beschreiben einander mit enthusiastischer Stimme ihre Funde, einzelne sitzen ein wenig abseits für sich und ziehen mit den Fingern Kreise im Laub, sie sehen aus wie kleine Philosophen. Eine Gruppe findet sich und beschließt, »Vater, Mutter, Kind« zu spielen. Marco fragt mich, ob ich einmal der Vater sein will.

Die Kinder haben einige Spuren in diesem Wald hinterlassen: Wo der Fichtenbestand beginnt, steht ein tipiartiges Gebilde aus hunderten von dünnen Stangen, von den Kindern zusammengetragen und als eine Art Hausimitat für Spiele genutzt. Drei oder vier Tellerwurzeln von Bäumen, die der Wind entwurzelt hat und deren Stämme von Waldarbeitern abgesägt worden sind, strecken mir Wurzelenden entgegen, die vom tausendfachen Druck kleiner Kinderhände wie abgeschliffen erscheinen, und der Boden drum herum hat die sandige, festgetretene Form des Bodens alter Feldwege. Bei genauerer Umschau erkennt man auch Stangen, die quer zwischen Äste gelegt sind, und Böschungen, die vom häufigen Gebrauch als Rutschbahn glatt gescheuert sind. Mir fällt auf, dass in diesem Waldstück die Fremdkörper fehlen, die sonst überall in Gebieten nahe des Waldrands zu finden sind, verrostete Dosen und Drahtenden, Kaugummipapiere, Papierfetzen und Plastikbecher: Die Leiterin sammelt den Müll, den andere wegwerfen in einen Extra-Rucksack und hält die Kinder dazu an, ihr dabei zu helfen.

Sie erklärt, dass die Kindergruppe nicht den gesamten Wald nutzt, sondern sich auf bestimmte Aufenthaltsräume konzentriert, die diese Kinder sich gewissermaßen angeeignet haben. Es gibt drei oder vier Plätze, deren Ausdehnung von der Sichtweite bestimmt ist, denn die Kinder sollen sich nur so weit fortbewegen, wie sie die anderen noch sehen können. Sie berichtet, dass der Förster, der gelegentlich auftaucht, den Kindern gerne von seiner Arbeit erzählt, dass die Waldarbeiter freundlich sind, und dass auch die Landwirte, die auf den umliegenden Äckern mit ihren Treckern arbeiten, der Kindergruppe inzwischen mit Wohlwollen begegnen, nachdem ein leichtes anfängliches Misstrauen überwunden war. Die Eltern dieser Kinder seien, obwohl die Initiative zur Gründung des Waldkindergartens doch von ihnen ausging, manchmal im Zweifel, ob die Sache auch funktionieren könne. Obwohl wetterfeste Kleidung und Kopfbedeckung in der Kleidungsordnung vorgeschrieben sind und dauernd begutachtet werden, fragen sie manchmal: Ist es heute nicht zu kalt? Was passiert, wenn es zu stürmen anfängt? Was passiert, wenn etwas passiert? Die Großeltern dagegen seien die Ermutigenden, die bei dem Aufenthalt im Wald wenig Gefährliches sehen, vielleicht, weil sie noch die Erfahrung der Spiel- und Streifräume aus der eigenen Kindheit erinnerten. Wenn es regnet, so gewöhne man sich dran, der Regen sei im Wald halb so schlimm wie draußen außerhalb des Waldes, und er habe sogar seine eigene Poesie.

Für den Tagesablauf wird kein detailliertes Programm aufgestellt, die Kinder erfinden selber Spiele, gewissermaßen im Austausch mit den im Wald verfügbaren Dingen und mit den vom Wetter gebotenen Möglichkeiten. Die Leiterin ist pausenlos gefordert. Ein Kind weint, es hat sich an einer Ranke gekratzt, ein anderes muss mal, ein kleines, das erst seit zwei Wochen dabei ist, rennt plötzlich davon. Die Kinder dagegen gewinnen hier im Wald tatsächlich etwas von den Spiel- und Streifräumen zurück, die zwei Generationen zuvor – wenn auch auf den Trümmerhalden der zerbombten Städte – zur Kindheitserfahrung in Deutschland gehörten und seither durch Straßen und Zäune und durch den überall herrschenden Autoverkehr belegt und durch Inseln mit vorgefertigten Rutschbahnen, Wippen und Schaukeln – den von den meisten Kindern verschmähten Kinderspielplätzen – kontrolliert und mit einer Flut von Spielzeug fürs Kinderzimmer kompensiert wurden. In unseren freundlichen Wäldern, in denen weder Giftefeu noch Schlangen zu finden sind, und die zu betreten der gesamten Bevölkerung durch eine lange Rechtstradition gewährleistet ist, lernen die Kinder mitgängig viel Wichtiges: Waldräume vermitteln ästhetische Maßstäbe, die ein Leben lang gültig bleiben. Der Knick mit Hainbuchen auf einer Böschung, der die Grenze zur Feldmark markiert, erscheint vom Innern des Waldes als Vorhang aus leuchtenden Blättern; tritt man auf die Böschung hinauf, so tut sich ein weites offenes Gelände auf. »Wir gehen nach draußen«, sagen die Kinder, wenn sie dorthin wollen. Sie lernen, sich in den großen Räumen der Buchenhallen, im Gedränge der Fichtenstangen, auf den Lichtungen und Öffnungen und Schattentiefen und Lagerstätten zu bewegen, und sie beschäftigen sich mit den kleinen Räumen des Waldbodens mit seinen Mustern aus Wurzeln und Nadeln, aus Blättern und Zweigen, aus Wellen und Höhlen, und richten darin ihre Phantasiewelten ein: Siedlungsräume für Zwerge und Kobolde, und für geheimnisvolle Lebewesen, die hier schon immer waren und manchmal erscheinen wie der riesige Bovist, der im Halbdunkel leuchtet und den keiner zerstören darf.

In den Absichtserklärungen der Gründer von Waldkindergärten ist manchmal von der »Natur als der eigentlichen Erziehungskraft« die Rede, als ob es bereits als Programm genüge, Kinder dem Einfluss der Bäume und des Windes auszusetzen. Dies ist missverständlich, wenn man unterstellt, dass die Natur für sich bereits erziehen könne. Die behutsame Führung durch Menschen, die sich anderen zuwenden, ist notwendig. Nur Menschen können eine Sprache und eine Sicht der Dinge vermitteln, die das im Wald gegebene Potenzial freizusetzen vermag. In der pädagogischen Wirkung von Menschen erst entfaltet die Welt des Waldes ihre Besonderheit. So ist es hierzulande – im Unterschied zu anderen Kulturen – in Ordnung, im Wald zu sein, mit den Dingen, wie sie sich hier anbieten, spielen und das, was diese Waldwelt ausmacht, respektieren zu lernen.

Die Kinder dehnen ihre Streifräume immer weiter aus, die Vierjährigen bleiben nah bei der Erzieherin, die Fünfjährigen streifen – gerade noch in Sichtweite – am Horizont des Waldes zwischen den Stämmen. Diese Raumerfahrung mit den Füßen ist ein Gewinn, der in den üblichen Kindergärten nicht zu haben wäre. Hier bildet sich ein konkretes und sicheres Raumgefühl aus, das auch als Beleg für die gelungene Einhausung in die natürliche Umwelt zu verstehen ist.

Nebenbei treten die Namen der Bäume ins Bewusstsein, Buche und Eiche, Fichte und Holunder, die der Pilze, und Wörter wie Astgabel und Holzstange, Feuerstein und Höhle verbinden sich mit handfesten Vorstellungen. Die Kinder nehmen die Geräusche von Regen und Wind wahr. In dem Maße, in dem sie diese Eindrücke aus ihrer Erinnerung später mit Metaphern zu verbinden verstehen, werden sie den Grundstock eines kaum ausschöpfbaren Reichtums erwerben. Vielleicht werden sie als Erwachsene einen Satz wie den nachvollziehen können, mit dem Thomas Merton seine Abhandlung über die Einsamkeit einleitet: »Nichts kann über Alleinsein gesagt werden, das nicht vom Wind in den Kiefern bereits besser gesagt worden wäre.«[67]

In einer Zeit der Entfremdung von derartigen Erfahrungen, einer Zeit, in der immer mehr Menschen Natur nur noch über die Medien vermittelt wahrnehmen, erscheint der Waldkindergarten als hoffnungsvoller Lichtblick. Menschen, die als Kinder in den vertrauten Umgang mit der natürlichen Seite der Welt hineingewachsen sind, bewahren eine Nähe zur Natur, die ausufernde Entfremdungsprozesse vielleicht eindämmen kann.

EINE WALDBILD-ALTERNATIVE AUS DER BRONZEZEIT

Das Konzept »Nachhaltigkeit« ist spätestens seit 1992 als Weltformel zur Orientierung der Umweltpolitik und der Politik schlechthin ausgerufen und zumal von den deutschen Umweltverbänden als Leitvorstellung angenommen worden. Ursprünglich der Forstwirtschaft entnommen, verlangt es, einem Wald nur so viel Holz zu entnehmen, wie im gleichen Zeitraum nachwächst. Es bezeichnet einen seltenen Weitblick, umschließt die Vorstellung, dass der Nutzen des ständigen Nachpflanzens erst kommenden Generationen zugute kommen werde. Es handelt sich um ein forstwirtschaftliches Waldbild, das auf allgemeine politische Zusammenhänge übertragen wurde und maßgeblichen Einfluss gewonnen hat, denn gegen eine weitsichtige Führung des ökologischen Haushalts der Welt als Maxime politischen Handelns ist ein ernsthafter Einwand kaum vorstellbar. Aber die Perspektive der Wirtschaftlichkeit ist beschränkt, zur Diskussion darüber, was ein sinnvolles Leben ist, vermag sie wenig beizutragen.

In Seminaren zur Umweltethik an Hochschulen in Deutschland und Amerika stelle ich den Studenten die Frage, was sie als das größte Problem der Welt sehen. Auf den Indexkarten an der Pinnwand stehen die Antworten. Sie gleichen einander weitgehend, in Omaha oder in Hamburg: Krieg, hohe Geburtenrate in der »Dritten Welt«, Hunger, Armut, Arbeitslosigkeit, Kriminalität, Sinnlosigkeit des Lebens, Vorurteile, Mangel an Mitgefühl. Die Wörter werden erläutert und geordnet; zwei Kategorien ergeben sich, eine »Außen« (»exterior«) mit Problemen aus dem politischen Raum, die mit politischen Instrumenten bearbeitet werden können, und eine »Innen« (»interior«): Sie umfasst problematische Dispositionen der Menschen, ethische pädagogische und religiöse Defizite in der Kultur. Bei der Diskussion stellt sich heraus, dass viele die Wurzel aller Probleme in der Selbstsucht der Einzelnen sehen.

Angesichts der beiden Sammlungen von Indexkarten mit der Bezeichnung von Problemen wird die beschränkte Bedeutung offensichtlich, die das Prinzip der Nachhaltigkeit als Handlungsmaxime hat: Im »Außen« angesiedelt, auf »kluges Wirtschaften« bezogen, ist es schon bei der Erscheinung des Krieges kaum noch brauchbar, weil es zur Erklärung von Kriegsursachen beschränkte Dienste leistet, und im Hinblick auf den Propaganda-Apparat, den moderne Kriege benötigen, nichts erklären kann; andere spektakuläre Prozesse wie der BSE-Skandal von 2001 entziehen sich der Anwendungsmöglichkeit durch das Nachhaltigkeitsinstrumentarium. Zur Bearbeitung der »Innen«-Kategorie leistet es keinen Beitrag. Der Nachhaltigkeitsgedanke als Aspekt eines Waldbildes ist zu weltweiter politischer Bedeutung gelangt, erweist sich aber als Selbstbild nicht anwendbar. Immerhin belegt der Vorgang die Möglichkeit der globalen Ausbreitung metaphorischer Leitvorstellungen. Während die Imaginationen des Waldes bei Schama das Selbstbild der jeweiligen Nation in einer Art Spiegel enthielten, ist hier eine Metapher jenseits nationaler Begrenzungen ins Spiel gekommen. Ein Waldbild, das die Beschränkungen des Nationalen überwindet und gewissermaßen der gesamten Menschheit einen Spiegel vorhält, erscheint als besonders zukunftswirksam.

Das schönste Waldbild, das ich kenne, spricht die Analogie zwischen dem Wald und dem »richtigen« Verhalten direkt aus: So wie der Wald von sich aus bestrebt ist, nachzuwachsen, drängt auch die Güte der Menschen von selber danach, durch ihr Handeln in die Welt zu kommen. Eine auf den ersten Blick naive Ansicht, gewiss, zudem eine sehr alte. Die Analogie zwischen der ökologischen Disposition des Waldes, sich selbst zu erneuern, und der intuitiven Disposition der Menschen, im Zusammenleben immer wieder Güte und Menschlichkeit hervorzubringen, hat der chinesische Philosoph Meng-Tzu (Mencius, 372–298 v. Chr.), ein Schüler des Konfuzius, vor etwa 2300 Jahren formuliert.

Meng-Tzu lebte in einer Zeit, die in der chinesischen Geschichtsschreibung »Periode der Krieg führenden Staaten« genannt wird. In dem Disput um die Rolle der Regierung gegenüber der Bevölkerung in China vertritt er die Position derer, die sich gegen die brutale Unterdrückung des Volkes wenden. Er entwickelt die Auffassung, dass in den Menschen von Natur aus die Anlagen vorhanden seien, die sie auf den Weg zum Guten bringen:

> »Das Gefühl des Mitleids ist der Anfang der Menschlichkeit,
> das der Beschämung der Anfang der Gerechtigkeit,
> das der Bescheidenheit der Anfang des Wohlverhaltens,
> das der Zustimmung oder Ablehnung der Anfang des Wissens.«[68]

Folgerichtig tritt er für eine Regierung des Wohlwollens ein, mit den Kennzeichen der Liebe zum Volk, der gerechten Verteilung des Landes an die Bauern und eines dauernd verbesserten Bildungswesens.

»Naiv« kann man das nur nennen, wenn man meint, er habe diese Aussagen aus seiner eigenen irgendwie kindlich gebliebenen Sicht formuliert. Aber seine Philosophie ist das Ergebnis der Auseinandersetzung mit klugen Gegnern – jedes Wort ist wohl überlegt und aus dem Widerspruch zu den Aussagen der regierungsgläubigen Partei entwickelt. Im Gegensatz zu seinem Widerpart Mo Tzu glaubt er, dass die Entfaltung der Kraft der Liebe nicht durch die Befolgung abstrakter Prinzipien zu erreichen, sondern auf eine gewisse Greifbarkeit und Nähe angewiesen sei, und er stellt die Liebe zur eigenen Familie als unumgänglichen Ausgangspunkt dar. Am schärfsten widerspricht er den Legalisten, die das Volk wie eine Herde Vieh betrachten, das durch Gewalt des Herrschers kontrolliert und durch dessen kluge Steuerung erhalten werden müsse. Die Frage drängt sich auf, ob die Weltmanager unserer Zeit nicht in die gleiche Kategorie der »Legalisten« gehören, ganz gleich, ob sie der abstrakten Maxime der Globalisierung – freier Handel um jeden Preis! – oder der der Nachhaltigkeit – kluge Bewirtschaftung der Ressourcen des Planeten! – folgen.

In seiner Parabel vom Ochsenberg finden wir die Lehre des Meng-Tzu zusammengefasst »wie in der Nussschale«.

Die Parabel vom Ochsenberg

1.

Meister Meng sagte: Einst war ein schöner Wald auf dem Ochsenberg,
Nah der Hauptstadt eines volkreichen Landes.
Die Leute kamen mit Äxten und schlugen die Bäume ab. Wo blieb da der Wald?
Aber im Wechsel von Tag und Nacht, in der Feuchte des Taus
Trieben die Stümpfe Sprossen, und die Bäume wuchsen nach,
Da kamen Ziegen und Rinder, die jungen Triebe zu fressen,
Der Ochsenberg wurde vollkommen abgeweidet.
Und die Leute, die ihn vollkommen abgeweidet sehen,
Denken, dass der Ochsenberg niemals bewaldet war.

2.

Auch unser Sinn ist, wie der Berg, abgeweidet,

Und doch kann er nicht ohne eine tiefe Neigung zur Liebe sein.
Aber so wie die Männer, die mit Äxten jeden Morgen Bäume fällen,
Die Schönheit des Waldes zerstören,
So zerstören wir durch unser alltägliches Tun unseren rechten Sinn.
Auf den Tag folgt die Nacht, die dem ermordeten Wald Ruhe gewährt,
Die Feuchte des Geistes vom Morgen
Weckt in uns die rechte Liebe, die rechte Abneigung.
Mit den Taten eines einzigen Morgens bringen wir diese Liebe zu Fall,
Und zerstören sie wieder. Am Ende kann der Nachtwind
Unseren rechten Sinn nicht mehr wiederbeleben.
Und wo ist dann der Unterschied zwischen unseren Neigungen und Abneigungen und denen von Tieren?
Es gibt kaum einen.
Man sieht uns und sagt, wir hatten nie etwas anderes in uns als das Böse.
Ist das die Natur der Menschen?

3.
Was wir richtig pflegen, wird wachsen.
Was wir nicht pflegen, wird sicherlich verderben.
Meister Kung (Konfuzius) sagte:
Halt es fest und du wirst es haben.
Halt es locker, und es wird aus deiner Hand entschwinden.
Sein Kommen und Gehen hat keine festen Zeiten:
Keiner kennt seine Heimat!
Vom rechten Sinn des Menschen, nur davon spricht er hier![69]

Vor einigen Jahren, am Rande einer Sitzung des UNESCO Biosphärenkomitees in Bonn, erklärte mir ein Hamburger Forstwissenschaftler, dass die Luft über den Wäldern viele biologische Informationen enthalte. Wie in einer Glocke schweben dort Sporen und Mikroben, doch sei diese driftende biologische Welt, ihr Zusammenhang mit dem ökologischen Gefüge des Waldes, noch kaum erforscht. Man wisse aber, dass der Informationspool von erstaunlicher Stabilität sei, sagte er. Noch Jahre, nachdem ein Wald abgeholzt wurde, sei das Gelände in der Lage, weite Teile davon spontan zu rehabilitieren, einzig anhand der in der Luft schwebenden mikroskopischen Spuren.

Die Metapher des Nachtwinds bei Meng-Tzu verbindet die in der Luft unsichtbar gespeicherten biologischen Informationen und die im Wesen der Menschen auf physische Weise unreflektiert gespeicherten Erinnerungen an ein durch Mitgefühl und Liebe geprägtes Verhalten. Darin, dass die Wälder wieder zurückkommen, auch wenn sie abgeschlagen sind, und selbst nach Vereisungsperioden von zehntausenden von Jahren, wie wir heute wissen, sieht der Philosoph aus der Bronzezeit eine greifbare Metapher für die Kraft der Liebe unter den Menschen.

ÜBER DIE AUSBREITUNG DES WALDES

WALDBODEN

An einem klirrend kalten, aber schneefreien Wintertag gehe ich mit Thuita, einem kenianischen Freund, über die gefrorenen Waldwege am Elbhang bei Wittenbergen. Die Buchen und Eichen strecken kahle Äste und dünne Reiser in den kaltgrauen Himmel. Wie ein riesiger Falten werfender Teppich bedeckt ihre graubraune Blattstreu den Boden. Oberhalb des Weges an der steilen Böschung entlang läuft ein Maschendrahtzaun mitten durch den Buchenwald, und hinter seinem Drahtnetz fängt sich seit Jahren der Laubfall; die Masse der abgelagerten Blätter erscheint bänderförmig geschichtet, von der groben Blattstreu des vergangenen Herbstes obenauf über die braunen Filzschichten aus den Blättern der Jahre vorher bis zu einem dunklen wie zermahlen erscheinenden Pulver in den ältesten untersten Schichten; dunkelbraun und fein rieselt eine Humusspur zwischen den Maschengliedern des Zaunes hervor. Thuita staunt. Es ist offensichtlich, dass der Wald auf diese Weise Jahr für Jahr enorme Biomassen produziert, in denen eine riesige Summe genetischer Daten und biologischer Informationen gespeichert sein muss. Das Pendant zu dem, was sich an Leben in den tropischen Wäldern oberhalb des Bodens in den vielfältigen Erscheinungsformen abspielt, ist hier im fruchtbaren Boden enthalten, der darauf hin angelegt zu sein scheint, immer wieder neues Leben hervorzubringen.

Auch die Bäume der Tropenwälder werfen dauernd einen Teil ihres Laubes ab, und einzelne Arten verlieren im regelmäßigen Rhythmus sämtliche Blätter. Aber die Lebensdauer der Blätter der häufigsten Arten liegt dort bei drei bis sieben Jahren und mehr, und die herabfallenden Blätter werden meist schon gefressen und umgesetzt, bevor sie den Boden des Regenwaldes erreicht haben. Die Säugetiere, Vögel, Reptilien, Insekten und die Epiphyten, Lianen, Moose und Flechten – das gesamte Leben mit seiner erstaunlichen Artenvielfalt spielt sich im Regenwald oberhalb des Bodens ab.

Ganz anders in unseren Breiten. Nicht nur, dass die Masse der Regenwürmer in den Böden unserer Wälder ein Vielfaches des Gewichts der Säugetiere und Vögel ausmacht, die den Wald in den Etagen oberhalb des Kellers bewohnen. Auch Vielfalt und Zahl der Arten im Boden übersteigt die der Arten, die außerhalb dieser verborgenen Welt leben. Um davon eine Ahnung zu erhalten, untersuche ich eine Bodenprobe.

Im Buchenwald steche ich mit einer kleinen Schaufel senkrecht in den Boden, durch die Blattstreu und die darunter liegende Masse hindurch, und lege das Bodenprofil frei. Die trockenen Blätter aus dem Vorjahr schützen die unter ihnen liegenden Schichten vor Austrocknung. Obenauf liegen Blattreste und -gerippe, die zu einer Art Kuchen zusammengebacken sind. Darunter der bräunliche Filz, eine knappe Handbreit hoch, aus einer Substanz, die zwischen den Fingern nur noch vereinzelte Blattspuren zu erkennen gibt, und darunter ein schmales schwarzes Band aus duftendem Humus, das sich klar von dem hellen Sandboden abhebt. Die übereinander gelagerten Schichten bieten ein Bild wie aus dem Lehrbuch. Ich fülle eine Probe von all dem in einen Plastikbeutel, den ich zu Hause mit der Lupe untersuche. Spinnen, Ameisen und Asseln krabbeln umher, ein

Regenwurm windet sich mit einem deutlich wahrnehmbaren Kratzgeräusch auf dem untergelegten Papier, ein Hundertfüßler huscht vor dem Licht davon und sucht Schutz unter einem Blattrest. Mit der Lupe erkenne ich viele Maden von Fliegen, Nematoden (wie winzige weiße Würmer) und Springschwänze (wie winzige Krabben) und die weißen Fäden des Pilzgeflechts, das den typischen Waldbodenduft verbreitet, den ich als angenehm empfinde.

Ich gebe eine Handvoll Humus auf einen Gazestreifen, lege ihn so in einen Trichter, dass das Gewebe die untere Öffnung abdeckt, stelle den Trichter in einen Glasbecher, in den ich zwei Millimeter hoch Alkohol eingefüllt habe, und stelle den Becher mit dem Trichter direkt unter das grelle Licht einer Schreibtischlampe. Winzige Lebewesen, die selbst mit der Lupe kaum wahrzunehmen sind, versuchen dem Licht zu entfliehen. Auf dem Weg in tiefere Schichten fallen viele durch die Maschen des Gazestreifens und landen im Alkohol am Boden des Bechers. Dort entnehme ich mit der Pipette einen Tropfen und betrachte ihn unter dem Mikroskop: Eine Welt seltsamer Formen tut sich da auf, ein Muster von Amöben und Milben, von fadenartigen und kugelförmigen Gestalten. Das Zusammenwirken all dieser Wesen macht die Ökologie des Bodens aus, eine erst oberflächlich erforschte Angelegenheit. Sie kann einer Maschine verglichen werden, die durch den alljährlichen Blätterfall in Gang gehalten wird.

Die Zersetzung der Buchenblattstreu stelle ich mir als fortschreitende Sequenz bis zur Bildung des Humus vor: Aus jeder der Schichten, angefangen bei den völlig erhaltenen trockenen Blättern vom vergangenen Herbst, suche ich eine repräsentative Probe und lege sie von links nach rechts nebeneinander, um den Vorgang bis zur Entstehung der fettschwarzen Humusschicht abzulesen. Mit Hilfe der *Bodenbiologie* von Trolldenier[70] identifiziere ich die Fraß- und

Zersetzungsspuren der einzelnen Stationen: zuerst die Fraßspuren von Collembolen und Zweiflüglerlarven an der Unterseite der Blätter, deren Substanz bereits von Mikroben vorzersetzt ist, die Umwandlung von Geweberesten in dunkle Exkremente durch Regenwürmer und Enchyträen, die Verarbeitung des Blattkuchens durch Schnakenlarven, den Minierfraß in den Blattpaketen durch Oribatiden, und schließlich – in der Regel nach Ablauf von fünf Jahren – den Fraß an zerkleinerten Blattresten durch Milben und Collembolen, der zur völligen Auflösung der letzten Gewebestrukturen führt, aber genau die Substanzen hervorbringt, die das Wachstum der Pflanzen aufs Neue begünstigen.

Ein Kreislauf wird erkennbar. Es ist, als ob die Bäume die Lebewesen des Bodens für ihre eigenen Zwecke kultivieren würden, als ob sie im Lauf der Zeit Bedingungen herstellten, die ihren Zwecken dienlich ist: Die Blätter nicht nur Lichtfänger, sondern auch Bodenverbesserer. Wenn dieses Programm einem Prinzip folgen sollte, so dem der Nachhaltigkeit: Man kann es sogar als eine Erfindung der Bäume selbst verstehen und die Forstwirtschaft nur als Nachahmer, die dieses Prinzip aufgreift und für menschliche Zwecke umzusetzen sucht. Ein Wald als möglichst große Ansammlung von Bäumen ist zur Durchsetzung des Programms erforderlich, denn die Blattstreu eines einzeln stehenden Baumes würde rasch vom Winde verweht und käme dem Solitär nicht zugute.

Vielleicht reicht die Ausdeutungsmöglichkeit dessen, was der Waldboden an Beobachtungen bietet, noch weiter. Vielleicht können auch andere Lebewesen als Bäume in den Kreis jener Zuträger aufgenommen werden, die dem Aufbau des fruchtbaren Bodens dienen. Die ihn durchstöbernden und umpflügenden Wildschweine, die Rehe und Hirsche, die Füchse und die Vögel – das ganze Geschehen, das sich in dramatisch bewegten Formen auf dieser Bühne abspielt, kehrt ja am Ende stets zum Boden zurück, der es stets bereitwillig aufnimmt. Für Po Chu-I aus dem alten China gehörten sogar die Menschen in den bodengebundenen Kreislauf: »Die Lebewesen kommen und die Lebewesen gehen, aber zu allen gleich freundlich ist der fruchtbare Boden.«[71] Der Boden gibt demnach all diesem Kommen und Gehen das dauerhafte Fundament, und – in der Formulierung »gleich freundlich« angedeutet – eine Art Heimat und eine Art Sinn.

Thuita gehen derartige Spekulationen zu weit. Auf den leuchtend roten Böden Kenias wächst eine hierzulande kaum vorstellbare Vielfalt pflanzlichen Lebens, doch die im Vergleich zu den Böden unserer Breiten armen Böden bringen sie nicht hervor, die Lebensprozesse spielen sich fast ausschließlich außerhalb davon ab. Thuita sieht das Klima als Ursache für viele Lernprozesse mit weitreichenden Wirkungen. Um die Kälte der nördlichen Winter überleben zu können, mussten die Menschen lernen, Vorräte anzulegen und klug mit ihnen zu haushalten. Von diesem Punkt aus, so meint Thuita, lassen sich die Unterschiede im Verhalten der Menschen und auch das Fortkommen in der Technik zwischen Europa und Afrika erklären. Und die Bäume lernten in einem noch länger andauernden, aber analogen Prozess, die kalte Zeit mit ihrer Verdurstungsgefahr um den Preis eines Winterschlafs zu überleben, der einem kleinen Tod gleicht. Vielleicht, dass sie im Lauf der Eiszeiten des Quartär den passenden Rhythmus zum Abwurf der Blätter allmählich ermittelten, ein durch die Lichtverhältnisse ausgelöstes, durch Hormone gesteuertes Sich-Zurückziehen der Säfte, die Versiegelung der Blattstiele an Sollbruchstellen durch die Bildung einer hauchdünnen Korkschicht, das Versinken in einen Wartezustand. Sonst nichts.

Die Folgen dieser durch die Verhältnisse erzwungenen Überlebensstrategie laufen, was die Natur betrifft, auf das zinstragende Investment der Bildung von fruchtbarem Boden hinaus. Was die Entwicklung der Zivilisation angeht, so ergibt sich ein Vorteil für Gesellschaften in den Ländern des herbstlichen Blätterfalls, den keiner vorhersehen konnte.

Die Domestikation der ersten Pflanzen und der ersten Haustiere fand vor etwa 10 000 Jahren in den Gebieten des Nahen Ostens statt, die als »Fruchtbarer Halbmond« bezeichnet werden, jenem geographischen Halbkreis, der von Israel und Jordanien im Westen über Syrien und Ostanatolien bis in den Irak im Osten reicht. Alexander von Humboldt weist in seinen *Ideen zu einer Geographie der Pflanzen* darauf hin, dass »der Mensch nach Willkür die ursprüngliche Verteilung der Gewächse verändert und um sich die Erzeugnisse der entlegensten Klimate versammelt«. Unter seinen Beispielen sind viele aus dem Nahen Osten: »Persien hat uns den Nussbaum und die Pfirsiche, Armenien die Aprikose, Klein-Asien den süßen Kirschbaum und die Kastanie, Syrien die Feige, die Granate, den Öl- und Maulbeerbaum geschenkt.«[72] Noch wichtiger war die Entwicklung des planvollen Anbaus von Getreide und Hülsenfrüchten; diese Feldfrüchte mitsamt den Anbautechniken sind ebenfalls nach Europa importiert worden. Sie erst brachten Sesshaftigkeit mit sich und lösten Prozesse der Arbeitsteilung aus. Der Übergang vom nomadisierenden Jägerleben zum sesshaften Bauernleben war die Voraussetzung für die Entwicklung vieler Techniken und Geräte wie Töpferscheibe, Schrift, Rad, Metallbearbeitung und auch der Staatenbildung, im Grunde also der Summe all dessen, was wir als »Zivilisation« bezeichnen.

Wir müssen uns die Territorien des Fruchtbaren Halbmonds, die heute als Wüstengebiete oder semiaride Landstriche erscheinen, als ursprünglich grüne, blühende Landschaften vorstellen, die weithin von Wäldern mit prächtigen Zedern und Eichen bedeckt waren. Ebenso wie die spätere

Rodung der Buchenwälder im germanischen Raum eine Kulturtat war, die erst den Platz für ein sesshaftes Leben schuf, war auch das Abholzen der Zedernwälder in den Gebieten des heutigen Irak, der Osttürkei, Syriens und Jordaniens der erste notwendige Schritt, um für den Feldbau, die Viehzucht und den Bau von Siedlungen und Städten Raum zu gewinnen.

Die fünfte Tafel des Gilgamesch-Epos aus Babylonien berichtet von den Taten des Gilgamesch und seines Freundes Enkidu auf dem Zedernberg – der Mythos erklärt die Rodung und das Verschwinden der Wälder –, wo sie eine riesige Zeder fällen und den Waldgott Chumbaba erschlagen; die Übersetzung der erhaltenen Keilschriftfragmente beginnt folgendermaßen:

»Still standen sie, am Rande des Waldes;
Die Höhe staunten sie an der Zedern,
Den Eingang staunten sie an des Waldes.«[73]

Die Wälder verschwanden. Ob eher durch planvolle Rodungspolitik, wie sie Karl der Große in Europa betrieb, oder eher durch Überbeanspruchung und Raubbau, läuft auf das gleiche Ergebnis hinaus. Es ist auch fraglich, ob das Prinzip der Nachhaltigkeit in den Ländern des östlichen Mittelmeerraumes überhaupt hätte entdeckt werden können, denn im Unterschied zu unseren Wäldern kehrt der Wald in jenen Ländern nicht mehr zurück, wenn er erst einmal abgeschlagen ist. Der Boden, jener Speicher der Fruchtbarkeit, den die Laub werfenden Bäume in unseren Breiten zur Verfügung stellen, fehlt dort. Die Enkel werden für den Kahlschlag der Großeltern mit dem endgültigen Verlust des Waldes bestraft. In unseren Breiten ist das Design des Waldes im Boden der Laub werfenden Wälder gewissermaßen auch nach der Abholzung immer noch latent da. Die Bäume kehren von selbst zurück, wenn man den Boden nur in

Ruhe lässt. Die baumkahlen Heidegebiete, die das Bild der Landschaft Englands prägen und auch in Deutschland vereinzelt erscheinen, werden durch die Viehzucht kahl gehalten; Schafe weiden Birkenschösslinge und Eschentriebe ab; ohne die Tiere würde der Wald das Gebiet binnen einer Generation wieder in Besitz nehmen. Wäre das Land eines Tages bevölkerungsfrei, der Wald würde es rasch überwuchern. Die Ruinen und Trümmerfelder in den deutschen Städten nach dem Zweiten Weltkrieg waren innerhalb weniger Jahre von Birken und Eschen, seinen vorrückenden Pionieren, bedeckt. Und die Sperrzone entlang der innerdeutschen Grenze entwickelte sich in vierzig Jahren zum prächtigen Abbild einer ursprünglich anmutenden Waldlandschaft.

Die Geschichte der Zivilisation, die vor Jahren auf dem Gebiet des Fruchtbaren Halbmonds begann, hat sich Schritt für Schritt über Kleinasien, Griechenland und Rom nach Nordwesteuropa fortgesetzt. Man kann diese Fortsetzungsgeschichte nicht nur als Folge militärischer Konflikte, politischer Intrigen und ökonomischer Konkurrenzkämpfe darstellen, sondern auch als Geschichte des endgültigen Verlusts von Waldgebieten: Nachdem die Wälder des Nahen Ostens ein für allemal abgeholzt waren, verlagerte sich die Anwendung und Verfeinerung der dort entwickelten Techniken nach Kleinasien und auf Inseln wie Kreta; nachdem die Wälder dort endgültig abgeholzt waren, vor allem für den unersättlichen Bedarf des Schiffbaus, verlagerte sich der Mittelpunkt der Kulturentwicklung nach Griechenland; nachdem die Wälder dort endgültig abgeholzt waren, wiederum vor allem für den Schiffbau, verlagerte sich der Mittelpunkt der weiteren Entwicklung nach Rom, und so weiter. In seinem Buch *Arm und Reich* unternimmt Jared Diamond eine derartige Rückführung des historischen Verlaufs auf ökologische Ursachen.[74] Er argumentiert, dass in der Ungleichheit der geographischen und klimatischen Bedingungen ein Vorteil für die einen, ein Nachteil für die andern enthalten ist, den man »unfair« nennen darf, wenn man derartige Maßstäbe an den Verlauf der Geschichte anlegen will: Kahlschläge werden im Mittelmeerraum wie in den Tropen mit dem endgültigen Verlust der wichtigen Ressource Wald bestraft, in Mittel- und Nordeuropa stellt sich der Wald dagegen ohne viel Aufhebens von selbst wieder her.

DER WALD DER ZWISCHENEISZEIT UND DIE LEBENSWEISE DER MENSCHEN

Vor dem Beginn des Eiszeitalters vor zwei Millionen Jahren war Mitteleuropa von phantastischen Wäldern bedeckt. Hier wuchsen Palmen neben Mammutbäumen, Lärchen neben Tulpenbäumen, Sumpfzypressen, Zedern, Zimtbäumen, Ulmen, Buchen, Eschen, Eiben, Nussbäumen, acht verschiedenen Arten Ahornbäumen, Fichten, Tannen, Sequojen, Birnen- und Kampferbäumen, Magnolien, Erlen, Pappeln, um nur eine Auswahl der vielen Arten zu nennen, die aus Fossilienfunden in der Mitte Deutschlands nachgewiesen sind. Die Zivilisation lag in weiter Ferne. Anthropogene Einflüsse waren nicht vorhanden. Zwar gab es bereits menschenähnliche Wesen, aber an ganz anderen Stellen der Erde, ihre Existenz ist aus Ostafrika belegt.

Würde man die Geschehnisse der vergangenen zwei Millionen Jahre auf einem Globus im Zeitraffer zeigen, so erschiene die Nordhalbkugel rhythmisch immer wieder wie von einem weißen Hauch überzogen. Als die Kälte sich ausbreitete, erfasste dieser Prozess den gesamten Planeten. In den Tropen bedeutete dies eine vielleicht willkommene, aber jedenfalls nicht lebensbedrohende Absenkung des Klimas, doch in den nördlichen und südlichen Breiten kam es zu Vereisungsprozessen ungeheuren Ausmaßes, die über zehntausende von Jahren anhielten, um dann nachzulassen und wieder einzusetzen, in einem Wechsel, der auch die gegenwärtige Phase einschließt: Alles deutet darauf hin, dass wir in einer »Zwischeneiszeit« leben.

Während der Vereisungsperioden wachsen von den beiden Polen ausgehend Gletscher, die beträchtliche Wassermassen aufnehmen und binden, so dass der Meeresspiegel fällt, von den Bergmassiven her schieben sich die Eiszungen gigantischer Gletscher über das Land. Nur wenige Pflanzen können in den Korridoren zwischen den Eismassen unter zunehmend ungünstigen Bedingungen ein paar Jahrtausende lang bestehen, Weiden, Birken, Kiefern, bis auch sie dem Permafrost weichen und nur Flechten und Moose bleiben.

Es gibt einige Täler südlich der östlichen Alpen und der Pyrenäen, in denen auch anspruchsvollere Arten die langen Jahrtausende der Kälte überlebt haben, Eiche, Linde und Buche. Die meisten Arten überstanden den langen Winter im Mittelmeerraum. Von dort aus drangen Eichenmischwälder allmählich wieder nach Norden vor, als die Temperatur – nach hunderttausend Jahren – gestiegen und das Eis abgeschmolzen war. Wenigstens drei Mal ist es – vor der gegenwärtig andauernden – vorher zu ausgedehnten derartigen Warmzeiten oder Zwischeneiszeiten gekommen. Manchmal herrschte in ihnen ein viel wärmeres Klima als in unserer heutigen Zeit, die auch als Holozän bezeichnet wird. Das Holozän begann vor etwa zwanzigtausend Jahren. Während jeder der vier bekannten Warmzeiten wiederholte sich das gleiche Muster: Die Wälder wanderten nach Norden, in einer Reihenfolge der Baumarten, bei der die widerstandsfähigeren zuerst siedelten, die anspruchsvolleren später nachrückten. Trotzdem ist diese Sequenz nicht schematisch festgeschrieben. Die Pollenanalysen der verschiedenen Warmzeiten ergeben ein jeweils spezifisches Bild, eine Art Fingerabdruck der Pollenablagerungen aus den Mooren, mit dessen Hilfe sich jede der vier Warmzeiten bestimmen lässt.

In der Phase von 18 000 bis 10 000 Jahren v. Chr., die »Jüngste Altsteinzeit«, ist das Land eine Savanne von Wildgräsern, mit Weiden und inselartigen Ansammlungen von Birken und Kiefern. Um den Zeitraum 7000 v. Chr., mitten in der »Mittelsteinzeit«, tauchen – vielleicht als Folge eines Klimawechsels – Ulme und Eiche auf, Jahrhunderte später dann auch Linde, Esche und Erle, vereinzelt die Tanne, vor allem aber die Haselnuss, die um 6000 v. Chr. die vorherrschende Pflanze ist, während das Wildgras spurlos verschwindet. Um 4000 v. Chr., in der »Jungsteinzeit«, schrumpft das Profil des Ulmenpollens, aber Eiche, Linde, Esche behaupten sich, erstmals tauchen Getreidepollen auf und mit ihnen auch wieder Wildgräser: Die Spur des beginnenden Landbaus. Offenbar spiegelt das Erscheinungsbild des Pollenprofils spätestens von diesem Zeitpunkt an die Aktivitäten der Menschen.

Bereits aus der vorletzten Kaltzeit, der so genannten Saale-Eiszeit, ist die Anwesenheit von Menschen in der Mitte Europas durch Spuren belegt. Im Neuwieder Becken bei Koblenz sind im Löß die altsteinzeitlichen Werkzeuge und Überreste von Vor-Neanderthalern gefunden worden, die dort bereits – während der vorausgegangenen Warmzeit – vor 180 000 Jahren lebten. Der große dunkle Zeitraum, der zwischen ihnen und uns liegt, wird durch Aufschlüsse, die an einzelnen Fundstücken zu gewinnen sind, stellenweise ein wenig aufgehellt. Aber es handelt sich weitgehend um Vermutungen. Immer noch ist vergleichsweise wenig bekannt über die Herkunft dieser Menschen, über die Gründe, weshalb diese Spezies Jagd treibender Menschen, die nach einem Fundort in der Nähe von Düsseldorf »Homo neanderthalensis« genannt wurde, ausgestorben ist, gibt es nur Spekulationen.

Wir selber, die wir uns den Namen »Homo sapiens sapiens« gegeben haben, sind Nachfahren einer Gruppe von vergleichsweise zierlichen, geschickten Technikern, die nach einem Fundort in Frankreich »Cro Magnon« genannt wurden. Sie waren es, die ihre Vorstellungen von Tieren auf so wunderbar genaue Weise an die Höhlenwände projizierten. Die Zauberbilder von Wisenten und Pferden, von Mammuts und Rentieren in den Höhlen von Lascaux und Altamira sind zwölf- bis siebzehntausend Jahre alt, sie entstammen dem Zeitraum am Anfang des Holozän. Von den Neanderthalern sind keine Kunstwerke überliefert. Über eine genetische Verbindung der Cro Magnon mit den Populationen Afrikas und Asiens ist bis heute ebenso wenig bekannt wie über den möglichen kulturellen Zusammenhang mit anderen Kulturen, etwa mit den Vorläufern der frühen Hochkulturen im Nahen Osten und in Ägypten, wo die Steinzeit einige Jahrtausende früher in die Bronzezeit überging als in unseren Breiten.

Unbestritten ist jedoch, dass Menschen die Landfläche zwischen den Gletschermassen bewohnten, als umherziehende Jäger, die den Tierherden auf ihren Zügen durch die Savanne folgten. Die genannten Pollenuntersuchungen belegen, dass sich das Land nach dem Rückgang des Permafrosts vor etwa zwanzigtausend Jahren zuerst mit Wildgräsern und Weidenbüschen bedeckte, zu denen sich allmählich zwei Baumarten gesellten, die Birke und die Kiefer. Diese Pflanzen prägten über mehrere zehntausend Jahre hin die Landschaften Mitteleuropas, eine Art Savanne mit baumlosen Höhen, in den Niederungen Birkenhaine und Kiefernwäldchen. Die Faustkeile, Schaber und Höhlenmalereien der Menschen jener Zeit – der Mittelsteinzeit – lassen darauf schließen, dass sie große Tiere jagten, mit hölzernen Speeren und scharfen Flintspitzen und wahrscheinlich mit Speerschleudern, vor allem Wildpferde und Rentiere, deren riesige Herden das Grasland bevölkerten.

Im 7. Jahrtausend v. Chr. zeigt das Pollenprofil eine Veränderung: Die Wildgräser, bis dahin die absolut dominante Form, und die Weiden gehen rapide zurück, und gleichzeitig tauchen Ulme und Eiche auf, ab dem Jahr 6000 v. Chr. dann auch Linde, Esche und Erle. Während die Zahl der Pollen dieser Bäume im Profil anwächst, sinkt die der Kiefern und Birken. Was aber am stärksten ins Auge fällt, ist das plötzliche Anschwellen der Haselnussanteile. Es muss ein Haselholzland gewesen sein, in dem die herumziehenden Jäger und Sammler der »Mittleren Steinzeit« lebten, in einer hellen Landschaft, über der das Licht flirrte. Mit Beginn der Jungsteinzeit läuft das Pollenprofil der Ulme plötzlich zu einem fadendünnen Streifen aus.

Die Menschen waren also tatsächlich schon lange da, bevor der Wald in das Land einwanderte. Vielleicht haben sie im Verlauf von Generationen beobachtet und von Mund zu Mund eine Zeit lang überliefert, wie sich die Wälder seit dem Rückzug der großen Gletscher allmählich nach Norden ausbreiteten. Selbstverständlich gibt es darüber keinerlei schriftliche Aussagen oder sonstige brauchbare Quellen. Wahrscheinlich folgten die Jäger anfangs wie gewohnt den Tierherden und wichen dem vorrückenden Wald aus, so lange es möglich war. Das Land verwandelte sich in einem sehr langsamen, aber unaufhaltsamen Prozess zum Waldland. Die Schösslinge der Bäumchen wurden von den Rentieren, den Wildpferden und Hirschen kurz gehalten, genau wie die Birkenschösslinge in der Lüneburger Heide von den Heidschnucken, und so, wie hier oder auf den weiten Hochflächen Englands und Schottlands die Heidelandschaft fast baumlos bleibt, weil die Tiere die auflaufenden Waldbäume abfressen, muss auch der vordringende Wald von den Herden der Savannentiere zurückgehalten worden sein. Die Rolle der Heidschnucken in der Lüneburger Heide ist nach dem Rückgang der Schafzucht inzwischen weitgehend von den menschlichen Baumauszupfern übernommen worden, die vorzugsweise an den freien Wochenenden als Freiwillige die Heide baumfrei machen, um damit, wie sie meinen, den »natürlichen Zustand« zu erhalten.

Allmählich entstanden einzelne Inseln von Kiefern und Birken, und es bildete sich ein Archipel von Waldinseln, in denen sich ein Jäger verstecken konnte; Holz war anfangs rar, aber für Feuer bestens geeignet und für die Fertigung von Speeren und Gerätschaften notwendig. Die Ausbreitung der Wälder kann kein völlig unerwünschter Vorgang gewesen sein. Und doch brachte sie die vollkommene Veränderung der Lebensbedingungen mit sich. Man richtete sich ein, es war ein Lernvorgang, der über Generationen dauerte und »mitgängig« war, man lernte, indem man sich mit den Gegebenheiten arrangierte. Irgendwann später dann wurden bestimmte Techniken verfeinert und weitergegeben: Wie man einen Baum mit einer Axt am besten fällt, wie man aus Bäumen und Zweigen ein Haus flicht, wie man aus Bäumen durch Schneiteln Laubheu gewinnt, das als Vorrat von Winterfutter für die Haustiere dient. Entscheidend war der Wechsel vom Jäger- zum Bauernleben. Es berührt merkwürdig, die relative Geschwindigkeit abzulesen, in der dieser Wechsel vor sich ging. Jahrtausendelang nichts als das Jägerleben, und dann, im Lauf von zwei, drei Generationen, die Umstellung auf ein Leben als Bauer und Viehzüchter. Es handelt sich dabei nicht um eine Frage des Lebensstils, sondern des Zwangs durch die Umstände. Vielleicht war es der sprunghafte Anstieg der Bevölkerung, den die Sesshaftigkeit und die relative Verlässlichkeit der Ernährung mit sich brachte, was die Intensivierung des

Ackerbaus nach sich zog. Vielleicht verschwanden die großen Herden; eine Waldfläche kann nur eine viel geringere Zahl von Tieren ernähren als die Weidefläche gleicher Ausdehnung, und das Haselholz dürfte die großen Herden von Rentieren und Wildpferden zerstreut und vermindert haben. Ohne diese Wälder hätte das Jägerleben unverändert weitergehen können. Aber wenn erst einmal das Land gerodet und bestellt und ein Haus gebaut ist, erzwingt die neue Situation einen neuen Lebensrhythmus, und die Veränderung des Landes zieht weitere Konsequenzen nach sich, Allianzen unter den Siedlern, Verteidigungsanlagen, Wegenetze, Vorratsräume, und so weiter. Aber letzten Endes war es die Ausbreitung des Waldes, die die Wende zu Landwirtschaft und Viehzucht erzwang.

So kam es, dass Bäume, jene konservativen, vollkommen standortfixierten Wesen, wegen der Landnahme durch die Wälder in ein Verhältnis von Konkurrenz und Kooperation mit den Menschen gerieten, die als Nomaden ihr Leben führten. Und da der Wald nie so vollständig verschwinden wollte, wenn er einmal abgeholzt war, wie er in den Ländern des Fruchtbaren Halbmonds, Kleinasiens und später in Griechenland und noch später in Unteritalien verschwand, sondern hartnäckig wiederkehrte, allen Rodungsunternehmungen zum Trotz, lernten sie, ihn immer aufs Neue zu roden, mit ihm zu leben, ihn zu ernten, zu nutzen, umzuformen und all das auszubeuten, was sich aus ihm herausholen ließ. Die Bauern rodeten, besiedelten und bearbeiteten den Boden nacheinander an verschiedenen Stellen, sie waren also nicht in dem strengen Sinne sesshaft, dass sie dauerhaft an einem bestimmten Platz verweilten. Und doch muss sich ihre Einstellung dem Land gegenüber grundlegend verändert haben: Sie nahmen die Erde selbst in Besitz. »Mein Land, mein Boden« sind Wendungen für Vorstellungen, die erst mit dem Ackerbau in die Welt kamen. Der umherziehende Jäger und Sammler war abhängig von dem Land, das ihm Früchte gab und die jagdbaren Tiere bescherte, aber der Gedanke, dass es sein Besitz sei, muss ihm so fremd gewesen sein wie die Vorstellung, dass einem die eigene Mutter gehört, während man doch von ihr stammt. Erst der Ackerbauer, der den Boden mit der Hacke aufreißt und in die Furche Saat streut und die Wunde der Erde sorgfältig verschließt und um das Aufgehen der Saat fürchtet und bittet, kann sagen: Du bist mein Land, denn ich habe dich im Schweiß meines Angesichts bearbeitet und bestellt. Die Änderung der Einstellung zur »Mutter Erde« zieht unausweichlich eine andere Auffassung von Moral und Recht nach sich: Es ist richtiger, den Lebensunterhalt zu erwerben, als ihn einfach zu finden; es ist richtiger, für das, was man haben will, einen Preis zu zahlen, als es einfach zu nehmen; es ist richtiger, zu bleiben und sich einzurichten, als wegzugehen; es ist richtiger, langfristig zu planen und den Plan mit Sorgfalt und Geduld umzusetzen, als auf eine Chance zu warten und dann alles auf eine Karte zu setzen:

Der Lernprozess, der das Jägerdasein durch die Landwirtschaft ersetzt, bringt eine neue Sicht der Welt mit sich, die eine neue Sicht vom »richtigen Leben« einschließt.

Die »neolithische Revolution«, die Umwälzung von der Jagd zum Ackerbau, die sich zu Beginn der Jungsteinzeit vor etwa sechstausend Jahren abspielte, ist die Reaktion auf die Bewaldung des Landes. Gleichzeitig bedeutet sie einen großen Schritt für den Fortgang der Zivilisation. Neue, genauere Datierungsmethoden helfen, die Funde von Werkzeugen, Waffen, Schmuckstücken, irdenen Gefäßen so aufzuschlüsseln, dass ein immer feiner untergliedertes Spektrum von einander überlappenden Kulturkreisen zutage tritt.

Die Grabfelder aus jener Zeit belegen mit ihren ausgekerbten Klingen, Lorbeerblattspitzen und geschliffenen und polierten Steinbeilen, mit ihren durch eingeritzte oder aufgedrückte Muster verzierten Keramiktöpfen einen plötzlichen kulturellen Aufschwung. Die Bevölkerungszahl überschritt zum ersten Mal jene Schwelle, die planvollen Austausch und Handel, aber auch Raub- und Eroberungszüge sinnvoll erscheinen lässt. Viele der Methoden und das meiste des Ausgangsmaterials der Domestikation von Pflanzen wie Weizen, Erbsen und Linsen und von Tieren wie Ziegen und Rindern, die im Nahen Osten entwickelt worden waren, gelangte im Lauf weniger Jahrhunderte nach Mitteleuropa. Vielleicht wussten die Leute in diesen von Mischwäldern bedeckten Landstrichen auch von den mächtigen und weithin Handel treibenden Staatswesen in Kleinasien, in Mesopotamien und Ägypten, von deren auf Vorratswirtschaft und auf Sklavenhaltung aufgebauten Kulturen.

Vor viertausend Jahren breitete sich dann die Technik aus, mit der man aus dem weichen Kupfer und dem weichen Zinn, das damals noch auf der Erdoberfläche stellenweise in Brocken und Klumpen zu finden gewesen sein muss, durch Schmelze in Holzkohlenöfen eine harte, schwere Legierung namens Bronze herstellen konnte, und tausend Jahre später die Kunst, in mit Holzkohle befeuerten Öfen Eisenerz zu Eisen zu schmelzen und in Formen zu gießen. Die Bronzezeit, die Eisenzeit und die Steinzeit sind nach den Relikten benannt worden, die vor allem in den Gräbern dieser Kulturen gefunden wurden; tatsächlich war das vorherrschende Gebrauchsmaterial aber immer das Holz gewesen.

Aus Holz waren die Griffe der Hirschhornhacken, der steinernen Pflugscharen, der Äxte, Beile, Steinhämmer, Pfeilschäfte, Speere, aus Holz die Rahmen der Webstühle, auf denen man vor allem Leinen webte; Holz war in Massen zum Heizen, Backen, Kochen, zum Brennen von Tongefäßen und zur Herstellung von Holzkohle nötig, die genug Hitze erzeugte, um Metalle zu schmelzen. Holz war für den Hausbau notwendig.

In seiner *Geschichte des Waldes* beschreibt Hansjörg Küster die Bauweise der für die Bauern der Jungsteinzeit typischen Langhäuser: So lang wie eine ausgewachsene Eiche, deren Stamm als Dachfirst diente, also um die 30 Meter, waren sie ein Konstrukt aus Pfosten und Balken, das mit Flechtwerk und Lehm abgedichtet und mit trockenem Gras gedeckt wurde.[75] Die Pfosten wurden senkrecht in den Boden eingegraben und eingerammt; die verkohlten Reste des Holzes sind die einzigen Relikte dieser Bauten; Archäologen finden sie in großer Zahl, vermessen die Abstände und kratzen im Boden nach Scherben und anderen Fundstücken.

Der Boden auf der Ebene, auf der diese Spuren gefunden werden, ist übrigens häufig von auffallend roter Färbung, ein Ergebnis von Eisenoxidbildung, die ein typisches Produkt hoher Durchschnittstemperaturen ist. In Kenia und in Mississippi ist die Oberfläche des Landes deshalb rot, und wir können uns das Klima, das während der Jungsteinzeit in Deutschland herrschte, als ähnlich warm vorstellen.

Küster erklärt, dass der Transport von 30 Meter langen Eichenbäumen so schwer war, dass man zuerst nach geeigneten Bäumen suchte, um dann das Haus an der Stelle, an der gefällt wurde, aufzubauen. So ergab sich das durch Ausgrabungen bestätigte, gewissermaßen zentrifugale Siedlungsmuster mit vielen einzeln stehenden Häusern. Aber der Wald beeinflusste die Siedlungsgeographie noch in anderer Hinsicht: Wenn die Häuser alt und unbewohnbar wurden, was schon nach einer Generation der Fall sein konnte, war es einfacher, umzuziehen und an anderer Stelle ein neues Haus zu bauen, als das Bauholz über Entfernungen zu transportieren. So kam es zu immer wieder neuen Siedlungen und Rodungen und andererseits zu immer mehr aufgegebenen, verlassenen Siedlungsorten, die der Wald wieder für sich reklamiert. Die Besonderheit dieses Musters zeigt sich im Vergleich mit den Siedlungsmustern im Nahen Osten, wo Häuser aus Lehmziegeln gebaut wurden; dort blieben Siedlungen an den Ursprungsorten erhalten, man baute auf den Resten der alten Häuser neue Häuser auf. Die Stadt Jericho ist ein Siedlungssediment, dessen älteste Reste aus der Zeit vor neuntausend Jahren stammen.

Neben dem von Küster beschriebenen Langhaus waren Pfahlbauten verbreitet. Lagen sie am Ufer eines Sees, so bildeten sie Fischerdörfer, Siedlungseinheiten für sich. Lagen sie im Wald, so erzwangen die Umstände wieder eine verstreute Bauweise. Zum Beispiel die an Hochstände erinnernden Hütten auf den Felszeichnungen aus dem Camonicatal im italienischen Voralpenland oberhalb des Lago d'Iseo. Man hat eine solche Hütte rekonstruiert und bei der Rekonstruktion einen Korbgeflechtbogen eingezogen, der romanisch wirkt, den ich aber auf keiner der vielen Felsbilder entdecken konnte, auf denen derartige Hütten abgebildet sind. Man klettert eine Leiter empor und findet sich auf einem hölzernen Bohlenboden, Staub und Halme rieseln von der Decke, trotz des luftigen Korbgeflechts herrscht im Innern ein muffiger Geruch, man meint die Milben und anderen Parasiten förmlich zu spüren und fängt unwillkürlich an, sich zu kratzen.

Es ist schwierig, sich das Leben der Bewohner jener Bergwälder vorzustellen. Die 170 000 Felszeichnungen, die man an den Hängen dieses Tals gezählt hat, geben Szenen wieder, deren Bedeutung schwer zu entschlüsseln ist. Dass wir die Gravuren heute noch sehen, liegt an der schützenden Moosdecke, die den Fels über lange Zeit hin abdeckte. Die ältesten Bilder aus der Mittelsteinzeit zeigen Hirsche und Elche, die Jungsteinzeit ist zuerst durch Anbetungsszenen repräsentiert, später dominieren Kampfszenen, Waffenbilder. Manche Bilder sind unerklärlich, schnabelartige Wesen töten Menschen, zwei Menschen kämpfen gegen zwei böse Geister, zwei phallische Wesen erheben ihre Arme gegen ein geschlechtsloses, armloses Wesen; manche Bilder zeigen scheinbar Alltägliches, Ochsenwagen, pflügende Menschen, Hütten.

Dem Pollenprofil zufolge war die Ulme während des 5. Jahrtausends v. Chr. der in den lichten Wäldern Mitteleuropas vorherrschende Baum; vor Beginn des 4. Jahrtausends ging sie auf einen Schlag rapide zurück und ein Mischwald aus Eichen, Erlen und Linden breitete sich aus, während die Haselnuss immer noch – vor allem wohl in den vielen Bruchs und entlang der kleinen Bäche und Flüsse, die das Land wie mit silbernen Fäden überzogen – die am stärksten vertretene Art blieb.

Während der Bronzezeit drang dann die Buche – *Fagus sylvatica* – nach Mitteleuropa vor. Der Baum bedeckte rasch das Land mit ausgedehnten Buchenwäldern. Die lateinisch sprechenden Missionare, die den heidnischen Germanen im frühen Mittelalter das Evangelium brachten, nannten es *Buchonia,* Buchenland.

Die Buche ist der dritte Baum, der als Station der Entwicklung des Waldes in der Zwischeneiszeit und der gleichzeitig fortschreitenden Zivilisation betrachtet werden kann. Der erste ist die Hasel, *Corylus avellana,* der zweite die Ulme, *Ulmus minor.*

BEMERKUNGEN ZUR HASEL

Bis in die Jungsteinzeit, ja in die Bronzezeit hinein ist die Hasel so verbreitet, dass sie weite Teile des Landes bedeckte. Die Pflanze ist kaum als Baum zu bezeichnen, eher bildet sie einen mehrstämmigen Strauch, allenfalls bis 6 Meter hoch, typisch entlang den Ufern von Bächen und Flüssen, die damals mit ihren Seitenarmen die ganze Breite der Täler einnahmen, und als weitläufiger Buschbestand auf den geneigten Flächen der Hügel, über die das Wasser herabrinnt.

Die Bewohner des mit Haselholzgebieten bedeckten Landes waren noch Jäger und Sammler, an den Küsten gab es Fischerkulturen, die riesige Muschelberge hinterließen. In dieser Zeit trat zum ersten Mal der Haushund auf, vielleicht ein Indiz für den Beginn der Jagd mit Pfeil und Bogen, bei der das verletzte Wild lange Strecken flüchten konnte, so dass ein Hund bei der Suche nach der Jagdbeute von Nutzen war. Bei der Jagd mit dem Speer müssen die Jäger darauf achten, möglichst nahe an das Wild heranzukommen, ohne bemerkt zu werden; ein Hund würde dabei eher stören als helfen. Zudem ist der Speer eine Jagdwaffe, die, wenn sie trifft, schwer und meist tödlich verletzt. Bei der Jagd mit Pfeil und Bogen im Haselholz, das viel Deckung bot, war dagegen ein Hund von Vorteil, der verborgene Tiere aufspüren und hetzen, und der ein nur angeschossenes aber nicht tödlich verletztes Tier in seinem Versteck ausfindig machen und durch Bellen anzeigen konnte.

Der besondere Charakter des Haselholzlandes tritt in der Wirkung auf seine Bewohner besonders deutlich in den Überlieferungen der Länder zutage, in denen Haselwäldchen das Bild der Landschaft noch immer bestimmen, wie in Irland oder Schottland. Der Einfluss des Haselbaums auf die keltische Kultur ist traditionell überliefert.

Der Name Schottlands, *Caledonia,* ist von »Cal« für »Hasel« abgeleitet – das Land der Hasel. Schottische Freunde versichern mir, dass sie die Luft um diesen Baum herum flimmern sehen: Etwas Quecksilbriges, Flinkes und Fließendes gehe von ihm aus. In irischen Sagen stehen oft Haseln im Mittelpunkt, beispielsweise bei der Beschreibung von Connlas Brunnen: Über dem Wasser stehen neun Haselbäume, im Brunnen lebt ein Lachs, der die herabfallenden Haselnüsse frisst, und so viele er gefressen hat, so viele Punkte erscheinen auf seinen Seiten. Das Motiv des Zusammenhangs zwischen Lachs und Hasel wird häufig in diesen Geschichten angespielt. Es geht um die starke Magie des herbstlichen Zusammentreffens zwischen den Lachsen, die aus dem Meer die Bäche und Flüsse heraufschwimmen, getrieben von innerer gegenläufiger Energie, um zu laichen und die Hindernisse auf ihrem langen Weg überwinden, indem sie sich aus dem Wasser emporschnellen, wobei sie zwischen den Haselstämmen am Ufer silbern aufblitzen, und dem Reifwerden der Haselnüsse, aus deren helmartigen Fruchthüllen die Nüsse herausfallen. Der lateinische Name »corylus« bezieht sich auf das Blattgefäß um die Nuss, das wie »corys« erscheint, ein Helm von ähnlichem Aussehen.

In der Art einer magischen Nahrungskette kommt es in dieser keltischen Vorstellung zu einer Akkumulation von Energien: Aus der von seiner Zwiesprache mit Luft und Wasser getränkten Geistigkeit konzentriert der Baum seine Kraft in den Nüssen, und die von einem mächtigen Willen getriebenen, stromauf strebenden Lachse verschlingen die Nüsse, so dass der Lachs gewissermaßen zum Träger einer doppelten, allumfassenden Wissensenergie wird. Es erscheint seltsam, dass ein Fisch eine Nuss verschlingen soll, und auch der Einwand liegt nahe, dass Lachse auf dem Weg zum Laichen bekanntlich überhaupt keine Nahrung aufnehmen. Aber die Druiden beobachteten die Natur genau. Die Idee des Zusammentreffens einer Art Wasserweisheit, verkörpert im Lachs, und einer Art Luftweisheit, verkörpert in der Haselnuss als Essenz des Haselholzes, war ja kein alltägliches Ereignis, sondern ein besonderer Glücksfall: Wer den einen Lachs isst, der die Haselnuss verschlungen hat, wird allwissend werden wie der junge Fionn, der einer irischen Sage zufolge diesen Lachs für seinen alten Druidenmeister braten sollte und beim Wenden des Fischs eine Blase auf der Fischhaut mit einem Finger aufbrach; er steckte den Finger in den Mund und sah alles, was am Hof von Tara geschah.

Obwohl die stromauf zu ihren Laichplätzen schwimmenden Lachse nichts fressen, sind die Flüsse Schottlands auch zu Anfang des 21. Jahrhunderts jeden September besetzt von Lachsfischern, die ein Vermögen für die Chance zahlen, vielleicht doch einen Fisch zu fangen, der in einem automatischen Reflex nach der Fliege schnappt, die auf der Wasseroberfläche treibt, obwohl er es dem Biologielehrbuch zufolge niemals tun wird. Ab und zu beißt tatsächlich ein Fisch an. Vielleicht ist es der gleiche, der auch die Haselnuss verschlungen hätte.

Das Gedicht von William Yeats mit dem Titel *The Song of Wandering Aengus* geht dem alten Mythos über das Zusammenspiel von Lachs und Hasel nach. Aengus ist der keltische Gott der Liebe, der bei seiner Wanderschaft einen Haselstab bei sich trägt. Übrigens ist die Wünschelrute auch der deutschen Rutengänger, die sonst – im Vergleich zu ihren gälischen Kollegen – wenig Magisches mit diesem Baum verbinden, eine Haselrute. In dem Lied geht Aengus zur Zeit der Morgendämmerung ins Haselholz, schneidet eine Rute und angelt eine Forelle, die sich in ein »glimmerndes Mädchen« verwandelt, das davonläuft und dem er nachläuft, um es zu küssen und bei der Hand zu nehmen und mit ihm über das Grasland zu ziehen und bis ans Ende der Zeiten die goldenen Äpfel der Sonne und die silbernen des Mondes zu pflücken.[76]

The Song of Wandering Aengus

I went out to the hazel wood,
Because a fire was in my head,
And cut and peeled a hazel wand,
And hooked a berry to a thread;
And when white moths were on the wing
And moth-like stars were flickering out
I dropped the berry in a stream
And caught a little silver trout.

When I had laid it on the floor
I went to blow the fire aflame,
But something rustled on the floor,
And some one called me by my name:
It had become a glimmering girl
With apple blossom in her hair
Who called me by my name and ran
And faded through the brightening air.

Though I am old with wandering
Through hollow lands and hilly lands,
I will find out where she has gone,
And kiss her lips and take her hands;
And walk among long dappled grass,
And pluck till time and times are done
The silver apples of the moon,
The golden apples of the sun.

Der Elbhang, die Böschung im Westen von Hamburg, die 15 Meter tief und über eine Strecke von 50 Metern steil zum Ufer des Flusses abfällt, ist bei Wittenbergen mit einem Dickicht aus Weißdorn und Brombeergestrüpp bedeckt, von den Lianen des Geißblatts wie mit einem Netz überzogen, mit niedrigen Haselbüschen und einem undurchdringlichen Hainbuchengehau durchsetzt. Einzelne höhere Bäume ragen daraus hervor, Schwarzpappeln in Ufernähe, die Rosskastanie, die Rotbuche und die Ulme. Auf einem Kilometer Strecke finde ich bei einem Spaziergang alle drei Arten der Ulme und einige rätselhafte Zwischenarten. *Ulmus glabra,* die Bergulme, mit ihren aufgipfelnden Extrazipfeln am Blattrand, ihrem kurzen Blattstiel und den fast symmetrischen Ansätzen des Blattes; *Ulmus minor,* die Feldulme mit ihrem fein gezackten Rand und dem unterschiedlichen Blattansatz, und *Ulmus laevis,* die Flatterulme mit ihrem groben Schrotsägerand. Die Farben der Blätter sind unterschiedlich, manche dunkelgrün, manche gelb, und die Oberfläche der Bergulme ist rau wie Sandpapier, die der Feldulme glatt wie Leder. Die Größe der Blätter ist verblüffend variabel. Es gibt Ulmengestrüpp mit winzigen Blättchen und Bäume mit handtellergroßen Blättern. Ulmen zu bestimmen, gilt selbst unter Fachleuten als schwierig. Es gibt viele Hybridformen. Ein Experte nennt für England elf, ein anderer vierzig verschiedene Arten. Schösslinge, empfiehlt Mackenthun, sollten bei der Bestimmung am besten völlig unberücksichtigt bleiben.[77]

Dabei sind Schösslinge überall in dem Gestrüpp zu finden. Ulmen haben ein weit verzweigtes Wurzelgeflecht, aus dem sie dauernd Schösslinge emportreiben, alles genetisch identische Klone.

Im Dörfchen Fleury bei Verdun, wo im Ersten Weltkrieg

eine Million Soldaten getötet wurden, wo kein Stein auf dem anderen und wo kein Quadratzentimeter Erde unaufgeworfen blieb, sind die Ulmen des Dorfes aus den Wurzelfragmenten, die an der Oberfläche verstreut umherlagen, wieder emporgewachsen.

Ulmenstämme, die über dem Boden abgeschnitten werden, treiben Jahr für Jahr neue Ruten aus, deren Laub als Viehfutter geeignet ist und auch getrocknet als eine Art Laubheu im Winter gefüttert werden kann, während die Ruten für Flechtwerk oder zum Verfeuern dienen. Man nennt diese Form der Baum- und Waldbewirtschaftung »schneiteln«; die Technik wurde in Gebirgsgegenden noch im 20. Jahrhundert geübt. Vermutlich war das Schneiteln von Ulmen zu Beginn der Landwirtschaft in der Jungsteinzeit eine verbreitete Praxis so lange, bis das erste Ulmensterben einsetzte.[78]

Außer dem Austreiben von Schösslingen und Ruten aus Wurzeln und abgeschnittenen Stämmen vermehrt sich die Ulme auch geschlechtlich. Sie treibt Blüten aus und entwickelt ihre Früchte im Frühjahr, noch bevor sich Blätter zeigen. Ich erinnere mich, wie ich als Kind in den späten vierziger Jahren in den Millionen Ulmenplättchen herumkickte, die von den mächtigen Ulmen – der Baum wird bis 40 Meter Höhe erreichen – bei Brauns Park im März herabfielen und den Boden bedeckten. Die Seltsamkeit der Fruchtbildung noch vor der Belaubung fiel mir damals nicht auf, wahrscheinlich muss man als Kind auf derartige Durchbrechungen des üblichen Musters hingewiesen werden, so wie der Biologe Adolf Portmann, der aus dem Jahr 1910 erzählt:

> »Erster Frühling, vor dem Fenster des Schulzimmers die mächtigen Ulmen, die später ein Opfer der argen Ulmenkrankheit geworden sind – einer Pilzinfektion, die vor

nicht so langer Zeit weite Bereiche des Ulmenareals verwüstet hat. Wir erhielten in jener fernen Stunde einen für mich unvergessenen Wink: Schaut euch in den nächsten Tagen diese Ulmen ganz genau an! Das geschah. Unter der behutsamen Führung unseres Lehrers sahen wir, zum ersten Mal voll bewusst, wie die unscheinbaren Blüten unsere Ulmen in einem rötlichen Braun erscheinen ließen. Wir betrachteten diese Blüten genau und erlebten, wie die Bäume nach einigen Tagen bereits in hellstem Grün erschienen und wie rasch der Boden bedeckt war mit Mengen kleiner ovaler Plättchen – den ungezählten Früchtchen der Ulme mit dem Samen in der Mitte. Mit wachem Sinn erfassten wir Jungen damals, wie ein Baum blüht und Frucht trägt in großer Eile, bevor noch die Blattknospen das Laub freilassen.«[79]

Für Portmann enthielt diese Begegnung einen Fingerzeig für das, was er später als »unadressierte Gestaltungen des Lebendigen« zu einer Theorie entwickeln sollte. Es erschien ihm, dass diese Bäume den Sommer und Herbst über gewissermaßen die Kraft sammelten, um »die Explosion des nächsten Frühjahres vorzubereiten«: eine Art Selbstdarstellung der Lebewesen auf der Bühne des Lebens.

Nimmt man die verschiedenen Formen zusammen, in denen sich die erstaunliche Lebenskraft dieses Baumes ausdrückt, die Klonbildung durch das Wurzelgeflecht, der immer wieder neue Rutenausschlag nach dem Schneiteln, die Bildung von ungeheuren Massen an Früchten noch vor der Belaubung, dann scheint sich die Ulme dem symbolbildenden Menschen als Lebenssymbol anzubieten. Aber der Baum wird im Gegenteil stets mit dem Tod in Verbindung gebracht. Es ist kaum möglich, etwas über Ulmen zu sagen, ohne das Ulmensterben zu erwähnen.

Damit ist die Epidemie bezeichnet, von der Ulmen im

Lauf der Geschichte immer wieder befallen worden sind. Es ist die Blockade der Wasser führenden Gefäße und die hormonelle Veränderung, die von einem mikroskopisch kleinen Pilz mit Namen *Ceratocystis ulmi* verursacht wird. Das Laub der befallenen Bäume verwelkt, ihre Zweige verbiegen sich grotesk, wie Kräuter, die mit Unkrautvernichtungsmittel vergiftet wurden, und die Bäume sterben. Die Sporen des Pilzes werden durch Ulmensplintkäfer übertragen, *Scolytus scolytus* und *Scolytus multistriatus,* die tote Ulmen befallen und unter der Rinde Gänge bohren, in denen sie ihre Eier ablegen. Die Käferlarven verpuppen sich, aus ihnen schlüpfen im Mai die ausgewachsenen Käfer. Der Pilz produziert in den Gängen Sporen, die an den schlüpfenden Käfern hängenbleiben. Sie fliegen auf der Suche nach lebenden Ulmen davon und knabbern dort an den Ansätzen der Blattstiele. So wird Baum um Baum infiziert. Der Pilz befällt auch die Wurzeln und vernichtet rasch ganze Ulmenalleen, deren Wurzelgeflecht nach Ulmenart miteinander verbunden ist.

In den sechziger Jahren des 20. Jahrhunderts kam es in Europa zu vier Epidemien, die von Paris, Genf, Innsbruck und Reggio/Emilia ausgingen und bis zu den achtziger Jahren im weiten Umkreis fast den gesamten Ulmenbestand vernichtet hatten. Etwa zur gleichen Zeit lief in England eine Epidemie ab, die an neun Orten begann. »Von sechs dieser neun Ursprungsstellen aus pflanzte sich die Krankheit in konzentrischen Kreisen nach außen fort mit einer Rate von acht Meilen pro Jahr, so unausweichlich wie eine Pilzkultur sich über eine Petrischale hin ausbreitet.«[80] Eine Generation vorher, in den dreißiger Jahren war die Ulmenkrankheit in Amerika ausgebrochen; die amerikanische Ulme (*Ulmus americana*) ist besonders anfällig. Die Krankheit schritt von den Neuengland-Staaten nach Westen fort und gelangte bis nach Colorado; im Lauf von fünfzig Jahren waren 77 Millionen der amerikanischen Bäume vernichtet. Schon in den zwanziger Jahren hatte es einen Ausbruch der Epidemie in Europa gegeben, aus der Zeit stammt auch die Bezeichnung »Holländische Ulmen-Krankheit«: In den Niederlanden war sie besonders sorgfältig studiert worden. Aber die Epidemien des 20. Jahrhunderts waren offenbar keine völlig neuartigen Ereignisse. Wie für die Grippe-Epidemien in der menschlichen Bevölkerung finden sich bei genauem Hinschauen Hinweise auf Ausbrüche dieser Krankheit unter den Ulmenpopulationen vergangener Zeiten. Es gibt in historischen Dokumenten Belege für Epidemien im 19. und im 18. Jahrhundert, und es gibt in der Literatur aus früheren Zeiten Hinweise auf das Auftreten des Ulmensterbens. Rackham, der diese Daten akribisch zusammengetragen hat, vermutet einen Zusammenhang mit menschlichen Einflüssen; die Zusammensetzung der Waldbäume wäre seiner Hypothese zufolge von Anfang an durch gesellschaftliche Prozesse bestimmt.

Der plötzliche Rückgang der Ulmen, der aus dem Pollenprofil für die Zeit um das Jahr 4000 v. Chr. ablesbar ist, könnte ein durch menschliche Eingriffe ausgelöstes Ulmensterben belegen. Es ist die Zeit des Übergangs von der Jäger- zur Ackerbaukultur, in der die Menschen ein sesshafteres Leben begannen, sich der Lebensweise von Bauern zuwandten, die ihre Felder bestellen. »Sesshaft« im heutigen Verständnis waren sie freilich nicht, häufig wechselten sie ihre Behausungen und die Felder, die sie als Rodungen in Waldgebieten anlegten. Die Ulme war ein sehr verbreiteter Waldbaum, der Mächtigkeit im Pollenprofil zufolge der häufigste oder zweithäufigste Baum des Waldes überhaupt. Er war wie kein zweiter für die Vorform der Heuwirtschaft, den Gewinn von Laubheu durch Schneiteln, geeignet, aber geschneitelte Bäume sind besonders anfällig für die Ulmenkrankheit, und die an den Siedlungsinseln entstehenden

Waldränder exponieren die Bäume auch für den Ulmenkäfer, und die toten Ulmen machen das Roden leicht: »Die Ulmenkrankheit unterstützte wahrscheinlich die Ausbreitung der Zivilisation, so wie umgekehrt die Ausbreitung der Zivilisation auch der Verbreitung der Ulmenkrankheit diente.«[81]

Das Rätsel der Ulmenkrankheit ist nicht die Frage, wie es zum Ausbruch von Epidemien kommt, sondern vielmehr die Frage, was das Abflauen von Epidemien verursacht. Da Pflanzen nicht über ein Immunsystem verfügen, können Ulmen keine Resistenz gegen den Pilz *Ceratocystis* entwickeln. Trotzdem verschwindet die Krankheit nach Jahren, und die überlebenden Bäume entwickeln sich prächtig und produzieren über das Wurzelgeflecht viele neue Klone, so wie die Ulmen am Elbhang von Wittenbergen im Jahre 2003. Rackham entwickelt dazu folgende Spekulation: Ähnlich wie bei der allmählich an Virulenz nachlassenden Kastanienplage – ein Pilz befällt den Esskastanienbaum, wird aber nach Jahrzehnten durch ein neues Virus gelähmt, das den tödlichen Verlauf der Kastanienkrankheit verhindert und damit das Kastaniensterben zum Stillstand gebracht hat – könnte es ein Virus geben, das *Ceratocystis* daran hindert, Ulmen zu töten. So lange, bis der Pilz sich wieder seinerseits durch Mutationen derart verändert, dass er der Wirkung des Virus entkommt und eine neue Epidemie auslöst, die so lange dauert, bis das Virus eine neue Anpassungsform gefunden hat, die den Pilz in Schach hält, usw.

Rackham zeigt, dass mit diesem Modell alle bekannten Fakten über den Verlauf der Ulmenkrankheit erklärt werden könnten. Interessant für unseren Zusammenhang ist vor allem das Zusammenspiel zwischen Mensch und Ulme: Gesellschaftliche Einflüsse könnten das erste große Ulmensterben als eine Art Katalysator in Gang gebracht haben. Und die Epidemien aus dem vergangenen Jahrhundert sind

Folgen der Zunahme von Handel und Verkehr, vor allem zwischen Europa und Amerika, durch den das befallene Holz über weite Distanzen transportiert wird. Das Vorkommen dieses alten Waldbaumes wäre demzufolge indirekt eine Funktion bestimmter Formen von Wirtschaft und Handel.

BEMERKUNGEN ZUR BUCHE

Dieser Baum geriet nach dem Abschmelzen der eiszeitlichen Gletscher erst spät und auf verschiedenen Wegen, als Einwanderer im locker verstreuten Eichenmischwald, in den Norden. Seine Wege sind inzwischen ziemlich gut bekannt, man hat das Alter zahlreicher Moore ermittelt und ihr Pollenprofil aufgezeichnet, so dass die verschiedenen Ankunftzeiten des Buchenpollens, auf einer Landkarte eingetragen, den Weg des Baumes zeigen und außerdem die Ausbreitungsgeschwindigkeit ablesbar machen. Die Buchen, deren Nachkommen nach Mittel- und Nordeuropa vordringen sollten, hatten während der Eiszeit das untere Rhônetal und Täler im südöstlichen Alpenraum besiedelt. Sie kamen also von Osten und von Westen her und schoben sich Generation für Generation entlang dem Alpenrand nordwärts ins Alpenvorland. Buchen verlangen ein wärmeres Klima als Birken, Kiefern, Haseln und auch als Eichen, und ihre Saat, die Bucheckern, von denen die ausgewachsenen, also über 50-jährigen Bäume etwa alle fünf Jahre große Massen produzieren, bleibt nur ein halbes Jahr lang keimfähig: Ist kein Humus, keine feuchte Wärme vorhanden, so gehen sie ein. Um 7000 v. Chr. hatte die Buchenwanderung von Westen her die Gegend um Zug in der Schweiz erreicht, um 2000 v. Chr. die Gegend um Ulm: im Schnitt nur 3 bis 4 Kilometer pro Jahrhundert. Das änderte sich rapide, sobald der Rhein erreicht war, der Bucheckern rasch bis in die Niederlande verfrachtete.

Der zweite Zweig von *Fagus sylvatica* wanderte vom östlichen Alpenland nach Norden. Bis zur Bronzezeit hatten die Bäume den Weg bis zum Erzgebirge zurückgelegt, aber erst im frühen Mittelalter fand sich die Buche in Schleswig ein: 1400 Jahre für einen Weg von 500 Kilometern – im Schnitt 30 bis 40 Kilometer im Jahrhundert –, wobei der Weg über das Land zur Elbe und von der Elbe über das Land nordwärts die allermeiste Zeit beanspruchte. Erst im Verlauf des Mittelalters kam die Buche nach Schweden; die ausgedehnten Buchenwälder in Schonen und Småland, die uns so archetypisch erscheinen, als ob sie schon immer da waren, vor allem, wenn im Mai Millionen von Buschwindröschen den Boden zwischen den silbergrauen und moosgrünen Stämmen abdecken, sind also ziemlich jung, erst in geschichtlicher Zeit in die Welt gekommen.

Hat die Buche einmal irgendwo Fuß gefasst, wird sie über wenige Generationen hin zur monodominanten, also zu der den Wald beherrschenden Art, solange nur das Klima erträglich bleibt. Rasch breitet der Buchenwald sich aus, bald erstreckt er sich in alle Richtungen und drängt fast alle anderen Arten an den Rand.

Dies ist ein Ergebnis der besonders ausgeprägten Lichtempfindlichkeit und Verletzlichkeit des Baumes. Das Kambium, die empfindliche Zellschicht unterhalb der Rinde und die von ihm hervorgebrachten lebenswichtigen Leitungen, das Xylem mit dem Wasserleitgewebe und das Phloem mit den Transportfasern für organische Verbindungen, liegen fast an der Oberfläche. Beim jungen Baum ist die Rinde eine dünne Haut. Der Schössling der Buche treibt bis ans untere Stammende Zweige aus, um die sensible Haut vor einem Übermaß an Sonneneinstrahlung zu schützen. Deshalb sind Buchenhecken auch bis zum unteren

Rand blickdicht. Später bildet das Bäumchen einen dichten Laubschirm, der seinen Schatten auf das Stämmchen wirft. Wenn nach zwanzig Jahren das Höhenwachstum einsetzt, werden die unteren Zweige abgeworfen, und der Stamm steht unter dem breiten Blattschirm im Dämmerschein. Die Blätter selbst reagieren mit Bewegungen der Blattachsen auf Sonnenlicht; die äußeren, stets dem Licht zugewandten Blätter fühlen sich ledrig an im Vergleich mit den zarten und randlich flaumbehaarten aus den beschatteten Partien des Baumes. Es liegt an der besonderen Lichtempfindlichkeit der Art, dass junge Buchen im Schatten großer Bäume auf allmähliche aber gesunde Weise gedeihen, während andere Arten wie etwa die Kiefer den freien Zugang zum Licht benötigen, ohne den sie bald verkümmern und eingehen müssen; da die Jungbuchen sich außerdem wenigstens zwei Jahrzehnte Zeit nehmen, um heranzuwachsen, sind sie in der Regel die einzige Art, die da ist, um ihren Platz am Licht einzunehmen, wenn der alte schattende Baum fällt. Ausgewachsene Buchen sind um die 40 Meter hoch bei einem fast ebenso breiten Laubdach, wo sie frei stehen, aber im Wald, aneinandergedrängt, greifen ihre Kronen ineinander und bilden ein weites, ununterbrochenes Hallendach, unter dem kein anderer Baum hochkommt und selbst die Kräuter nur während der kurzen Phase des Frühjahrs vor der Belaubung des Buchendaches die Chance finden, zu blühen. Buchen können eine Lebensdauer von bis zu dreihundert Jahren erreichen, forstwirtschaftlichen Kalkulationen wird meist eine Umtriebszeit von 120 Jahren zugrunde gelegt. Im Alter werden sie leicht von Pilzen befallen, die das feinkörnige und kurzfaserige Holz so durchsetzen, dass sie bei einem Sturm in sich zusammenstürzen wie Kartenhäuser.

Dies alles wirkt im Lauf weniger Jahrhunderte in unausweichlicher Konsequenz so zusammen, dass eine ununterbrochene Halle aus schattigen Buchenwäldern entsteht, wenn die Menschen nicht eingreifen.

Ich befinde mich in einem Museum in Kassel vor einer bronzezeitlichen Grabstätte, die irgendwo im Umland ausgegraben und hier wieder so hergerichtet ist, wie der Fund von der Erde bewahrt worden war. Es ist das Skelett einer Frau, sie muss nach dem Zustand des Gebisses jung gestorben, und nach der Lage der Knochen groß gewesen sein, irgendwo zwischen 1.70 und 1.80 Meter. Am Unterarm, über Elle und Speiche, trägt sie zwei schmale Reifen aus dunkel gewordener Bronze. Ich starre auf das Knochenarrangement herab, es scheint mir überhaupt nicht abstrakt und fern, das Obszöne der Situation, in der ich mich finde, wird mir peinlich bewusst. Das Land dieser Frau aus der Bronzezeit – vielleicht war es solch ein Buchenland, das sich in allen Richtungen bis zum Horizont erstreckte, oder es war noch ein Land voller Haselsträucher und Eichenhaine in einem halboffenen Gelände mit vielen jagdbaren Tieren – ein Land, das trotz der längst etablierten Bewirtschaftung des Bodens gewissermaßen noch die Erinnerung in sich trug an eine Zeit, in der alles, was man zum Leben braucht, durch ein wenig Glück bei der Jagd mit Leichtigkeit zu haben war. Erst als der Buchenwald sich ausbreitete, war die Zeit der Steppentiere endgültig vorbei, die das großzügige und intensive Leben voller Risiken ermöglichten, das die Jägervölker gelebt hatten. Wie auch immer: Es erscheint jedenfalls gerechtfertigt, aus den Grabbeigaben auf ein sesshaftes Leben zu schließen. Die Keramiktöpfe, die bronzenen Armreifen sind Indizien für die neue Lebensform, die sich um Ackerbau und Viehzucht dreht und mit der die dauernde Auseinandersetzung in Kooperation und Konkurrenz mit dem Wald sich abspielt.

Der Ackerbau bringt Stetigkeit und bessere Berechenbarkeit der Nahrungsvorräte, aber mit der Sesshaftigkeit kommt auch die Gleichförmigkeit der Ernährung – Getreidegrütze und Fladenbrot wurden zur allbeherrschenden und immerwährenden, nur allzu selten durch Zugaben angereicherten oder andere Speisen unterbrochenen Nahrung. Und mit der beginnenden Spezialisierung der Arbeit stellt sich die Aufteilung der Gesellschaft in Wohlhabende und Arme ein, in Mächtige und Machtlose, in Herren und Knechte.

Der Feldbau auf den offenen Flächen, erst mit der Hacke, dann mit dem Pflug, beanspruchte den gleichen Boden, den die Buchen belegten. Eine Möglichkeit, mit den Wäldern profitabel zu leben, bot vielleicht die Schweinezucht. Wildschweine ließen sich als Haustiere halten, und sie fraßen Bucheckern. Aber die Buchenmast stellte sich als eine unregelmäßige und unzuverlässige Angelegenheit heraus. Ohne Ackerbau ging nichts, der Wald musste weichen.

Ich stelle mir vor, dass die Leute aus dem Clan der Bronzezeitfrau wie alle andern versuchten, gegen den allgegenwärtigen Wald mit Rodungen vorzugehen. Man kann sich immer ein Plätzchen erkämpfen, indem man die Bäume mit der Axt umlegt, die Zweige von den großen Ästen abschlägt und dann, wenn das übrige Geäst dürr genug ist, Feuer legt, anschließend die verkohlten Reste wegräumt, und Platz für das bisschen Ackerbau schafft, der wenigstens über zwei oder drei Jahre möglich ist, bis der Boden nichts mehr hergibt. Danach kann man die freien Flächen den Ziegen und Rindern überlassen, sie werden die Gräser und Kräuter abweiden, die auf der Brachfläche nachwachsen. Irgendwann muss man weiterziehen, sein Glück auf einem neuen Platz unter ähnlichen Bedingungen zu versuchen. Inzwischen wird der Wald den alten Siedlungsplatz für sich reklamieren. Nach Jahren ist der Ort von Brombeer-Gestrüpp bedeckt, eine Gruppe von Buchen wirft ihren Schatten darauf, eine wächst mitten aus dem Balkengewirr heraus, das einmal ein Haus war. Der Wald, so zeigt sich, hat am Ende die besseren Karten – er scheint nur darauf zu warten, in den Jahren, in denen das Land unbebaut ist, wieder Fuß zu fassen. Er wird immer zurückkehren.

BUCH UND BUCHE

Man kann über Buchen nicht schreiben, ohne ihre Rolle für die Entwicklung der Schriftkultur anzusprechen. Die dicken ebenmäßigen Stämme mit ihrer glatten, hellen Rinde wirken als lebende Flächen mit verlockender Textur, die uns dazu bringen, ähnlich über sie zu streichen wie über menschliche Haut. Außerdem laden die großen feinschichtigen Rindenflächen dazu ein, auf ihnen eine Spur einzutragen und zu hinterlassen. Ein weißer fein strukturierter Bogen Papier übt auf den Zeichner manchmal den Reiz aus, erst einmal eine Linie zu ziehen als Anfang einer Geschichte, die sich irgendwohin entwickeln mag. Eine glatt geputzte Mauer wirkt auf Jugendliche mit Farbspraydosen als unwiderstehliche Verlockung, rasch ein Zeichen zu setzen, eine Spur anzubringen. Im Unterschied zu Papier und Mauer verfügt der Buchenstamm auch noch über eine Körperlichkeit der Anmutung, die nur lebende Organismen ausstrahlen. Obwohl mit dem Messer oder einer Feuersteinspitze viel mühsamer zu bearbeiten als Papier mit dem Bleistift oder eine Mauer mit der Farbspraydose, ist die Buchenrinde auch noch in unserer Zeit eine beliebte Darstellungsfläche. Bei Spaziergängen und Wanderungen in verschiedenen Gegenden Europas und Amerikas finde ich überall in Parks und an Waldrändern die Eintragungen auf den Stämmen freistehender Buchen. Manchmal sind die Ritzspuren zu grotesken Narbenblumen aufgequollen, manchmal finde ich Jahreszahlen, die lange zurückliegen, und weil das Einritzen doch mühsam ist, und weil die Aufzeichnung ja kein Selbstzweck ist, sondern die Mitteilung eines Ereignisses oder eines Befindens, handelt es sich meist um Kürzel und Formeln, die nur Eingeweihte verstehen. Derartige Buchenstammritzungen haben Tradition. Von Goethe ist überliefert, dass er bei einem Ausflug auf den Ettersberg bei Weimar seine Initialen in einen Buchenstamm geritzt hat, der in der Folgezeit über lange Jahre zum beliebten Ausflugsziel der Weimarer Bürger wurde, und Vergil schreibt im 1. Jahrhundert v. Chr. den Vers: »Soll ich den traurigen Spruch wiederholen, den ich vor kurzem in die Buche schnitt?« Von Helena, die Homer zufolge den Trojanischen Krieg verursachte, ist überliefert, dass sie die Namen ihrer Liebhaber in den Stamm einer Buche einzukerben pflegte.

Das Angebot der Buchen, eine Schreibunterlage – gewissermaßen einen jederzeit zugänglichen Papyrusersatz – und außerdem noch eine Art »graues Brett« für Bekanntmachungen aller Art zu sein, wurde offenbar früh aufgegriffen. Wir müssen uns die Buchenstämme an den Waldrändern der Eisenzeit ebenso voller Ritzspuren vorstellen wie wir sie heute finden. Mit diesem Bild öffnet sich auch der Blick auf einen traditionsreichen Zusammenhang, der erklären kann, weshalb wir für einen gebundenen Stapel von Papier, das mit kleinen schwarzen Zeichen bedruckt ist, das gleiche Wort gebrauchen wie für den Baum, auf dem seit damals Botschaften übermittelt wurden. Die Buchen geben sich als Vorform der Bücher zu erkennen; Informationen, Aussagen, Mitteilungen, die wir für bewahrenswert halten, verbinden die Buche demzufolge mit dem Buch.

Allerdings ist das nicht die gängige Erklärung. Meist stehen nicht die glatten Stämme der Buchen als Zeichenträger am Anfang der Geschichte, sondern Buchstaben und Runen, die beide mit Zauberei in Verbindung gebracht werden. Das Wort »Rune« bedeutet »Geheimnis«; es klingt noch im selten gebrauchten »raunen« an. »Buchstaben« sollen ursprünglich Buchenstäbe gewesen sein, auf die einzelne Runen eingeritzt waren. Als Orakel wurden sie auf ein Tuch geworfen, und dann aufgehoben oder »gelesen«. So soll das Schreiben und das Lesen unter die Germanen gekommen sein. Möglicherweise verbanden einzelne, die das Geheimnis des Schreibens kannten – im englischen »write« klingt das »ritzen« noch nach –, ihre Kenntnisse auch mit Wahrsagerei. Dass es die ganz andere Zauberei der Schrift gab, musste den wandernden Germanen bekannt sein. Aus den Kulturen des Fruchtbaren Halbmonds sind Schriftfunde aus der Zeit von 3200 v. Chr. belegt. Ist eine solche Idee erst einmal in die Welt gekommen, so werden über kurz oder lang alle versuchen, davon zu profitieren, indem sie Instrumente konstruieren, die eine angepasste Anwendung der Ausgangsidee darstellen. Die Schrift als Zauberei aufzufassen, lag nahe. Auch in Ägypten galt die Kunst des Schreibens anfangs als von Gott gegeben und an Herrscher gebunden. Vielleicht ist es eine Art Entheiligungsprozess, den das Schreiben und das Lesen in seiner Anwendungsgeschichte durchläuft, vielleicht verleiht das Schreiben und Lesen umgekehrt den Geschäften des alltäglichen Lebens einen Nimbus des Besonderen.

In der Novelle *Die Judenbuche* hat Annette von Droste-Hülshoff beide Funktionen der Schrift, Mitteilung und Magie, verbunden und, wie nahe liegend, in den Stamm einer Buche einritzen oder in diesem Fall mit dem Beil einhauen lassen. Es ist eine Beschwörungsformel in hebräischen Schriftzeichen, die in dem Text der Novelle zunächst auch in diesen Zeichen erscheint: Der des Hebräischen unkundige Leser kennt die Bedeutung nicht und sieht sich für einen kurzen Moment in der gleichen Lage wie einer, der nicht lesen und schreiben kann, bis die Autorin mit der letzten Zeile ihres Textes die Übersetzung liefert: »Wenn du dich diesem Orte nahest, so wird es dir ergehen, wie du mir getan hast.«[82] Ein Mörder wird nach langer Zeit – die andern Bäume sind längst gefällt, nur die Judenbuche steht noch mit ihrem Spruch – von dem Mord eingeholt und erhängt sich in den Zweigen der Buche, unter denen er den Juden Aaron erschlug.

Die Bronzezeitfrau, vielleicht war sie des Lesens und Schreibens kundig, eine, die Fridurun oder Aleruna hieß und Zaubersprüche in Buchenstämme ritzte, um zu bannen oder zu beschwören. Wenn sie wieder da sein könnte, ein Ergebnis der gentechnischen Magie unserer Zeit, würde ich gern mit ihr reden, vielleicht bei einem Kaffee in der Cafeteria des Museums, in dem ihre Knochen ausgestellt sind. Ich würde ihr die Bücher aus dem Museumsshop zeigen, die zu Zeilen und Seiten aneinander gereihten Zeichen, und ihr von der Flut der Bücher erzählen, die so weit angeschwollen ist, dass kein Mensch hoffen kann, auch nur zu dem einzigen Thema »Bäume« alles zu lesen, was dazu geschrieben wurde. Sprache wird in bedrucktes Papier verwandelt, und bei der Rückverwandlung durch Vorlesen verschmelzen die Zeichen zu einem endlosen Hintergrundrauschen. Unsere Hoffnung, mit Hilfe der Bücher die Welt besser zu verstehen, ist illusionär. Was an Erkenntnissen bleibt, ist einzig das, was uns unmittelbar zugänglich ist: Das, was jemand im Laufe eines Lebens selbständig erfahren und begreifen kann, trägt und hilft, alles andere ist nur fernes Geräusch. Bei der Antwort auf die Frage nach dem guten Leben scheinen wir mit den Büchern immer noch an der Stelle zu stehen, an der die Leute mit ihren Botschaften auf Buchenstämmen standen.

DAS WILDE DER WÄLDER

»Im Wilden liegt der Erhalt der Welt« steht häufig auf Kalenderblättern und Plakaten mit Fotos von Ansel Adams, die in Umweltzentren und in den Büroräumen von Naturschützern an die Wand gepinnt sind. »In Wildness is the Preservation of the World« hatte Henry David Thoreau formuliert, der Philosoph des amerikanischen Natur-Mystizismus, der in einem Selbstversuch für zwei Jahre in einer Hütte in den Wäldern bei Concord in Massachusetts lebte und im Wilden den Gegenpol alles Zivilisierten suchte. Bei »Erhalt« dachte er nicht an die handfeste Bedeutung, dass in den Regenwäldern ungehobene Schätze in Gestalt von noch unbekannten Medikamentenpflanzen enthalten sind, mit denen die Krankheiten von Menschen behandelt werden können. Er sah vielmehr so etwas wie eine Rückkehr zu den Ursprüngen, die Möglichkeit einer spirituellen Rückbindung und geistigen Erneuerung an den Quellen der Natur. Im Vergleich zu ihrem Reichtum erschienen ihm die Einrichtungen, die der technische Fortschritt hervorgebracht hatte, arm und eng.

Die Generation der Amerikaner, die sich im Anschluss an den Bürgerkrieg, nach Thoreaus Tod, daran machte, die weiten Landschaftsräume im Westen des Kontinents zu besiedeln, schien seinem Appell zu folgen, westwärts zu ziehen. Aber ihm hatte eher das Bild einer ewigen Wildnis als die Idee ihrer »Eroberung« vorgeschwebt, und die Suche nach ihr hatte er mit der Pilgerreise ins Heilige Land verglichen. »Sauntering«, wie es im Englischen heißt, unterwegs sein in Richtung »Saint Terre«: Vielleicht war dies Heilige Land gar keine geographische Manifestation, sondern eine dem Land überall innewohnende Qualität des Heiligen Wilden, die es aufzuspüren und zu glorifizieren galt, so wie die von ihm beschriebenen Andeutungen des Wechsels der Jahreszeiten in den Wäldern um den Waldensee, oder wie die Erscheinung des Lichts zwischen den Bäumen auf Spauldings Farm. Es ging darum, den Lesern jenen Reichtum vor Augen zu führen, der zwischen den Zeilen ihrer natürlichen Umwelt überall zugänglich schien. War es demnach nicht eine Illusion, Reservate der Wildnis einzurichten, nachdem man die darin lebenden Indianer vertrieben hatte?

Wahrscheinlich ist der Versuch, das Wilde dingfest zu machen, es zu verorten, ihm ein Refugium einzuräumen und gleichzeitig Besucherströme dorthin zu lenken, nach Thoreaus Vorstellungen ein Missverständnis, trotz und gerade wegen des kommerziellen Erfolgs der Einrichtung von Nationalparks. Das Wilde war eine dem Land innewohnende Qualität, die überall aufgespürt werden konnte. Deswegen liegt etwas Ironisches darin, dass die Vertreter der einflussreichen Verbände wie des *Sierra Club*, die in Amerika für die Ausweitung des Archipels von Nationalparks kämpfen, Thoreau mit Selbstverständlichkeit für sich als Schutzpatron reklamieren. Die sentimentalisch anmutenden bunten Kalender und Bildbände, in denen kurze Zitate aus seinen Schriften mit Fotos aus den Parks kombiniert werden, verkaufen sich glänzend. Die Bilder dienen als Ikonen des Wilden, und sie sind mächtig attraktive Verlockungen für die Pilgerreise zu einem der Parks. Sie locken damit, die Erfahrung der Begegnung mit dem grandiosen, Ehrfurcht auslösenden Wilden der Natur geben zu können.

Unter den Besuchern der amerikanischen Nationalparks sind viele Deutsche. Die spektakuläre Weite des Horizonts, die großartigen Landschaften Amerikas ziehen an. Unsere eigene, vollkommen von Menschen gestaltete Natur gleicht eher einem Garten als der Wildnis. Die toten Bäume, die ohne Rinde, als silbergraue Skelette wie Baumgeister nahezu überall die amerikanische Landschaft prägen, wirken auf die meisten von uns »urig«, und umgekehrt betrachten die Amerikaner das deutsche Vorgehen, Totholz auf der Stelle aus dem Wald zu räumen und tote Bäume flugs zu beseitigen, mit Verwunderung. Wir wissen, dass die Wälder Deutschlands mehr oder weniger planvoll angelegt und gepflegt worden sind, und wir stellen uns vor, dass vor langer Zeit hierzulande einmal ein von Menschen unberührter Wald das Land bedeckte und beherrschte. Hier und da finden wir in unseren Wäldern Spuren und Muster, die uns an jenen Urwald zu erinnern scheinen, die alten Huteeichen im Reinhardswald, die hallenartigen Buchen- und Eichenwälder im Spessart. Sie erinnern an den Ursprung der Idee des Waldes selbst: So ist es einmal gewesen, so wäre es ohne uns geblieben. Das Wilde liegt in Europa in der fernen Vergangenheit. In Amerika können wir es noch finden, oder in den Regenwäldern Afrikas oder Brasiliens, in Europa nur vereinzelt, wie etwa in den Urwäldern Polens. So begeben wir uns auf die Suche.

EIN PYGMÄENGRAB IM REGENWALD

Bei einem Aufenthalt in Uganda fahre ich mit James Macbeth in den Regenwald von Mabira. Von der Landstraße nach Jinja biegen wir auf einen roten Staubweg ab, der durch das Dörfchen Najjembe führt, an Blechhütten und grasgedeckten Lehmhütten, mümmelnden Ziegen, mit Bündeln bepackten Frauen und winkenden Kindern vorbei, die im Rückspiegel in einer Staubwolke verschwinden. Dann umschließt uns der Wald, das Licht wird weich, der Weg hart und feucht, an der Forststation fängt der Fußpfad an, ein Ranger namens Katende begleitet uns durch das wuchernde Grün. Ab und zu klettern wir über das Wirrwarr kniehoher Wurzelausläufer, das zu einem Baumstamm oder genauer zu einem Bündel aus vielen Baumstämmen führt, die so weit in den Himmel ragen, dass der Wipfel des Baumes vom Fuß dieses Stammes aus nicht mehr sichtbar ist: Würgerfeigen (*Ficus thonningii*), die ihren Wirtsbaum überwuchert haben. Es sind die einzigen alten Bäume, die auf dieser Seite der Jinja-Straße übrig geblieben sind, der Wald ist zu Idi Amins Zeit abgeholzt worden, aber, wie mir zuerst scheint, in der Zwischenzeit von weniger als vierzig Jahren bereits wieder nachgewachsen. Dicht und voll und mächtig drängen die vielen namenlosen Bäume empor. Katende erklärt ihren jeweiligen Nutzen: Sandpapier-Bäume mit Blättern wie Sandpapier, Zahnschmerz-Bäume, deren Saft bei Zahnweh hilft, Malaria-Bäume, aus deren Blättern ein Tee aufgegossen wird, Pickel-Bäume, deren Rinde eine glatte Haut macht usw. Und es gibt Tiere: Wir sehen Affen in den Wipfeln herumspringen, wir sehen Riesenschnecken an Baumstämmen, wir sehen handtellerlange Tausendfüßler auf dem Weg, und vor mir gleitet eine kleine grüne Schlange über den Pfad, von der Katende behauptet, es sei eine Mamba. Ein von Leben wimmelnder Wald.

Aber der Unterschied zu dem alten Wald, der uns bald auf der andern Seite der Jinja-Straße einschließt, ist immens: Die Augen müssen sich hier an das grüne Dunkel gewöhnen, denn das allermeiste Licht wird von Pflanzenetagen weit oben abgefangen; Luftholen geht auf einmal langsamer als sonst und schwerer, denn die Luft ist so feucht und schwül, dass sie den Atem nimmt, auf der Haut bildet sich ein öliger Schweißfilm; man hört Geschrei, offenbar von Affen und großen Vögeln, kann aber nicht ausmachen, woher es kommt, zwischen den grünen Büscheln und Wedeln ist kein Durchblick. Ein Bach murmelt, rauscht, ist plötzlich da und führt in ein sumpfiges Gelände hinein. An manchen Stellen ist der Boden mit faustgroßen grünen Kugeln bedeckt, Früchte eines Baumes, dessen Stamm graugrün schimmert: Wie sie heißen, weiß Katende nicht, aber sie werden eh nur von Affen gegessen. Er erklärt, dass in diesem Wald mehr als dreihundert verschiedene Arten von Bäumen vorkommen. Mir fällt das Wort »Dschungel« ein, das inzwischen durch die Bezeichnung »Regenwald« ersetzt worden ist, und mir fällt die Redeweise von der »Grünen Hölle« ein. Katende zeigt einen Platz mitten im Dschungel, der von mannshohen Yuccapalmen überwuchert ist: Wenn man einen Yuccastab abschneidet und in die Erde steckt, dann wächst er fast immer zu einer Pflanze heran.

In diesem Wald lebten einmal kleine Leute mit großen Köpfen, erzählt er. Sie wollten nicht, dass die Bauern die Früchte des Waldes ernteten, es gab dauernd Streit. Die Bauern dachten, dass die kleinen Leute wie Affen seien, und sie töteten viele von ihnen. Dort, wo einer von den kleinen Leuten gestorben war, steckten seine Angehörigen einen Kreis von Yuccastäben in die Erde. Heute gibt es in diesem Wald keine kleinen Menschen mehr, sie sind alle tot, getötet von den Krankheiten der Europäer. Aber die Yuccastäbe sind herangewachsen und haben sich über Ausläufer verbreitet. Yuccaflecken von der Größe eines Zimmers sind überall im Wald verstreut.

In den Pflanzenteppich des Regenwaldes ist also an einigen Stellen die Erinnerung an die Pygmäen eingewebt, die in dieser kaum erträglich feuchtheißen Atmosphäre vor hundert Jahren ihr Leben gelebt haben; ihr Können und Wissen, ihre Sprache und Lieder sind verloren. Die von Yuccapalmen überwucherten Plätze, an denen wir vorbeikommen, sind Grabdenkmäler, aber ich sehe darin noch etwas anderes: Sie sind auch die kostbare Erinnerung an die Wechselseitigkeit der Beziehung zwischen Wäldern und Menschen.

Die »Wildnis«-Vertreter unter den Naturschützern unserer Tage lassen das Wilde nur in völliger Reinheit gelten, ein Wald ohne jede menschliche Prägung oder Beimischung schwebt ihnen vor. Aber jeder der Yuccaplätze hier in diesem Regenwald scheint diese Idee in Frage zu stellen: Was wäre durch die menschliche Totalabwesenheit gewonnen?

Eine logische Schlussfolgerung drängt sich als Antworthilfe auf: Analog zu den Aussagen, dass Dunkelheit erst mit dem ersten Lichtstrahl entstanden ist und Wahrheit mit der ersten Lüge in die Welt kam, ist auch das Wilde erst von den Menschen erfunden worden. Das Wilde braucht den Gegenpol des Zivilisierten, um überhaupt erscheinen zu können; dort, wo menschliche Zivilisation nicht einmal in Ansätzen da ist, verschwindet demzufolge auch das Wilde, seine Konturen verschmelzen im unbestimmten Nebel des allgemein herrschenden Zustandes; allenfalls wird es von den Angehörigen einer späteren Zivilisation als Vorzeit der Vorgeschichte rekonstruiert werden können, wie der Wald des ausgehenden Tertiär, dessen zu Braunkohle verwandelte Reste unsere Phantasie beschäftigen.

Aber Logik allein kann selten Probleme lösen. Möglicherweise sind Befürworter einer Wildnis ohne Menschen mit einem negativen Selbstbild belastet. Sie sehen sich selbst als Störenfriede. Sie identifizieren sich sozusagen auf ontologische Weise mit den Übeltätern, die die natürliche Welt zugrunde richten. Diese Betrachtungsweise wird durch die Entwicklung der Zivilisation auf den ersten Blick gestützt. Die Frage bleibt jedoch, ob wir die Holzwege dieser Entwicklung als unausweichliche Folgen unseres Seins verstehen müssen, oder ob uns noch andere Wege verfügbar sind, Wege, die auf Zusammenarbeit und gemeinsame Entwicklung hinauslaufen. Das Pygmäengrab im Regenwald erinnert an Menschen, die es nicht mehr gibt. Aber es erinnert auch daran, dass wir miteinander verwandt sind und dass wir gemeinsam unterwegs sind auf einer Reise, deren Ende nicht abzusehen ist.

EIN SCHWEIZER URWALD

Wer mit dem Auto von der Stadt Schwyz etwa eine halbe Stunde das Tal der Muota hinauffährt, kommt in der Ortschaft Muotathal an ein Restaurant namens Hölloch. Es bezeichnet den Eingang in ein ausgedehntes Höhlenlabyrinth. Dort geht die schmale Straße ab, die zum Pragelpass hinaufführt. Nach einer enormen Steigung mit einigen Haarnadelkurven, vorbei an grünen Hängen und Matten läuft sie in etwa 1500 Meter Höhe auf eine sanft geneigte Fläche hinaus. Hier findet man sich in einem ausgedehnten Bestand von seltsam schmalen und extrem hohen Fichten. Wer das Auto verlässt, betritt eine ungewöhnliche Welt. Das Gebiet ist auf den Landkarten mit dem Namen »Bödmeren« eingetragen, ein Hochplateau mit einer Ausdehnung von etwa sechshundert Hektaren. Jenseits des Waldes erheben sich die Gebirgswände der Silberen und der Twärenen mit ihren grauweißen Kalken. Auch der Boden der Bödmeren besteht aus Kalkplatten, die netzartig zerbrochen sind und eine Karstlandschaft mit Rissen, Löchern und Dolinen gebildet haben. Würde man einen der Bäume fällen, so müsste man den Stamm mit dem Hubschrauber abtransportieren, denn der Steilhang, an dem das Holz ins Tal rutschen könnte, ist weit entfernt, und ihn mit Pferden oder Ochsen zu rücken, wäre wegen der Spalten im Gelände zu gefährlich. So sind die Bäume, die vor achttausend Jahren in dieses Gebiet einwanderten und es in Besitz nahmen, unbehelligt geblieben.

Dass die Bödmeren ein richtiger Urwald seien, hatte Carina Fuchs in einem Seminar behauptet, in dem Entwürfe von Identitätslandkarten diskutiert wurden. Sie stammt aus dieser Gegend, hat Schulausflüge in Erinnerung, und vermittelt mir den Kontakt zu Walter Kälin, der die Einrichtung des Urwaldreservats Bödmeren durchgesetzt hat. Er beruft sich seinerseits auf Professor Leibundgut von der Eidgenössischen Technischen Hochschule in Zürich. Der hat eine Definition von »Urwald« gegeben, die auf die Bödmeren-Bestände zutrifft: Ein Wald, der ohne menschliches Zutun zustande gekommen ist, gilt als Urwald auch dann, wenn einzelne Stämme entnommen worden sind. Zur Herstellung von Schindeln seien ein paar Bäume gefällt worden, erläutert Kälin; die am besten geeigneten Stämme wurden von den Bauern »mit Götterblick« erkannt, geschlagen, an Ort und Stelle zerlegt und auf den Schultern zu Tal getragen.

An einem Sonntagmorgen Anfang Mai fahre ich mit Carina Fuchs die Pragelpass-Straße hinauf, vorüber an chromoxidgrün leuchtenden Matten, die mit Schlüsselblumen übersät sind, in den dunklen Wald hinein, bis ein kniehohes Schneefeld die Straße überdeckt und die Durchfahrt versperrt. Hier an der Schneegrenze parken vier weitere Autos. Die Leute kostümieren sich in bunter Spezialsportkleidung, legen Tourenschier an und zockeln über die Schneepakete davon. Ich schlüpfe in ein Paar geliehene Moonboots und folge Carina ins Innere des Waldes.

Nachdem wir die Straße verlassen haben, finden wir uns auf Schneeflächen zwischen Bauminseln. Es ist ein sonniger Morgen, der Altschnee glitzert wie zehntausend sprühende Funken. In der Nähe der Bäume ist er von Flechten wie mit Büscheln und Nestern aus Haaren bestreut und mit Fichtennadeln und mit einem Teppich von Fichtensamenflügelchen bedeckt, die aus den Zapfen an den Wipfeln im

Lauf des Winters herabrieseln. Selten finden wir Spuren von Tieren, ab und an die eines schnürenden Fuchses, später hin und wieder das Trittsiegel einer Gämse. Das Rotwild ist bei Wintereinbruch ins Tal hinabgewandert. Bis auf das unablässige und unter der Schneedecke gedämpfte Murmeln vieler rinnender kleiner Bäche ist es still, das Flugzeug, das einen strahlend weißen Kondensstreifen über den Himmel zieht, bleibt unhörbar, zeitweise tschilpt eine Meise aus einem Vogelbeerbaum.

Die Bäume stehen familienweise beisammen. Die Fichten wachsen in Gruppen, zu viert, zu fünft, zu sechst, eng beieinander, und lassen viel Raum zur nächsten Gruppe. Die »Rottenstruktur« ist ein Hinweis darauf, dass es nicht Menschen waren, die diesen Wald eingerichtet haben. Man finde Rotten sonst nur am oberen Rand von Gebirgswäldern, hatte Kälin erklärt. Das Muster biete die optimale Anordnung, um Lawinen aufzuhalten, zwischen den Bauminseln kann sich der Schnee austoben, der Schaden an den Bäumen hält sich in Grenzen. Wo der Forst Stamm an Stamm steht, reißt die Lawine dagegen eine breite Schneise. Ohne die Rottenstruktur hätten diese Wälder an steilen Berghängen vielleicht nicht bestehen können.

Mir fallen die Fichtenforsten der deutschen Mittelgebirge ein, wo Stange an Stange steht, kahl mit toten Ästen und Zweigen, die im rechten Winkel aus den Stämmen hervortreten – man muss aufpassen, beim Gehen im Forst keinen Kratzer abzubekommen – und oben das dunkle Nadelzweigwerk, das die graubraunen Nadelpolster des Waldbodens hermetisch vor jedem Lichtstrahl abschirmt.

Die Rotten oder Familien hier in den Bödmeren sind von den Spitzen der Bäume bis auf den Boden hinab mit Zweigen ummantelt. Und ihre Versammlung bildet keine Decke, sondern ein Archipel. Zwischen den Inseln ist Raum für Lebensformen, die den Waldrand besiedeln. Wir sind im

Wald und zugleich an einem inneren Waldrand, der sich endlos wie ein Möbiusband zwischen den Baumgruppen erstreckt.

Die Polster aus zusammensackendem Altschnee heben das Rottenmuster hervor, denn die Bauminseln sind schneefrei. Jeder der sonnenbeheizten Stämme reflektiert die Wärme und bringt den Schnee in einem konzentrischen, leicht südwärts verzogenen Zirkel zum Schmelzen, so dass die Rotten sich selbst dunkle Inseln inmitten der hellen Schneedecke erzeugen, die zwischen ihnen sanft aufgeworfen erscheint wie eine Landschaft aus Federbetten.

Die Inseln halten die Wurzeln der Bäume auf grauweißem Fels und einem dunklen Boden, der von kahlen Heidelbeersträuchern und kriechendem Berg-Bärlapp (*Lycopodium annotinum*) bedeckt ist. Wenn ich die keulenförmigen Sporenstände des Bärlapps mit dem Finger anschnippe, stäubt es gelb auf. Die klassisch einfache Form dieser Pflanze erinnert mich an den fossilen Abdruck einer sehr alten Verwandten aus dem Kupferschiefer, *Ulmannia bronni*, die ich vor dreißig Jahren auf einer Halde im Hessischen fand. Neben dem Bärlapp steht ein violettes Pilzchen, auf dünnem Stängel ein daumennagelgroßes Hütchen mit weit stehenden Lamellen.

Im Stammbereich des Baumes steigt mir der Duft von warmem Harz in die Nase, und als ich zurück aufs Schneefeld trete, um diese Fichte in ihrer ganzen Größe anzuschauen, umgibt mich wieder der kalte Hauch des Winters. Das Wechselspiel von Licht und Schatten, von Sommerwärme und Winterkälte auf Schneedecke und Bauminsel hat etwas Erheiterndes, und ich suche und wiederhole das Durchschreiten verschiedener Klimazonen.

Jede dieser Baumgruppen ist ein Unikat, jeder einzelne Baum unverwechselbar einmalig. Die Zweige mit hellen langen Bartflechten (*Usnea longissima*) behängt, den Stamm voller Strauchflechten (*Pseudeverina furfura*), erinnert die Fichte an die bekannte Radierung von Altdorfer, der Eindruck einer Wesensverwandtschaft drängt sich auf: Jene selbstbestimmte Andersheit, jenes Respekt einflößende Gegenüber, alt und urig, starr und stark.

Wer würde angesichts der ausgeprägten Individualität vermuten, dass die gleiche Art auf Stangenäckern gezogen und geerntet wird? Aber ist es die gleiche Art *Picea abies*? Diese Art von Bäumen, die nach einem fünf- oder sechshundertjährigen Leben umstürzen, auf deren abgebrochenem Stumpf und aus deren abgerissenem Stamm eine neue Generation von Fichten hervorwächst, sind auffallend schmal und schlank. Ihre Zweige umschließen sie eng wie ein Etui, als ob sie die Gefahren des Schneebruchs kennten und mit ihren abwärts weisenden Ästen vermeiden wollten.

Hier und da bilden sie an den Abbruchkanten des Karst eine Reihe wie Zuschauer hinter einer Balustrade, meist umklammern ihre Wurzeln einen Felsbrocken, manchmal auch mit einer Art Schwitzkastengebärde einen virtuellen Klotz, in dem einst der elterliche Stubben saß, auf dem sie keimten und den sie mit ihren Wurzeln umfassten, bis er vermodert war und den Hohlraum zurückließ, dessen Konturen die Wurzel in der Luft immer noch nachzeichnet. Einmal wachsen drei Stämme wie die Finger einer Schwurhand aus einer Stammesdreifaltigkeit empor, einmal hocken fünf Stämme so dicht aneinander, dass sie an einen Eibenbusch erinnern, und streben dann doch empor zu mächtigen Fichten von 30 Metern Höhe und mehr. Einmal finden wir ein Gebilde, das auf den ersten Blick erscheint als ein einzelner Baum, aber eine Doppelspitze trägt und sich bei genauerem Hinschauen als siamesische Zwillingsfichte entpuppt. Aus einem vermodernden Bruchstubben wachsen vier junge Fichten heraus, die größte mannshoch, die kleinste kniehoch. Geisterhaft und riesig wirkt ein einzelner aufrecht stehender toter Baum, der dunkelsilberne Stamm durchlöchert wie ein Sieb, aus dem helles Holzmehl herausrinnt und am Fuß in Kegeln sich aufschüttet, ähnlich wie die Schuttkegel am Fuß der Steilwände der Druesbergkette, die zwischen den Rotten der Bäume im Hintergrund aufragt.

Wir sind stundenlang unterwegs, folgen über Strecken einer einzelnen Schispur, aber begegnen keiner Menschenseele. Vor der Wand der Silberen öffnet sich das Gelände, die Fichten bleiben zurück. Ein weites Feld aus Schnee und Fels tut sich auf, streifenweise mit Krüppelbirken (*Betula tortuosa*) bewachsen, deren Ärmchen und Stämmchen unter der Last des Schnees gebrochen und verdreht wurden, und die trotzdem in den Rinnen der Karstfelsen leben und siedeln.

Schneepakete überdecken die Spalten und Risse des Geländes. Schon unter den Daunendeckenlagen des Altschnees zwischen den Fichtenrotten lief das Wasser; wir hören und begreifen, dass wir auf Brücken über Klüfte und Abgründe wandeln und wir hoffen, dass der großzügige Schnee unser Gewicht auch hier im offenen Gelände tragen wird, nur um zu finden, dass wir immer wieder einbrechen. Ich stecke mehrmals bis zur Hüfte in der Schneedecke, und lege mich auf Bauch oder Rücken, um mich herauszuwinden und dann mit den Händen nach dem stecken gebliebenen Moonboot zu fischen. Ich versuche, die Tragfähigkeit des Schnees an den Erscheinungsformen seiner Oberfläche abzulesen, finde aber nur Unberechenbarkeit und Überraschung. Die Vorstellung von Karstlöchern, die unter der Decke verborgen sind, macht mich unsicher. Im Rückblick ist die Situation auch zum Lachen. Die Steine starren vor Ernst. Sie sind, wo sie aus dem Schnee hervortreten, grau geriffelt wie ein liegendes Waschbrett und extrem hart, mit messerscharf geschliffenen Rippen.

Einige Karrenlöcher, hatte Kälin bemerkt, seien auf 80 Meter Tiefe ausgemessen worden. Es bestehe eine Verbindung von den Rissen im Karst bis hinunter ins Höhlensystem des Höllochs, und der kalte Wind, der unablässig aus den Kavernen aufsteige, bestimme die Vegetation. Das kühle Mikroklima über dem offenen Karst verhindert, dass Fichten hier Fuß fassen können, und lässt nur die ärmlich wirkenden Birken zu: Birken und Heidelbeeren und ein langes Gras, dessen fahle Halme in den Nischen und Taschen der Felsen Nester bildet und die dattelkernförmigen Losungen der Murmeltiere überzieht, die den Schnee dekorieren.

Ich werde in der kommenden Nacht von Kavernen und Dolinen träumen, werde die Öffnung in den Wänden eines alten Ruinengebäudes betreten und in einen Abgrund hinabschauen, wie am Tiefbrunnen im Spangenberger Schloss, jemand hat ein brennendes Strohbund hineingeworfen, das an den Schachtwänden entlang endlos hinabfällt. Ich werde im Schlaf eine Schädelkapsel sehen, unter der sich eine glänzend polierte Kaverne erstreckt, das Innere eines Elefantenschädels oder einer Skulptur von Henry Moore. Noch im Traum wird mir die Analogie zwischen den Windungen des Hirns und dem endlosen inneren Waldrand der Bödmeren erscheinen, unter denen sich das Hölloch dehnt.

Als wir das Gebiet ein zweites Mal betreten, sind uns die Muster vertraut, der Hang ist leicht abschüssig, wir laufen Schneehügel hinunter, in der Hitze der Mittagssonne dösen die Fichtenrotten vor sich hin. Wir umgehen einen Windbruch mit abgebrochenen und an den Wurzeln abgerissenen Stämmen, die im Schnee hierhin und dorthin geworfen sind wie Buchenstäbe auf dem Tuch bei der Buchenstabwahrsagerei der alten Germanen. Ihr vertikal herausragender Wurzelteller ist meist unvollständig, die Bäume am Rande des Areals sind mit streichholzschachtelgroßen rechteckigen Blechen markiert, auf denen eine Zahl eingetragen ist, und unten neben der Pass-Straße ist ein Schild in Augenhöhe angenagelt: Unter der Überschrift »Dauerbeobachtung von Sturmschädenflächen« werden wir darüber informiert, dass der Orkan »Vivian« vom 26. bis zum 28. Februar 1990 diesen Teil des Waldes zerstört hat, und dass das Holz absichtlich liegen gelassen wird, um die Reaktion des Waldes auf die einsetzende Borkenkäferinvasion zu beobachten. Jeder Pfad durch jeden Wald ist ein Waldlehrpfad.

Walter Kälin erklärt, dass der Borkenkäfer nach zwei bis drei Jahren die Bäume an den Rändern der Windbruchflächen befällt. Diese Bäume stehen zwar noch aufrecht, sind aber sturmgeschädigt, das Rütteln des Windes am Stamm hat die äußeren Wurzeln abgerissen. Ihre Schwäche nimmt der Käfer als Duft wahr. Im Falle des Windbruchs durch den Vivian-Sturm waren 150 Kubikmeter Holz vom Borkenkäfer befallen, doch außerhalb des Kreises der geschädigten Bäume verschwanden die Käfer, als habe es den Sturm nicht gegeben. Eine Invasion von Borkenkäfern setzt kranke Bäume voraus, schließt er: Beispielsweise haben die meisten Bäume im Bayerischen Wald durch Schadstoff-Emissionen derart gelitten, dass sie den Duft der Schwäche ausströmen, für den Käfer der Schlüsselreiz, um das Werk der Rückführung der lebenden Substanz in fruchtbaren Humus anzufangen, das dann die Pilze fortführen.

Der Bödmeren-Wald ist für Walter Kälin ein Gegenstand der Sorge und ein Lehrmeister. Der 86-jährige Präsident der Stiftung »Urwaldreservat Bödmeren« wohnt in einem Vorort von Schwyz. Wir sitzen auf der Terrasse unterhalb seines schönen Chalets und blicken über den Park mit dem alten Nussbaum, der erste grüne Knospen schiebt, über eine ausgeästete Robinie und ein rosafarben blühendes Magnolienbäumchen auf die Blüten der angrenzenden

Kirschplantage, hinter der ein Zipfel des Vierwaldstätter Sees erscheint. Am Himmel flitzen Mauersegler umher, ein Hubschrauber landet auf dem Dach des nahe gelegenen Spitals. Vor fünfzig Jahren, er war damals Leiter des Forstdienstes für den Kanton, habe ihm ein alter Revierförster von einem »komischen Wald« erzählt, in dem kein Baum geschlagen wurde und die gefallenen Stämme kreuz und quer herumlagen. Er habe sich den Wald angeschaut und sei dann immer wieder hingefahren. Es gab noch keine Pass-Straße, man musste einen langen Fußweg emporsteigen, um in die Bödmeren zu kommen. Immer wieder hingefahren sei er, um Strukturen zu studieren, die man sonst nicht kennt: die Bestandsentwicklung der Rotten, die sich permanent erhalten und eine Jungphase, eine Optimal-, eine Alten- und eine Zerfallsphase durchlaufen; die Verjüngung des Fichtenbestands, die fast ohne Ausnahme auf dem Moderholz alter Fichten vor sich geht.

Allmählich sei ihm die Einmaligkeit des Gebiets aufgegangen, aber auch dessen Schutzbedürftigkeit, und im Jahr 1970 habe er die Einrichtung eines kleinen, nur fünf Hektare umfassenden Reservats durchgesetzt, das im Jahr 1983 auf siebzig Hektare erweitert worden sei.

Der Wald ist im Besitz der »Oberallmeind Korporation Schwyz«, einem Verband, der seit Gründung der Eidgenossenschaft besteht und auf die erste Besiedlung des Gebiets zurückgeht, auf den Zwang zur Kooperation unter den Siedlern, der in den Alpen – anders als in freundlicheren Siedlungsräumen – gegeben war. Die Einrichtung des Urwaldreservats beruht auf einem Pachtvertrag, der mit der Landsgemeinde abgestimmt sein muss. Die Abstimmung erfolgt durch Handheben. Manchen Abend vor der Abstimmung, sagt Kälin, habe er in den Muotathaler Beizen (Kneipen) verbracht, um die Idee des Reservats zu vertreten. Die Diskussion habe sich auf wirtschaftliche Gesichtspunkte konzentriert, den finanziellen Ausgleich für das, was aus dem Wald entnommen werden könnte, wenn er bewirtschaftet würde. Für die siebzig Hektare erhalten die Mitglieder der Landsgemeinde 17 200 Franken pro Jahr, ein fürstliches Entgelt, wenn man bedenkt, dass der Holzpreis verfallen und die Waldwirtschaft zum Subventionsbetrieb geworden ist. Der Betrag kommt aus den Zinsen des Kapitals der Stiftung »Urwaldreservat Bödmeren«, das Kapital ist von der Stiftung »Pro Patria« und zu einem kleineren Teil vom Kanton Schwyz zur Verfügung gestellt worden.

Wie soll man den Aufwand an Verhandlungsgeschick und Durchsetzungskraft einschätzen, der sich hinter solchen Zahlen verbirgt? »Der Kampf erhält jung«, lacht Walter Kälin. Die letzte Abstimmung ging zwar verloren, aber nichts ist endgültig. Es war geplant, das Reservat auf 450 Hektare auszudehnen. Man hatte den finanziellen Ausgleich auf 18 000 Franken berechnet, und die Stiftung bot an, pro Jahr 80 000 zu zahlen – die Mittel für die Erhöhung des Kapitals lagen schon bereit. Aber diesmal sperrte sich die Landsgemeinde, der Umschwung der Stimmung ist schwierig zu deuten. Man könne das, was schützenswert sei, selber schützen, hieß es, das Geld komme von »fremden Vögten«, wurde polemisch formuliert. Kälin meint, die Überzeugungsarbeit vor Ort habe gefehlt.

Das Bödmeren-Reservat ist ein Studienobjekt. Die Stiftung hat vierzig Forschungsarbeiten finanziert. Außer der Untersuchung von Sturmschädenfolgen vor allem Erhebungen zur Artenvielfalt, Pollenanalysen, und die typischen Garnituren der Vegetation auf unterschiedlichen Standorten entlang Transekten. Man fand 265 Moosarten, mehr als tausend Pilzarten, unter ihnen auch eine, deren Vorkommen nur aus Michigan in den Vereinigten Staaten beschrieben ist, siebzig Arten Mollusken, zwölf Arten von Mäusen usw.: Die Vielfalt der Arten ist außerordentlich groß. Die

Forscher beschreiben ihre Befunde in den *Berichten der Schwyzerischen Naturforschenden Gesellschaft,*[83] und im Bildband *Urwald in den Schwyzer Bergen. Schöne wilde Bödmeren* wird der Stand der Dokumentation im Textteil wiedergegeben. Der Titel eines Beitrags, *Lehrer Urwald,*[84] liefert die Metapher, in der die Waldperspektive des Stiftungspräsidenten aufscheint. Vielleicht wäre die Bezeichnung »Lehrbuch«, »Labor« oder »Museum« noch treffender gewesen. Der Wald zeigt, wie er sich ohne menschliches Zutun erneuert, er enthält gewissermaßen Schaukästen, in denen die Anfänge der Pflanzenbesiedlung des Karstes abzulesen sind, etwa dort, wo die Stumpfblättrige Weide sich über Flachkarren schiebt und einen Teppich als Keimbeet für weitere Pflanzen liefert, er illustriert Begriffe wie »Optimalphase« und »Rottenstruktur«. »In erster Linie«, heißt es im Text, »dienen Waldreservate der Erforschung sich selbst entwickelnder Waldlebensgemeinschaften, ihrer Struktur, ihrer Böden, ihrer Vegetation und Fauna.«[85]

Als Bauer in Muotathal, der in der Landsgemeinde über die Verpachtung der Bödmeren durch Handaufheben mitzuentscheiden hätte – würde ich für oder gegen die Ausweitung des Pachtvertrags stimmen? Gesetzt den Fall, dass die Vermehrung der finanziellen Einkünfte kein ausschlaggebendes Argument ist, weil ich einigermaßen gut ausgestattet bin – würde ich zustimmen, den Wald als Forschungsgegenstand für Biologen und Forstwissenschaftler zu reservieren? Würde die Metapher vom »Lehrer Urwald« stark genug sein, um mich von der Notwendigkeit der Erweiterung des Reservats zu überzeugen?

Der Schweizer Biologe Adolf Portmann hat die Anhäufung wissenschaftlicher Daten, die von der Bevölkerung nicht verarbeitet werden, als Problem bezeichnet. Er erinnert an Jakob von Uexküll. Der habe »die wissenschaftliche Produktion unserer Zeit mit einem Schneefall verglichen, der unablässig seine Flocken auf die Dinge der Welt fallen lässt, langsam die Gestalt dieser Dinge durch die wachsende weiße Decke verformt und sie schließlich völlig aufhebt. Dieser Schnee«, schreibt Portmann 1974, »fällt und fällt immer dichter.«[86] Es ist eine wichtige Aufgabe, »die unabsehbare Masse des Wissens, welche insbesondere die Naturforschung anhäuft, so zu ordnen, dass auch den vielen, die an der Wissenschaft nur indirekten Anteil haben, eine erste Orientierung möglich ist«[87]. Es geht nicht nur um die Vermittlung des Wissens von oben nach unten, sondern auch um eine Korrektur der wissenschaftlichen Sicht, die von der Vermittlung mit der naiven Weltsicht profitieren kann. Die naive Weltsicht entspringt unserer primären Erfahrung, sie ist gewissermaßen Teil der Ausrüstung, die sich im Lauf der stammesgeschichtlichen Entwicklung als überlebensfördernd herausgebildet hat. Sie behält das Ganze im Blick, während die wissenschaftliche Methode einzelne Aspekte isoliert und bestimmte Zusammenhänge herausgreift, um sie auf eine quasi mechanistische Weise zu verfolgen. Als Beispiel für solche wissenschaftliche Verranntheit führt Portmann den Funktionsgedanken an, der die Evolutionslehre bestimmt: Die Erscheinungsform der Lebewesen ist nach dieser Vorstellung nichts als eine Folge von Funktionen, die zum Überleben beitragen. Das Fleckenmuster auf dem Leopardenfell dient der Tarnung, die Farben der Blüten fungieren als Lockmittel für Insekten oder andere Blütenbestäuber, die eng am Stamm anliegenden Zweige der Bödmeren-Fichten haben die Funktion, die winterliche Schneelast abzustreifen. Portmann hat viele Jahre lang als Zeichner und Maler gearbeitet, und sein Blick ist durch die ästhetische Wahrnehmung der Natur geprägt. Den Satz »form follows function« zitiert er mit Skepsis. Er kennt zu viele Beispiele für Formen, die mit Funktionen nicht ohne weiteres verrechnet werden können. Er nennt solche Formen »unadressierte Gestaltungen« und bringt das Wort »Selbstdarstellung« ins Spiel. Er schlägt vor, den Lebewesen einen ihnen innewohnenden Drang zuzugestehen, sich selber zum Ausdruck zu bringen. Er legt Wert darauf, sich von einem Wissenschaftsverständnis abzugrenzen, das auf die Anhäufung von »Herrschaftswissen« hinausläuft, und er betrachtet die Natur voller Verehrung, ein Philosoph, ein Künstler und ein Biologe zugleich.

DAS WILDE UND DAS UNBERÜHRTE

In der Schweiz gibt es also einen Wald, der nach den geläufigen Bestimmungen ein echter »Urwald« ist. Die Tatsache erscheint ebenso unerwartet wie das Pygmäengrab im Regenwald. Dieses Grab bietet Anlass zur Erinnerung daran, dass in den irgendwie besiedelbaren Räumen unseres Planeten überall Menschen sind. Sie leben heute noch auf ihre hergebrachte zivilisationsferne Weise in den Regenwäldern des Amazonas-Beckens, wie sie bis zum Ende des 19. Jahrhunderts noch in den Wäldern des Yellowstone-Parks lebten. Man kann sie vertreiben oder töten, und wenn sie ein naturnahes Leben geführt haben, kann man Besuchern des Waldes erzählen, dass sie ein von Menschen unberührtes Gelände vor sich sehen. Aber das ist ein Trick. Die Vorstellung der von Menschen unberührten Wildnis erweist sich als Illusion, jedenfalls was Waldgebiete betrifft. Auch der Schweizer Urwald zeigt sich genau genommen keineswegs als von Menschen unberührt. Weil es zu riskant war, hat man die Bäume nicht geschlagen, bis auf einzelne, die an Ort und Stelle zerlegt und als Schindelholz auf dem Rücken ins Tal getragen wurden. Immer wurde der Wald von Jägern und Sammlern betreten und heute dient er Schifahrern und Wanderern als Ausflugsgelände und Biologen als Forschungsgegenstand.

Will man von den Einflüssen der Menschen auf Luft und Wasser einmal absehen, so ist die real existierende unberührte Wildnis nur in den lebensfeindlichen Zonen der Antarktis und im innern Bereich der großen Sand- und Eiswüsten des Planeten zu finden, in der Sahara vielleicht, in Grönland. Von Menschen betreten sind aber auch diese Gebiete. Selbst die Oberfläche des Mondes ist nicht mehr vollkommen unberührt, und der Mars befindet sich bekanntlich schon seit Jahren im Visier der Raumfahrtforschung.

Vielleicht aber liegt das Ursprüngliche, das wir im Wilden suchen, weniger in der »Jungfräulichkeit« und »Unberührtheit« der Natur, als in der Erfahrung des Nicht-Verfügbaren, Anderen. Vielleicht liegt der Fehler darin, in der menschlichen Berührung eine Form von Kontamination zu sehen. Nicht jede Begegnung zwischen Menschen und Bäumen muss zwangsläufig Bäume zerstören. Das Wilde, Ursprüngliche, Andere, Nichtverfügbare des Waldes ist etwas, das wir in vielen Wäldern finden können; wahrscheinlich nicht überall, aber doch auch in der Nähe von Menschen. Thoreau hat es im Bauernland um Concord gefunden und interessanterweise mit Metaphern beschrieben, in denen das ursprüngliche Wilde mit der zivilisierten Kultur zusammentrifft:

> »Kürzlich unternahm ich eines Nachmittags einen Spaziergang über Spauldings Farm und sah, wie die untergehende Sonne einen stattlichen Fichtenwald beleuchtete. Ihre goldenen Strahlen wanderten über den Boden des Waldes, als wäre es die Halle eines Edelmanns. Ich war beeindruckt – es war, als hätte sich eine uralte, bewundernswerte, illustre Familie in diesem zu Concord ge-

hörenden Landstrich niedergelassen, eine Familie, die ich nicht kannte, deren Dienerin die Sonne war und die sich weder in die Gesellschaft des Städtchens hatte einführen lassen noch Besuch empfing.«[88]

DIE LETZTE BASTION

EINE AFRIKANISCHE IMPRESSION

Am hinteren Ende der Rasenfläche des Hotels in N'Djamena fällt die kahle Böschung bis 5 Meter tief ab. Vor der Kante verläuft ein 3 Meter hoher Maschendrahtzaun und davor ein Stacheldrahtzaun. Man überblickt ein Bild der Ruhe: Im Vordergrund der Gürtel von grabfeldgroßen, mit Erdwällen voneinander wabenartig abgegrenzten Kammerbeeten mit Melonen und Zwiebeln und Salat, in der Mitte der von Dorngestrüpp spärlich bedeckte Uferstreifen, und dann der Fluss Chari, wie ein Spiegel mit vollkommen ruhiger Oberfläche, an dieser Stelle vielleicht 300 Meter breit mit vier Einbaumbooten, in denen sich außer den beiden Paddlern am hinteren Ende noch vier oder fünf Gestalten drängen, in weiten Gewändern, weiß bauschend oder purpurfarben, rot und gelb und grün gemustert, wie auf einem Gemälde. Es ist nicht ersichtlich, woher dieser Bootsverkehr kommt und wohin er führt; es gibt wohl eine Art Fährbetrieb hinüber nach Kamerun, aber auch eine Fahrtrichtung flussab und flussauf. Weiter flussabwärts tauchen Sandbänke aus dem Wasser auf, die mit weißen Watvögeln bedeckt sind. Es genügt, dass diese Boote einfach da sind, so wie die beiden am Ufer im dürftigen Schatten eines Dornstrauchs seit zwei Stunden hockenden Frauen oder wie die hoch gewachsenen muskulösen Männer, die mit nackten Oberkörpern zwei Gießkannen Wasser von einer Einbuchtung am Ufer holen und sie über den Gemüsebeeten im Vordergrund ausleeren. Es genügt, diese Vorgänge aufzunehmen als Abfolge von Bildern, die ihrerseits dem Lauf der Sonne folgt oder dem Gang der Sterne oder einem anderen alten Rhythmus, den ich in Hamburg verloren habe und der mich hier wieder einholt wie eine Erinnerung aus der Kindheit, als die Welt noch neu war, angefüllt mit geheimnisvollen Gerüchen und leuchtenden Farben – oder projiziere ich diese Vorstellung etwa nur als Wunsch in eine Vergangenheit, die so nie war, aber jedenfalls tatsächlich längst abhanden gekommen ist?

Ein amerikanischer Freund hat mir anvertraut, dass er nur in Afrika zu Hause sei: Die Farben, die vielfältigen Brandgerüche, vor allem die dauernde und unumgängliche Nähe von Tieren. Er ist Ornithologe, Darwinist, und er meint, seine Anmutungen mit einer genetisch enkodierten Erinnerung erklären zu können: Wir kommen ja alle aus Afrika, und »Mama Afrika«, wie dieses Land, wie dieser Zustand auf Kisuaheli genannt wird, mag sich über all die Ereignisse der Eiszeiten und der Verschiebungen von Klimazonen, der Wanderungen von großen Tierherden und die dadurch herbeigeführten Verwandlungen der Lebensweisen hinweg viel weniger verändert haben als die weiter nördlich gelegenen Zonen des Planeten.

Aber man braucht nicht erst einen Zusammenhang mit der »Wiege der Menschheit« heraufzubeschwören, um an Afrika zu hängen, in afrikanischen Bildern und Zuständen zu schwelgen, selbst hier nicht, am äußeren Ende des Hotelgartens, mit dem Wummern eines Kompressors im Ohr. Hier sitze ich unter einem Baum, der mir Schatten gewährt und mich aufnimmt in den Kreis der Lebewesen, die er adoptiert hat. Die Art, in der er seinen Stamm in Richtung des Flusses neigt, um ihn in Augenhöhe in zwei gleich starke Äste zu gabeln, die kurz darauf noch einmal auseinander treiben, um sich als sechsarmiger Kandelaber zur mächtig schattenden Krone emporzuschwingen – diese Art nehme ich als einladende Geste wahr. Er ist kleiner und gedrungener als die schlaksigen Niimbäume links und rechts von ihm; seine starken Äste sind mit winzigen Zweigen voll mimosenförmiger Blättchen besetzt, die auf meine Berührung allerdings nicht reagieren. Als er vor einer Stunde eine fingerlange graugrüne Schote vor meine Füße warf, fand ich darin eine elastische süß duftende Masse wie Manna, die drei glänzend schwarze Saatkerne umschloss. Sein Stamm ist mit breiten hellgrauen Schuppen bedeckt, auf Bodenhöhe klafft eine Lücke, aus der sich ein junger Spross neu und grün herausschiebt. Er gehört zur Art *Tamarindus indica*, Tamarindenbaum, die aus Indien eingeführt worden ist wie viele andere Bäume Afrikas und die wegen des Fruchtfleisches in den Schoten verbreitet wurde.

Viele Europäer finden fremde Pflanzen interessant, wir sehen in ihnen eine Chance zur Bereicherung. Vielleicht ist diese Haltung durch eine lange Erfahrung der Nutznießerschaft geprägt: »Persien hat uns den Nussbaum und die Pfirsiche, Armenien die Aprikose, Klein-Asien den süßen Kirschbaum und die Kastanie, Syrien die Feige, die Granate, den Öl- und Maulbeerbaum geschenkt«, wie Alexander von Humboldt in seinen *Ideen zu einer Geographie der Pflanzen* festhält.[89]

Aber auch die Feldfrüchte, Weizen, Roggen, Kartoffeln sind Importe aus der Fremde, die wir nutzen und denen wir unsere Lebensweise angepasst haben. Afrikaner neigen dagegen dazu, Pflanzenimporte mit einem gewissen Misstrauen zu betrachten. Ihre Erfahrungen mit allem, was fremd ist, geben Anlass zur Vorsicht. Man ist wählerisch. Die Banane aus Südamerika ist als Grundnahrungsmittel, die Mango aus Indien als Leckerbissen weit verbreitet, aber die Gewürzpflanzen, mit denen man nach orientalischem Muster die Speisen würzt, fehlen im Innern Afrikas. Der Eigengeschmack von Fleisch und Gemüse würde überdeckt, sagt man, und selbst der Zucker wird überraschend wenig verwandt, obwohl das Zuckerrohr verbreitet angebaut wird.

Bezeichnend ist folgende Anekdote: Als im 19. Jahrhundert der indische Mandelbaum nach Uganda gebracht wurde, rissen die Baganda die Sämlinge aus und schlugen die fremden Bäume ab. Der Herrscher des Landes, der Kabaka, verfügte über absolute Autorität. Er gab dem Baum den Namen »Kabaka anjaggala« – »Der König liebt mich« – und keiner wagte es mehr, dies fremde Gewächs zu vernichten.

Der Tamarindenbaum vor meinen Augen hat eine Wächterin, eine alte Eidechse mit abgebrochenem Schwanz. Es wimmelt hier von Eidechsen, graugrünen Kleinoden mit einem dunklen Fleck am Ohr, oder blaugrünen Riesen mit gelben Köpfen und gelben Schwänzen, die in eine blaue Spitze auslaufen. Die Wächterin beobachtet mich unablässig von einer flach geneigten Stelle des Stammes aus, zwei Handbreit oberhalb meiner Augen. Manchmal dreht sie ihren Kopf und rennt ein paar Schritte, um mich mit ihren kleinen schwarzen Augen besser fixieren zu können. Die Unterseite ihres Maules ist gelb. Jetzt hebt und senkt sie den Vorderkörper auf ihren Beinen in einer Art Liegestützgebärde. Manchmal schwirren kleine graue Vögel in den Baum hinein, um irgendwo im Blattwerk zu verschwinden. Manchmal fliegt eine Grille aus dem Laubdach hervor, zieht einen schwirrenden Bogen und taucht gleich wieder darin unter. Vor dem milchblauen Himmel segeln elf Schwalben. Es ist Ende Februar, 36 Grad im Schatten. Ich bin hier, um an einer Konferenz über Umweltfragen teilzunehmen.

Ich warte auf den Organisator dieser Konferenz, den Leiter des Zentrums *Kampf gegen die Ausbreitung der Wüste*, der es verstanden hat, einen Kreis von Unterstützern in Hamburg aufzubauen, eine kanadische Hochschule und mehrere Unesco-Institute für sich zu gewinnen, und der hier mit drei Ministerien und mit der Universität eng zusammenarbeitet. Wie in den ostafrikanischen Ländern, in denen ich tätig war, hat sich auch in der Gesellschaft des Tschad eine besondere Schicht hoch gebildeter und in mehreren Sprachen flüssig parlierender Experten herausgebildet, die sich auf die Zusammenarbeit mit den »Geberorganisationen« aus nördlichen Industrienationen spezialisiert hat. Es ist nicht immer klar erkennbar, wie die Tätigkeiten dieser Elite – ihre Lehrplanentwürfe, ihre Baumpflanzaktionen und Vermittlungsangebote – das Leben der armen Leute verbessern helfen, aber eines liegt auf der Hand: Sie verstehen sich darauf, für sich selber eine komfortable Nische der Wohlhabenheit inmitten des Elends einzurichten. Der Fluss der Hilfsmittel von Norden nach Süden ist ein großes Geschäft, von dem ich selber profitiere. Manchmal scheint es mir bei derartigen Reisen in Afrika, als ob ich der einzige eigentliche Nutznießer der Unternehmungen sei: Die teure Reise, die Begegnungen mit den Vertretern faszinierend fremdartiger Kulturen und mit einer atemberaubend grandiosen Natur, alles um den Preis von ein paar Vorträgen, von der Ermüdung, die das Berichteschreiben mit sich bringt, und von einigen Unregelmäßigkeiten bei den eingespielten Eß- und Schlafgewohnheiten. Der Preis, den ich zahle, erscheint mir gering im Vergleich zu den geistigen Entbehrungen eines jahrelangen Aufenthalts, und im Vergleich zu dem jener geschäftsförmigen Deformation der Wahrnehmung, an der die »Dritte Welt«-Manager des reichen Nordens ebenso leiden wie die des armen Südens.

Hier, im Schatten des Tamarindenbaumes, bin ich in die typische Haltung der Mehrzahl der Menschen in den so genannten Entwicklungsländern gezwungen und übe das Warten. Warten darauf, dass jemand kommt, dass etwas geschieht, gehalten, das Ticken der eigenen inneren Uhr zu vernehmen.

Afrika ist nicht arm. Beim Reisen und bei der Zusammenarbeit mit den wunderbar starken Bewohnern des Landes lernt man mit der Zeit, wenigstens drei Schichten der afrikanischen Gegenwart voneinander zu unterscheiden, drei Schichten der afrikanischen Imagination. Die erste Schicht ist das Postkartenafrika, die stilvoll eingerichteten Hotels, die Hochhäuser der Banken und die Konferenzzentren in den Städten und die spektakulären Landschaften, die von Touristenströmen über wohlorganisierte Safaris besucht werden. Es dauert meist nur Tage, bis unter dieser glänzenden Oberfläche ein anderes Afrika zum Vorschein kommt – das schäbige Afrika, ein Land, in dem nichts zu funktionieren scheint, was wir in unseren Industrienationen für selbstverständlich nehmen; es ist nicht nur das Fehlen von Diensten wie Müllabfuhr und der häufige Stromausfall oder das plötzliche Versiegen des Wassers aus den Wasserleitungen, weswegen die besseren Hotels über eine eigene Wasserversorgung verfügen; es ist der Zustand der meisten Gerätschaften, von den Autos bis zu den Wasserhähnen ist nichts völlig in Ordnung, die meisten Dinge sind irgendwie kaputt, kaum etwas, das verlässlich funktionierte. Die meisten Reisenden aus Europa erfahren Afrika als Mischung von Erfahrungen aus den beiden Schichten. Es gibt noch eine dritte Schicht der afrikanischen Wirklichkeit, die sich erst allmählich erschließt: Der vollkommen zuverlässige, alte und nahezu unzerstörbare Rhythmus der bäuerlichen Lebensweise. Wenn man gelernt hat, diesen Pulsschlag zu hören, vernimmt man ihn fast überall auf diesem Kontinent. Er äußert sich in jeder Transaktion und verleiht dem Leben eine Rückbindung an das Greifbare, die anderswo nicht leicht zu finden ist. Ob dieser Rhythmus das Relikt einer dem Untergang geweihten Lebensweise ist, oder ob er die Grundlage jener »afrikanischen Renaissance« bieten wird, von der zumal in Südafrika in den vergangenen zehn Jahren häufig geredet worden ist, wage ich nicht zu beurteilen. Doch genau diese Schicht ist es, die ich suche.

Ein Junge von vielleicht zehn Jahren ist die Böschung zum Zaun hinaufgekommen. Er hängt sich mit beiden Händen an die aus Stacheldraht gewickelte Kordel wie an eine Reling und betrachtet den Garten des Hotels, die Holzskulpturen im Einbaum, den Swimmingpool, die Plastiksessel mit den Hotelgästen. Die Finger seiner Hand sind gespreizt wie die Beine von Spinnen, aufmerksam scheint er jede Einzelheit des Bildes in sich aufzunehmen. Hinter ihm, auf dem Pfad am Flussufer, gehen acht Frauen in rot gemusterten Kleidern mit Tüchern um den Kopf geschlungen, in kerzengerader Körperhaltung im Gänsemarsch. Sie tragen Körbe und Schüsseln auf den Köpfen, und zwei von ihnen haben kleine Kinder in Tuchschlaufen auf den Rücken gebunden. Auf seinem Ausguck steht der Tamarindenbaum wie ein Türmer über der Szenerie. Er war schon lange hier, bevor das Hotel gebaut wurde, mit seinen ausgebreiteten Ästen scheint er alles aufzunehmen, was geschieht.

BÄUME GEGEN DIE WÜSTE

Ein Rundgang im Viertel von Bololo zeigt ähnliche Straßenanlagen wie spätere Rundgänge in dem viel ärmeren Gebiet von Kabalaye, wohin ich nach ein paar Tagen umziehe. Die Straßen sind sehr breit, aus hellem Sand oder aus sandbedecktem Asphalt, und stets von Bäumen umsäumt. In N'Djamena muß die Zahl der großen Bäume, die gleichzeitig mit dem Bau der Straßen, der Avenuen und der Sternkreuzungen gepflanzt worden sind, in die Hunderttausende gehen. Keiner von den Experten im Direktorat für

Forsten oder auf der Konferenz kann mir sagen, wer diese Anlage entworfen und durchgeführt hat. Wahrscheinlich, so vermute ich, war es eine Agentur der französischen Kolonialmacht.

Die meisten Bäume sind ausgewachsen, groß und kräftig, es gibt einzelne Baumruinen mit toten Ästen, und es gibt einzelne neu angepflanzte Bäumchen, meist in einer kuriosen steinernen Festung. In ihrem Schatten sitzen überall Leute, dicht gedrängt eine Gruppe Frauen mit kleinen Kindern, oder Männer, die sich nebeneinander auf Bastmatten räkeln. Der Festungsring um die jungen Bäumchen ist aus fast quadratischen luftgetrockneten Lehm- und Häckselziegeln aufgeschichtet, kreisrund bis in Brusthöhe aufgebaut, so dass das Bäumchen sich geradewegs zum Licht emporstrecken muss. In seinem Festungswall ist es gegen weidende Ziegen und Kamele, parkende Autos, Motorräder und trampelnde Fußgänger geschützt. Wenn es nach Jahren – angeblich benötigt es ein Jahr lang regelmäßige Wassergaben, bevor sein Wurzelwerk selbständig genug ist, um die Pflanze am Leben zu halten, und drei Jahre lang einen Schutzschirm – zum Schatten spendenden kleinen Baum herangewachsen ist, genügt ein Autoreifen als Schutz, bis der Baum von sich aus Land und Leute zu schützen beginnt.

Auffällig auch die Holzblöcke, wie Trommeln auseinander gefallener antiker Säulen, die am Straßenrand liegen. Es sind die mächtigsten Teile von den Gliedern und vom Stamm der toten Bäume. Nachdem alles ausgeweidet ist, was man an Zweigen, Ästen und Stammteilen entfernen und zerkleinern kann, bleiben diese Blöcke übrig. Ihnen ist mit den verfügbaren Spaltwerkzeugen, kreuzhackenähnlichen Äxten, nicht beizukommen. Man nutzt sie manchmal zum Sitzen oder als eine Art Warentisch, und öfter werden sie in den großen Innenhöfen, die sich hinter den

Mauern am Straßenrand auftun, als Schutz und Sitzplatz um die Stämme der lebenden Bäume gruppiert, aber meist dekorieren sie lediglich den Wegrand wie skurrile Skulpturen eines Bildhauers, der den ästhetischen Zauber von totem funktionslosen Holz entdeckt hat und ihn nun als künstlerische Aussage an den Straßenrändern verkündet.

Wenn es diese Bäume nicht gäbe, wäre die Stadt N'Djamena inzwischen so ausgetrocknet wie das ausgetrocknete Umland, in dem sie gelegen ist und das mit dem arabischen Wort »Sahel« – »Grenze« – bezeichnet wird. Es ist das Grenzland zur Wüste, die sich dauernd verschiebt. Die Wüste dehnt ihre Ränder aus und zieht sie wieder zusammen, in genau umgekehrter Übereinstimmung zum Ausmaß des Regenfalls. 1990 hatte die Sahara die ungeheure Ausdehnung von 9 269 000 Quadratkilometern; 1984, im Jahr mit den geringsten Niederschlagsmengen, erstreckte sie sich sogar über 9 982 000 Quadratkilometer. Damals dehnte sie sich um bis zu 240 Kilometer nach Süden aus. Einschlägige Statistiken basieren meist auf Satellitenaufnahmen, und sie belegen für die letzten Jahre einen Rückzug der Wüste an den Rändern, in Entsprechung zum Anstieg der Niederschläge. Ob diese Schwankung als Anzeichen für die dauerhafte klimatische Wende gedeutet werden kann, ist umstritten. N'Djamena war noch vor einer Generation eine Stadt im Grünen. Heute liegt sie in einem öden ariden Gebiet, und das Grün dieser Stadt im Sahelgürtel ist Ergebnis menschlichen Eingreifens, einer Baumpflanzkultur, die dauernden Einsatz erfordert.

Hier und da gibt es ein paar Ausnahmen, Tamarinden, die unumgänglichen Eukalyptusstämme, Feigen und Mandeln, doch die allermeisten der Straßenbäume gehören lediglich zwei Arten an: Entweder ist es der Afrikanische Mahagonibaum, *Khaja senegalensis*, der hier Caillecedrat genannt wird, die einheimische Art, die noch vor zwanzig Jahren wenige Kilometer entfernt von N'Djamena ausgedehnte Wälder bildete, die allesamt abgeholzt wurden. Oder es ist der Niim, *Azadirachta indica,* der aus Indien importierte Apothekenbaum, der auch in den Ländern Afrikas als ein wahrer Segen betrachtet wird und hier ganzen Straßenzügen seine heilsame Atmosphäre leiht.

Dieser Baum kann auch Phasen extremer Trockenheit überleben – er ist typisch für Gebiete mit 400 bis 1200 Millimeter jährlichem Niederschlag – und erscheint gerade für die Bedürfnisse der Menschen ideal, weil die Temperatur in seinem Schatten aus unerfindlichen Gründen stärker fällt als im Schatten anderer Bäume: Volle zehn Grad Celsius weniger als in der Umgebung. Im Kampf gegen die Ausbreitung der Wüste ist er vielleicht die beste verfügbare Waffe. Dass er Moskitos und Heuschrecken fernhält, ist ein zusätzlicher Vorteil. Der Botschafter der Bundesrepublik im Tschad hat beobachtet, dass die weißen Reiher, die abends massenhaft vom Fluss heraufziehen und in ihre Schlafbäume einfallen, unter denen sie alles besudeln, sich nie auf Niimbäumen niederlassen.

Dass der Tee aus seinen Blättern ein Mittel gegen Malaria ist, dass aus seinen Früchten ein Öl gewonnen wird, das gegen vielerlei Leiden hilft, dass er einen sanfteren Weg der Schädlingsbekämpfung bietet, der Insekten nicht geradewegs umbringt, sondern ihre Verhaltensmuster verändert, dass aus dem Azadirachtin ein sicheres und sanftes Mittel zur Empfängnisverhütung hergestellt werden kann, dass er von den Vereinten Nationen zum »Baum des 21. Jahrhunderts« erklärt worden ist – all das sind zusätzliche Informationen, die im Tschad kaum bekannt sind, aber der verborgene Reichtum wartet nur darauf, entfaltet zu werden. Die meisten Niimbäume hier sind um die 20 Meter hoch, ihre Pfahlwurzel kann angeblich doppelt so tief in die Erde hineinwachsen. Zweige breiten sich meist von einem Mittelpunkt her aus und bilden einen Schirm, aus dessen Mitte die bisexuellen Blütenstände herabhängen.

DAS SAHELSYNDROM

»Das Sahelsyndrom«, heißt es im Bericht des Wissenschaftlichen Beirats der Bundesregierung *Globale Umweltveränderungen* aus dem Jahr 1996, »wird von uns als ein typisches Übernutzungssyndrom verstanden, also als ein Krankheitsbild der Mensch-Natur-Interaktion, das im Zuge der mehr oder weniger stark verfehlten Nutzung natürlicher Ressourcen auftritt.«[90] Als Illustration dazu erfahre ich während der Konferenz von einer Radiosendung, in der das rapide Verschwinden des Tschad-Sees vorausgesagt wurde. Die Bevölkerung an den Ufern des Sees sei dabei, sämtliche Bäume und Büsche abzuhacken, um sie in N'Djamena als Brennholz zu verkaufen; die Befestigung der Dünen, die bodenbedeckenden Gräser verschwinden, das Klima verändere sich und der Sand wehe ungehindert herein.

Es ist eine alte Geschichte, die an schrumpfenden Seen genau abzulesen ist, am wohldokumentierten Rückgang der Oberfläche des Tschad-Sees, aber auch am Verschwinden des Aral-Sees in der ehemaligen Sowjetunion, der durch modernste Bewässerungstechniken für den Baumwollanbau abhanden kam, nicht ohne die besonders moderne Note einer Vergiftung der Böden und des Wassers durch enorme Massen von Pestiziden. Es gibt gute Gründe für die Annahme, dass ganze Kulturen wegen der Übernutzung der Böden untergegangen sind. Und vielleicht ist es auch treffend, dafür die Bezeichnung Sahel-Syndrom zu wählen. Aber diese Vorgänge als »verfehlte Nutzung natürlicher Ressourcen« zu schelten, wie es der Wissenschaftliche Beirat der Bundesregierung tut, hat etwas Oberlehrerhaftes, vor allem, wenn die Schelte von jemandem ausgesprochen wird, der einigermaßen sicher sein kann, dass ihm ein ähnliches Schicksal in seinem eigenen Lebensraum erspart bleiben wird.

Ein paar Tage später fahre ich nordwärts, in den Sahel hinein. Die Ausfallstraße nach Abéché ist anfangs noch von Mahagonibäumen gesäumt und von einzelnen Baumschutzringen, die meist hohl sind. Ausgedehnte unbebaute Geländeflächen nehmen zu, übersät mit zehntausenden von kleinen schwarzen Plastiktüten, den unverweslichen Relikten von Einkäufen, die auch hier, in einem der ärmsten Länder der Welt, meist den Erwerb derartiger Polyvinylchlorid-Beutel einschließt. Der Wind hat sie hierhin und dorthin verweht, an einzelnen Stellen häufen sie sich, am Gestrüpp bleiben sie massenhaft hängen, aber im Lauf der Jahre hat sich das Muster einer aufs ganze Areal bezogen ziemlich gleichmäßigen Verteilung herausgebildet. Die Leute, die an der Straße entlanggehen, Frauen mit Kindern auf dem Rücken und Schüsseln auf dem Kopf, Männer, die Fahrräder voll schwerer Säcke schieben, bleiben allmählich zurück, die Straße öffnet sich wie ein Band, das auf den Horizont hinläuft. In der Ferne verliert sich der Blick in einem weißgrauen Flimmern. Die Farbe des Himmels erscheint taub und stumpf. Das Land ist flach, mit windigen Büschen und dünnen Bäumchen bewachsen, der Wind schlenkert eine Sandspur wie mit dem Besen gefegt über die Straße. Die Zahl der toten Bäume nimmt zu, auch die Zahl der Akazien mit fingerlangen Dornen und winzigen, spärlichen Blättchen, die hier draußen als einzige die extremen Dürrezeiten zu überleben verstehen. Der Boden zeigt sich als Patchwork aus einem matten Heuton und einem weißlichen Sandton, und tatsächlich taucht ab und zu eine Rinderherde auf – wunderbar zartgliedrige afrikanische Kühe mit riesigen Hörnern, die damit beschäftigt sind, die millimeterstarken Heuplatten abzuweiden, von denen die Böschungen bedeckt sind. Das Bett eines trockengefallenen Flüsschens läuft neben der Straße kilometerlang her in Gestalt eines unterbrochenen Streifens dünner Akazien, die meisten sind tot.

Die Latexpflanze begleitet den Fahrstreifen in Gruppen, mit ihren armdicken Stängeln und weißgrauen fleischigen Blättern, lebt dieses bis zu 2 Meter hohe Kraut von dem Wasser, das die asphaltierten Teile der Straßendecke sammeln und zum Rand hinleiten. Würde man ein Blatt abbrechen, die weiße Gummimilch der Latexpflanze würde hervorquellen; aber keiner fasst sie an, der Saft macht blind, und selbst die Ziegen berühren sie nicht. Der Straßenasphalt ist von derart vielen Rissen überzogen, dass er stellenweise wie Schorf von einer alten Wunde abfällt; dort bilden sich Schlaglöcher von tückischer Tiefe.

Abdallah, der Emanuel, Mahamat und mich in seinem alten Peugeot 504 über das Land fährt, biegt auf die Piste neben der Asphaltfahrbahn ab. Hier werden wir durchgerüttelt, aber es gibt keine Fallgruben. In der Asche einer Feuerstelle am Rand der Piste liegt der Rippenkäfig eines Rindes, die Erinnerung an die Kostbarkeit des Lebens, die sich allein schon der völligen Unmöglichkeit verdankt, irgendeinen Augenblick zu wiederholen. Mir fällt einer der schönen pathetischen Sätze aus einem der Bücher von Carlos Castaneda ein: Wie willst du es verantworten, am Leben zu sein in diesem einmaligen Augenblick in dieser wunderbaren Wüste?

Das weißgraue Land ist eine tote Savanne. Dass es einmal eine grüne Weidelandschaft gewesen sein muss, verraten nicht nur die toten Bäume, die dünnen Heuplatten, die Form des Geländes mit ihren weichen Talmulden und ihren Rinnen. Es ist auch mit den Händen zu greifen: Beim

Dorf Ngatoya stehe ich vor einem kniehohen Sandberg, und versuche, in den weißgrauen Sand hineinzugreifen. Doch dieser Hügel ist nicht aus Sand. Hart wie Beton, besteht er aus einem zusammengebackenen Material, das fein ist wie Staub. Er ist aus feinem organischem Material gebildet, besteht gewissermaßen aus den Spuren alter Lebensprozesse, sedimentiertes, fossiles Leben. So ist er selber auch fruchtbar, ein Lößboden, in dem fast alles wächst, was hineingesteckt wird. Vorausgesetzt, es gibt Wasser. Ohne Wasser verhärtet er, und der Wind reibt die feinen Partikel ab und bläst sie über das Land. Bäume, wo es sie gibt, setzen den Prozess des Erhalts des Bodens und der Fruchtbarkeit des Landes in Gang. In ihrem Schatten, ihrem Halbschatten bereits kann das Gras überleben, manchmal nur wie ein Hauch, aber das reicht schon, um den Boden vor der völligen Austrocknung und vor dem Abtrag durch Wind zu bewahren. Gras hält den Boden. Bäume halten das Gras. Es ist ein Zusammenhang, der auch geringe Mengen von Niederschlag für das Leben umzusetzen versteht. Ohne Bäume kein Gras, ohne Gras kein Boden. Wenn der Wind den Lößstaub davongeweht hat, wandert der Sand ein, kommt aus dem Untergrund hervor und bildet eine Decke aus Körnchen, in die der Wind Rippelmuster hineinzeichnet.

Wenn der Boden zu Sand geworden ist, kommt die Wechselwirkung mit neuem Leben nicht länger zustande. Sand besteht aus den aufs feinste abgeschliffenen Teilen verschiedener Mineralien, Quarz und Eisensilikat und Turmalin und Magnetit. Ein Sandkörnchen ist das Gebilde, das auf der Erde die größte Chance hat, dem Konzept »Ewigkeit« nahe zu kommen. Ein Sandkörnchen ist fast unzerstörbar. Es ist das Endprodukt der Vorgänge, die den Planeten prägen, und es hat die besten Aussichten, in der Wüste oder am Meeresstrand oder im Innern eines Felsens die nächsten hundert Millionen Jahre ziemlich unverändert zu überstehen. Sand ist auf dem Mond zu finden und auf dem Mars. Sand ist tot.

Im Dorf Ngatoya fahren wir über die mit Rinder- und Ziegendung fast lückenlos bedeckten Flächen zwischen runden, strohgedeckten Lehmhütten und halten unter einem Prosopisbaum. Mahamat Abbas begrüßt den Dorfältesten, die Männer und Jungen eilen herbei und umringen uns, Mahamat schließt den Verschlag des kleinen Apothekenhäuschens auf, das sein Verein gebaut und eingerichtet hat. Es ist, wie alle Hütten, aus luftgetrockeneten Lehm- und Häckselziegeln hochgemauert und mit Lehmputz verschmiert, im Innern angenehm kühl bei der Hitze draußen von etwa vierzig Grad, aber es gibt keine Medikamente. Man spricht die ortsübliche Version des Arabischen und erklärt mir, dass es Probleme mit der Wasserversorgung gibt und dass man mit fremden Eindringlingen im Streit um die Nutzung von Weidegründen liege. Es sind fünfzehn Leute: die beiden Ältesten, einer von ihnen ist blind und spricht Französisch, fünf kräftige junge Männer und acht Jungen mit neugierigen und lachenden Gesichtern, zwei von ihnen mit entstellenden Hautkrankheiten. Die Wasserstelle will man mir nicht zeigen, sagt Emanuel, der Dolmetscher. Er drängt darauf, zu gehen, die islamische Welt macht ihn unbehaglich, und er hat heute Morgen sein Mobiltelefon am Straßenkiosk bei einem muselmanischen Lebensmittelhändler vergessen, der behauptete, nichts davon gesehen zu haben, als wir ihn später wieder aufsuchten.

Angesichts der pittoresken Kulisse aus Lehmhütten, Ziegenherden, Kinderscharen, bunt gekleideten Frauen und jungen Männern, neben den offenbar zum Verkauf bestimmten Brennholzstapeln an den Häusern, erscheint Abbas wie ein junger Handlungsreisender, ein Regenmacher, der mehr Versprechungen als Hilfen zu bieten hat. Vielleicht ist die Erinnerung an das gute Leben in der grünen Savanne noch wach, als das Wasser reichlich floss und das Land vom fetten Gras bedeckt war, vielleicht hegt der eine oder andere die Hoffnung darauf, dass die Zeit das wiederbringt, was einmal war. Aber von der Erinnerung und der Hoffnung allein lässt sich nicht leben.

Neben der Neuanpflanzung von einer Handvoll Parkinsoniabäumchen an der Straße hocken wir uns in den Schatten des Peugeot und essen Brot mit Thunfisch und Sardinen aus der Dose. Alle zehn Minuten fährt ein Wagen an uns vorbei. Ich schaue mich um – es gibt ein paar ältere Akazienstämme, einen Haufen von Lehmziegeln, aus denen einmal eine Schule für Ngatoya errichtet werden sollte und die jetzt wieder zu Staub zerfallen, eine überraschend große Zahl kleiner Vögel, die von Baum zu Baum schwirren, und einen Habicht auf Jagdstreifzug; die Eleganz seines Fluges ist vollkommen faszinierend.

Die zwanzig Prosopis- und Parkinsoniabäumchen, die Mahamats kleiner Verein neben der Straße gepflanzt hat, verschwinden in der Weite des Raumes. Wenn er nicht ein großes Blechschild mit dem Namen und der Adresse seiner Assoziation von Freiwilligen am Straßenrand aufgestellt hätte, müsste man die Stelle unbemerkt passieren. Er zeigt auf den Boden um die Stämmchen herum. Dort hat der schwache Schatten genügt, dass sich ein wenig Gras ansiedeln konnte. Zwei internationale Preise hat er für seine Arbeit bekommen, und voller Stolz lässt er Abdallah das Auto in einigen Dörfern anhalten, um den Frauen ein freundliches Wort zuzurufen, die für ihn an Baumpflanzaktionen gearbeitet haben. Abbas, rufen sie zurück, und jedes zweite Wort von ihm ist »Alhamdl'illah« – »Gott sei Preis und Dank«.

Bei der Rückfahrt kündigt sich die heranrückende Nähe der Stadt N'Djamena mit den typischen Industriezonen an, Ziegeleien vor allem, das Schlachthausgebiet mit den Gerbereien, die Zuckerfabrik. Aber auch durch die Zunahme der Bäume, die in Schutzwällen heranwachsen und die als Chausseebäume mit grünem dichtem Laubdach die Straße immer lückenloser begleiten. Und es gibt noch etwas, ausgerechnet hier in dem Gürtel aus Industrielandschaft und Abfallhalden: Wälder, Forsten aus kräftigen Mahagonibäumen, deren Boden mit den üblichen schwarzen Plastiktüten übersät ist, die an einer Stelle bis ans Ufer des Chari-Flusses heranreichen. Von der andern Seite des Flusses her, von Kamerun aus betrachtet, muss dieser Abschnitt des Tschads als grüner Wald erscheinen. Hier liegt auch die staatliche Baumschule, fünfzehn Beete mit je 1200 Pflänzchen. Müsste man nicht die hundertfache Menge ziehen? Bei meinen Besuchen bei den Ministerien stellt sich heraus, dass es überall in den Höfen unter den Bäumen kleine Ansammlungen von Schösslingen gibt, die in schwarzen Plastiksäcken oder in abgeschnittenen Plastikflaschen aufgezogen werden. Im Direktorat für Forstwirtschaft, einer Abteilung des Ministeriums für Wasser und Umweltangelegenheiten, erklärt mir ein Forstbeamter die Namen und den Nutzen der einzelnen Bäume im Hof des Gebäudes. Alljährlich, sagt er, wird eine Woche des Baumes veranstaltet. Der Präsident ist anwesend, alle ausländischen Diplomaten sind anwesend, alle Schulen beteiligen sich, es werden in jedem Jahr 500 000 Schösslinge gepflanzt, vor allem Niimbäume und Mahagonibäume.

Ein paar Tage später verfinstert sich der Himmel; bei diesem Wetter werden, erklärt man mir weitschweifig, viele Leute krank, man müsse viel husten, was es sei, wisse man nicht recht. Die Luft liegt schwer auf den Lungen, wir fahren in einem feinen und trockenen Nebel in der Stadt herum. Gegen Abend erscheinen die Lichter der entgegenkommenden Autos als Punkte und weiße Kreise, die Silhouetten der Fußgänger tauchen wie allmählich aus einem weichen Blau auf, und die Umrisse der Frauen in ihren afrikanischen Kleidern erscheinen wie eine Fata Morgana der Nacht.

Am nächsten Morgen finde ich die Gegenstände in meinem Zimmer im Centre Catholique d'Accueil in Kabalaye – den Stuhl, den Tisch, die Bücher auf dem Tisch – mit einer feinen und dicken Staubschicht bedeckt. Ich stelle mir die Wüste wie einen Organismus aus einem Sciencefictionroman vor. Sie lebt und räkelt sich im Schlaf, sie öffnet das Maul und hebt ein Geschrei an, dessen Frequenz meinen Sinnen unzugänglich bleibt, dessen Macht aber den Lößstaub aus der Grenzzone herausfegt.

Dr. Guelmbaye vom Forschungsinstitut für Tierhaltung möchte das Thema seiner Dissertation mit mir erörtern. Er hat über ein Rinderleiden promoviert, Trypanosoma congolese, das mit Anämie einhergeht und von den Hirten mit Medikamenten behandelt wird, die sie aus Bäumen gewinnen. Aus welchen Bäumen diese Mittel gewonnen werden, weiß er nicht, doch dass die Unterdosierung zur Resistenz des Krankheitserregers führt, hat er erforscht. Er sagt, im Tschad gebe es schätzungsweise fünf Millionen Rinder, zehn Millionen Schafe und Ziegen, zehn Millionen Hühner, und sechs Millionen Menschen. Die Kühe liefern nur etwa zwei Liter Milch pro Tag, die teilweise zu Käse verarbeitet wird. Ich habe diesen Käse gegessen, er erinnert an Mozzarella, ist jedoch fester und nussartiger im Geschmack.

Was die im Internet verbreitete frohe Botschaft vom Ende der Ausbreitung der Wüste angeht, so ist Dr. Guelmbaye skeptisch. Er erinnert daran, dass der Tschad-See von einer Oberfläche von 25 000 auf nur 2000 Quadratkilometer zusammengeschrumpft ist, und er sagt, dass es noch vor zwanzig Jahren nördlich von N'Djamena ausgedehnte Wälder gegeben habe. Weshalb sollte sich diese Entwicklung plötzlich umkehren? Die Wüste rückt mit immer rapider ausgreifenden Schritten heran. Die Menschen verschließen die Augen vor dem, was geschieht. Man könnte etwas tun, mehr Bäume pflanzen, besser mit dem Wasser haushalten, verbreitet Solarkocher einsetzen. Aber das Bewusstsein ist nicht entwickelt. Er ist jetzt ungefähr vierzig Jahre alt. Er erwartet, den Fall der letzten Bastion mitzuerleben.

Um vier Uhr morgens schallt der erste Gebetsruf aus den Lautsprechern der Moscheen. »Gott ist groß«, schreit der Muezzin mit sich überschlagender Stimme, und nach dem Singsang von einem Dutzend Minaretten folgt pausenlos der monotone Vortrag von Suren bis zum nächsten Gebetsruf. Die Glocke der Kirche von St. Paul hier in Kabalaye schlägt mächtig an, sie setzt eine Serie von Schlägen in die graue Sanftheit des Morgens. Der alte Pater im Zimmer nebenan spricht ein langes Gebet. Gegen halb sechs wird es still, und das laute Gezwitscher der Vögel in ihren Nestern unterm Dach des St. Augustin Stiftes übernimmt die Liturgie. Draußen verschiebt sich die Farbe des Himmels nach einem von bläulich schimmernden Flecken durchbrochenen Weiß, von der Nacht ist einzig der blasse Morgenstern übrig geblieben. Acht Reiher ziehen in schöner Formation mit raschen Flügelschlägen zum Fluss hinüber. Die Silhouetten der Büschel vom Laubdach der Niimbäume stehen wie mit dem Schwamm getupft vor dem Hintergrund des zunehmenden Lichtes, erwartungsvoll.

RELIGIÖSE ANSICHTEN VON BÄUMEN

BETENDE

Der Oglala-Indianer Schwarzer Hirsch stand an der gleichen Stelle auf dem Gipfel des Harney Peak, an der er als Knabe die Vision von dem Baum gehabt hatte, der durch ihn zum Blühen gebracht werden sollte. Er schaute nach Westen, hob die Arme empor, in seiner rechten Hand hielt er die heilige Tabakspfeife, und rief mit seiner dünnen und zitternden Stimme den Großen Geist im Westen, einen der sechs Großväter[91]:

»In der Mitte des heiligen Reifens hast du gesagt, dass ich den Baum zum Blühen bringen sollte. Unter Tränen, o großer Geist, mein Großvater, mit fließenden Tränen muss ich dir jetzt sagen, dass der Baum niemals zur Blüte gekommen ist. Du siehst mich hier, ein armseliger alter Mann, mein Leben ist vorbei und ich habe nichts getan. Hier in der Mitte der Welt, wo du mich hingeführt hast und mich belehrt hast, als ich jung war; hier stehe ich, alt, und der Baum ist verdorrt, Großvater, mein Großvater!

Noch einmal, vielleicht zum letzten Mal auf dieser Erde, sehe ich die große Vision vor mir, die du mir geschenkt hast. Es kann doch sein, dass ein kleines Würzelchen des heiligen Baumes noch lebt. Nähre es dann, dass es Blätter treibt und Blüten und sich mit singenden Vögeln anfüllt. Höre mich, nicht für mich, aber für mein Volk; ich bin alt. Höre mich, damit sie in den heiligen

Reifen zurückkehren und den guten roten Weg finden und den schützenden Baum!«[92]

Es war während der großen Dürre im Jahr 1931; die Worte des Gebets sind von John Neihardt notiert worden, der mit dieser Szene sein Buch, den Lebensbericht von Schwarzer Hirsch, beschließt. Die Dramatik des Gebets wäre kaum besser zu inszenieren gewesen. Hätte Neihardt eine Videokamera gehabt, hätten wir wahrscheinlich eine Kamerafahrt mit der Aussicht vom Harney Peak über die mondartige Landschaft der Badlands zu sehen bekommen, mit den tiefen Erosionsrinnen und der verdorrten Grasnarbe auf den Flächen der Tafelberge; seit Monaten war kein Tropfen Regen gefallen. Wir hätten den mit weißen und roten Streifen und Punkten bemalten nackten und hageren Körper des alten Manns betrachten können und die Art, in der er die Arme mit der Pfeife emporstreckt, wir hätten sein merkwürdig dünnes Stimmchen gehört und dann die plötzlich aufkommende Bewölkung und den Regenschauer wie einen aufwallenden Nebel wahrgenommen und die hart aufschlagenden Tropfen beobachtet. Wahrscheinlich dann in Großaufnahme das tränenüberströmte Gesicht des Alten im Regen, und das wimmernde Geheul, mit dem er seine Anrufung beschließt: »Verzweifelt schicke ich meine schwache Stimme, o ihr sechs Mächte der Welt. Hört mich in meiner Verzweiflung, ich werde euch nie mehr anrufen. O macht, dass mein Volk lebt!«

Auch wenn Neihardt uns Wasichu, den Bleichgesichtern, vorschlägt, den unvermittelt niedergehenden Regenschauer einfach als überraschenden Zufall zu betrachten, so ist es schwierig, darin nicht doch ein Zeichen wahrzunehmen, und noch schwieriger, den verzweifelten Wunsch des Alten nicht zu teilen. Ein Baum hat Hoffnung, wie es im Buch Hiob heißt, und der Kustos des Botanischen Gartens Hamburg, Hans Helmut Poppendieck, erklärt mir, dass die übliche Wahrnehmung eines Baumes dem Ganzen seines biologischen Wesens nicht gerecht werden kann: Wir sehen nur, was aus der Erde herausragt, Wurzelansatz, Stamm und Äste und Zweige und Blätter, und nicht das, was in der Erde ist, das Wurzelwerk, das sogar einen abgehauenen Stamm dazu bringen kann, aufs Neue Äste und Zweige und Blätter auszutreiben. Liegt in dieser Beobachtung nicht eine Art Rechtfertigung der Vorstellung des Alten? Selbst dann, wenn es noch eine lange Zeit dauern wird, bis der Baum des Lakota-Volkes wieder erblüht, wie es mir bei einem Besuch der Pine Ridge Reservation in den neunziger Jahren schien, so ist es entsprechend dem Bild doch nicht ausgeschlossen, dass die Wurzel aufs Neue ausschlagen wird. Die Metapher vom Volk als Baum trägt noch immer.

Dass Schwarzer Hirsch gerade zum Bild des Baumes greift, deutet auf die Herkunft der Prärieindianer aus den Wäldern des Nordens. Die Art, in der er zur Anrufung der Großväter die Arme erhebt, entspricht der Geste, die wir aus steinzeitlichen Ritzzeichnungen in Europa kennen, wenn hier auch keine Friedenspfeifen in Gebrauch waren. Die erhobenen Hände des Betenden ahmen die Gestalt eines Baumes nach: Als ob Bäume schon immer Betende seien. Das Beten, die Anrufung von Mächten jenseits unserer Verfügbarkeit, ist jedenfalls älter als das Konzept des Einen Gottes. Diese Beobachtung ruft interessante Fragen hervor: Ob die Geste der erhobenen Arme des Betenden die zum Licht gehobenen Äste der Bäume nachstellt? Ob dieses Aufgreifen einer alten Wahrnehmung auch einem althergebrachten Bild von Bäumen entspricht, als verharrende, hoffende, dem Licht zugewandte Wesen? Und schließlich, ob Gott eine Erfindung Gott suchender Beter ist?

Spekulationen über das Bild eines Mosaiks, von dem zu wenige Steinchen vorhanden sind, um eine Erklärung mit

Anspruch auf Gültigkeit zu geben. Manchmal findet sich ein Steinchen, das hineinzupassen scheint: Die Verwandlung von Philemon und Baucis in einen Eichbaum und eine Linde. Das Paar war alt und arm, fromm und rechtschaffen. Als Einzige der gesamten Gegend luden sie die unerkannten Wanderer Jupiter und Merkur zum Essen ein. Ihr Wunsch war es, gemeinsam sterben zu dürfen, damit keiner das Grab des anderen zu sehen brauchte. Ovid schildert in seinen *Verwandlungen*, wie die Götter diesen Wunsch erfüllten:

»Da sahen zugleich Philemon und Baucis,
Wie sich des anderen Leib mit grünenden Blättern
umkleidet.
Als über beider Gesicht schon wuchsen die Wipfel
der Bäume,
Sprachen sie noch, solang es vergönnt, zueinander
die Worte:
»Gatte, leb wohl!« Zugleich mit dem Ruf verhüllten
ihr Antlitz
Zweige und Laub. Dort zeigt der heimische Bauer
noch heute
Stamm neben Stamme sich nah, aus den beiden
Körpern gewachsen.«[93]

Das Baumgewächs gleiche dem Menschen, soll Paracelsus gesagt haben. Aber die Gestik des Baumes kann kaum in Entsprechung mit der eines aktiv handelnden Menschen aufgefasst werden. Der Baum rennt nicht und reitet nicht, er hantiert nicht mit tausend Dingen, er fuchtelt nicht mit seinen Armen umher und er kann sich nicht setzen. Die Momentaufnahmen von Personen, die in solchen Tätigkeiten begriffen sind, könnte man zwar mit entsprechenden Baumfotografien kombinieren, aber das wäre eine Spielerei, so wie die Fotos von Buchstaben und Zahlen auf den Zeichnungen der bunten Flügel von Schmetterlingen. Genau genommen, sieht ein Baum aus wie ein Mensch, der still steht, die Arme emporhebt und eine Unterredung mit Mächten zu unternehmen sucht, auf die er kaum Einfluss zu nehmen erhoffen kann: Der Baum gleicht einem betenden Menschen.

LICHTWESEN

Eine andere Facette der Ansicht von Bäumen greift das Wechselspiel zwischen dem Licht und der Baumsubstanz auf und kehrt es um, so dass das Lichtwesen des Baumes gewissermaßen aufgedeckt ist oder offenbar wird. Die Möglichkeit dieses Umkippens im Auge des Betrachters hängt mit der physischen Beschaffenheit von Bäumen und mit der Tatsache zusammen, dass die menschliche Sinneswahrnehmung ein Interpretationsvorgang ist, bei dem der Sinngehalt von Sinneseindrücken jeweils zustande gebracht oder hergestellt wird. Das heißt, man kann Bäume als Bäume »lesen« und »ansprechen«, oder – wenn diese fast automatisch ablaufende Interpretation außer Kraft gesetzt ist – als Flecken und Netze aus Licht. Dies Außerkraftsetzen ist wahrscheinlich nicht allein bei Bäumen möglich, aber es ruft bei Bäumen die schönste und anregendste Wirkung hervor, was mit der besonderen Beschaffenheit der Krone von Bäumen zusammenhängt, dem Wechselspiel aus Himmel und Substanz, das keiner besser beschrieben hat als Leonardo da Vinci mit seiner Spiegelbildschrift im *Traktat von der Malerei*:

> »Das Durchbrochensein der Baumkörper mit Luftlücken und die Unterbrechungen der Luft durch die Baumausladungen zeigt sich dem Auge in weiter Entfernung nicht; denn wo man das Ganze nur noch mit Schwierig-

> keit erkennt, da erkennt man auch schwer die Teile; es bildet sich ein verworrenes Gemisch, an dem mehr Anteil bekommt, was in größerer Menge vorhanden. Die Baumdurchbrechungen sind kleine Fleckchen heller Luft, die sehr viel kleiner als der Baum selber sind; sie verlieren daher ihre Wahrnehmbarkeit früher als der Baum. Das hebt aber nicht auf, dass sie da sind; daher entsteht notwendigerweise aus Luft und Dunkelheit des schattigen Baums eine Mischung, die vereinigt zum Auge, das sieht, zusammenläuft.«[94]

Licht und Schatten sind also miteinander vermengt und laufen in größerer Entfernung perspektivisch im Auge des Betrachters zusammen; aus der Nähe betrachtet stellt sich die Baumkrone dann wieder als Muster aus »Luftlücken« und »Baumausladungen« dar. Womöglich noch deutlicher als beim Blick nach oben zeigt sich dieses Muster aus Dunklem und Leuchtendem auf der Fläche um einen Baum herum. Bei Sonnenschein entsteht ein Schattenbild, das durch helle wunderbar gleichmäßig elliptische Lichtflecke unterbrochen wird, die man auf der Wasseroberfläche eines Teiches oder auf dem Asphalt einer Straße besonders gut beobachten kann. Zur Mittagszeit sind diese als »Sonnentaler« bezeichneten Lichtflecke eher rund, morgens und abends eher elliptisch, und bei einer partiellen Sonnenfinsternis zeigen sie sich als lauter sichelförmige Halbsonnenbilder. Sie sind überraschend hell, es sind tatsächlich Abbilder der Sonne, mehr oder weniger helle Lichtflecken, mit mehr oder weniger scharfen Abgrenzungen. Die schwach leuchtenden, aber besonders scharfen Sonnenbilder erscheinen in bestimmten Abständen zur Öffnung im Laubdach auf dem Boden, für die Marcel Minnaert den Radianten von 108 angibt: Bei einem Abstand von 1080 Zentimeter zwischen Laublücke und Boden beträgt der Durchmesser des

Sonnentalers 10 Zentimeter. Der Durchmesser des Talers nimmt mit der Entfernung zur Laubdachlücke zu. Minnaert behauptet, dass man unter Buchen, Linden, Ahorn schönere Sonnentaler findet als unter Pappeln, Ulmen und Platanen.[95]

Das Bild, das wir uns von einem Baum machen, bezieht sich auf seine sichtbaren und greifbaren Bestandteile. Bäume, die wir »aus dem Gedächtnis« zeichnen, ohne Anschauung eines tatsächlich vor uns sich erhebenden Beispiels, geben diese Teile wie in einer Art Aufzählung wieder: Wurzelansatz und Stamm, Äste und irgendwie das Blätterdach, oftmals als grüne Wolke dargestellt, weil es mit seinen tausenden von Zweigen und Blättern für eine genaue Abbildung viel zu kompliziert ist. Dies alles ist Ergebnis der Interpretation von auf die Netzhaut einfallenden Strahlen, die wir im Lauf der Zeit erlernt haben und die wir »sehen« nennen.

Am Star leidende, blind geborene erwachsene Menschen, denen man nach Erfindung der Kataraktoperation in den zwanziger Jahren plötzlich das Augenlicht geben konnte, hatten keine Gelegenheit dazu, diesen Lernvorgang Schritt für Schritt zu bewältigen. Sie fanden sich unversehens in einer verwirrenden Welt aus Lichtflecken, die ihnen zunächst vollkommen bedeutungslos erschien, wenn man von der Angst einflößenden Vielfalt und von der Wohlgefälligkeit einzelner ihrer Spielarten absah. Es ist aber genau diese Lage, in der die Doppeldeutigkeit des »Sehens« erkennbar wird, die Funktion im Gegebenen als etwas mit eigenen Augen feststellen und die Funktion im Möglichen als wahrnehmen einer spirituellen Dimension der Welt.

Annie Dillard beschreibt, wie sie Marius von Sendens Buch *Space and Sight* aus den frühen dreißiger Jahren mit Berichten über die Reaktion dieser das Sehen lernenden Sehenden geradezu verschlang. Von Senden belegt anhand vieler Berichte aus der Feder der Ärzte, die diese Operationen durchgeführt hatten, wie vor allem das Fehlen des Konzepts der Weite und Tiefe des Raumes zu Fehlorientierungen und Angstreaktionen unter den frisch Operierten führt. Einige empfinden die sichtbare Welt als so bedrohlich, dass sie die Augen geschlossen halten, um nicht damit umgehen zu müssen. Andere nehmen die Schönheit der Dinge wahr, sie schauen ihre Hände lange an, die Vielfalt der Gesichter von Menschen, die Bäume im Garten. Ein kleines Mädchen steht sprachlos vor einem Baum, legte die Hand auf den Stamm, nennt ihn dann »den Baum mit den Lichtern drin«.

Wie würde die Welt erscheinen, wenn wir die Konzepte verlernen würden, mit denen wir die Dinge begreifen, und die Wirklichkeit wäre ein Teppich aus bunten Lichtflecken? Würde diese Art und Weise des Sehens dem Sinn der Welt womöglich eher entsprechen als unsere pragmatisch-konstruktive Sichtweise? Annie Dillard widmet dem Nichtsehen der Dinge und dem Sehen der Farbflecken lange Übungen. Aber es will ihr nicht gelingen, »to unpeach the peaches«, wie sie schreibt. Vor allem die Bäume haben es ihr angetan, sie sucht den Baum mit den Lichtern drin zu finden, den das kleine frisch operierte Mädchen gesehen hatte:

> »Wegen dieses Baumes durchsuchte ich die Pfirsichplantagen des Sommers, die Wälder des Herbstes und weiter im Winter und Frühjahr, jahrelang. Dann eines Tages ging ich am Tinkerbach entlang und dachte an gar nichts und erblickte den Baum mit den Lichtern drin. Ich sah die Zeder im Hinterhof, wo die Trauertauben brüten, energiegeladen und verwandelt, in jeder Zelle brannte eine Flamme. Ich stand auf dem Gras mit den Lichtern drin, Gras, das ganz und gar Feuer war, vollkommen

wach und vollkommen im Traum. Es war weniger wie ein Sehen und mehr wie ein zum ersten Mal gesehen werden, von einem machtvollen Anblick getroffen und des Atems beraubt. Die Flut des Feuers ließ nach, aber ich lebe immer noch von jener Kraft. Allmählich verloschen die Lichter in der Zeder, die Farben erstarben, die Zellen flammten aus und verschwanden. Ich dröhnte noch. Ich war mein ganzes Leben lang eine Glocke gewesen, und hatte es bis zu diesem Augenblick nicht gewusst, in dem ich aufgehoben und angeschlagen wurde.«[96]

Vielleicht war der hier vom verstehenden, begreifenden Blick von Bäumen zurückgeholte Anblick des »Baums mit den Lichtern drin« für Menschen früherer Zeiten, die ihr ganzes Leben in direktem Umgang mit Bäumen verbrachten, eine alltägliche Erfahrung. Vielleicht wohnt unserer Neigung, Bäume mit Lichtern zu schmücken, die Erinnerung an den Anblick von Lichtwesen inne. Dass Bäume zur Weihnachtszeit überall mit Lichtern und Lichterketten bestückt werden, mag man mit der Wintersonnenwende, der dunkelsten Zeit des Jahres, in Verbindung bringen. Entsprechend auch die Lichterketten in den Alleebäumen um diese Zeit. Aber zu dieser Erklärung passt es kaum, dass Lichterketten das ganze Jahr über aus Bäumen leuchten. Während der achtziger Jahre saß ich mitten im Sommer in Dallas, Texas, unter den Lichterketten im Laubwerk der Ficusbäume im Innenhof eines Hotels. In den Vororten Hamburgs und anderer Städte breitet sich die Mode aus, in den Gärten Scheinwerfer auf dem Boden zu montieren, die abends die Kronen der Bäume anstrahlen. Die parkähnlichen Gärten erscheinen auf diese Weise als Teil eines umfassenden Interieurs, und die Bäume erinnern an Kulissen wie zu Shakespeares *Sommernachtstraum*. Wahrscheinlich hängt das Auftauchen solchen Lichtschmucks in unserer Zeit hauptsächlich mit der Verfügbarkeit und dem geringen Preis der technischen Ausstattung zusammen, aber es ist vielleicht auch ein Indiz für die Neigung, Bäume mit Lichtern zu schmücken. Im Vergleich mit den vielen mit Kokosnussöl gespeisten Lampen in Bodhibäumen an den buddhistischen Klöstern Sri Lankas ist es jedenfalls keine neue Entwicklung. Dort wird den Menschen seit langem von ihren Astrologen bei einem ungünstigen Horoskop aufgetragen, eine bestimmte Zahl von Lampen mit Kokosnussöl in die Bäume zu hängen, und in diesem Sinn ist der »Baum mit den Lichtern drin« eine jedem buddhistischen Kind geläufige Vorstellung.

HEILIGE HAINE

Um die religiöse Verehrung von Bäumen in den alten Kulturen nur kurz zu streifen, von der in der Literatur über Bäume immer wieder die Rede ist: Belegstellen sind im alten Ägypten, bei den Syrern, den Phöniziern, im Zweistromland zu finden. Manchmal belegen Bibelzitate eine Nähe zu diesen Ursprüngen: »Wie eine Zeder auf dem Libanon wuchs ich in die Höhe« heißt es im Jesus Sirach 24. Selbst auf dem Schekel der Römerzeit war eine Zeder abgebildet.

Häufig ist auch die Weltenesche Yggdrasil als Beispiel für die baumbezogene Religiosität der alten Germanen genannt. Ihr Abbild, so heißt es, erschien ihnen in jedem Baum. Die drei Ebenen der Wirklichkeit, die Unterwelt des Wurzelwerks, die Menschenwelt des Stammes und die Überwelt des Astwerks im Himmlischen, scheinen in dem Baumzeichentest aufgegriffen, den Psychologen durchführen, um daraus Rückschlüsse auf das Verhältnis des Zeichners zur Wirklichkeit zu ziehen: Wer in seiner Zeichnung die Wurzeln stark betont, verfügt über eine ausgeprägte Triebhaftigkeit, wer den Stamm besonders stark hervorhebt, zeigt damit einen stark ausgebildeten Sinn zur Selbstbehauptung, und wer ein mit Astwerk bedecktes Zeichenblatt vorlegt, verrät damit seine womöglich übertriebene Orientierung an geistigen Interessen.

Noch aktueller, so scheint es jedenfalls angesichts neuerer Baumbücher, ist der Baumkult der Druiden: Ihr Baumalphabet, ihre keltische Magie wird inzwischen nicht nur in Büchern rekonstruiert, sondern in Seminaren einem interessierten Publikum vermittelt.

Und selbst die überraschende Wendung vom umgedrehten Baum, der im Himmel wurzelt und dessen Zweige von oben nach unten in die Erde hineinwachsen, ist im Zusammenhang mit Religiosität und Geheimkulten zum Gemeinplatz in der esoterischen Literatur geworden. Zitate aus der indischen Bhagawadgita und aus der jüdischen Kabbala schmücken die entsprechenden Passagen: Ob Ashwatta oder Sephirothbaum, in beiden Fällen handelt es sich um ein sehr altes, sehr geheimnisvolles und irgendwie auch für uns bedeutsames Wissen, so die angedeutete Botschaft, die derartigen Zusammenstellungen meist innewohnt.

Das Problem der Darstellung der alten Kulte und Praktiken liegt darin, dass sie eine ferne Vergangenheit zu illustrieren versuchen. Wir neigen dazu, sie vom Hügel der fortgeschrittenen Erkenntnis unserer Gegenwart aus als überwundene Vorstufen des eigenen Standes von Weltwissen zu »verstehen« und zu beurteilen. Die Herablassung des Blicks von oben nach unten ist den Texten eingeschrieben. Das Problem besteht in der Rezeption des Kultischen an und für sich. Selbst im Fall des gegenwärtig geübten Baumkults, etwa in Sri Lanka oder Afrika oder Indien, fällt ein vorbehaltloser Zugang schwer: Auch wider besseres Wissen ertappen wir uns dabei, unseren durch Christentum, Wissenschaft und Aufklärung geformten Begriff der Wirklichkeit jener anderen Wirklichkeit überzustülpen, vielleicht, weil wir spüren, dass sie uns letztlich doch unzugänglich bleiben wird.

Es ist nicht leicht, die Gegenwärtigkeit jener Erfahrung von Bäumen so aufzuschließen, dass sie uns im Horizont unserer eigenen Gegenwart zugänglich wird. Aber es ist vielleicht möglich, wenigstens eine ungebrochene Ahnung jener Erfahrung zu vermitteln, wenn die entsprechenden Texte dazu aus dem allgemein akzeptierten Bildungskanon stammen und den alten Baumkult ernsthaft, gewissermaßen ohne ironisches Augenzwinkern repräsentieren. Wenn die innere Form eines Textes von der Atmosphäre einer heidnischen Kultstätte durchdrungen ist, wie etwa in dem Drama des Sophokles *Ödipus auf Kolonos*, dann kann es vielleicht gelingen, die Erfahrung der Anmutung dieser besonderen Spiritualität ohne Herablassung aus der fernen Vergangenheit in unseren eigenen Erfahrungshorizont zu übertragen.

»Der heilige Hain der Eumeniden in Kolonos bei Athen. Ödipus, alt, blind, in ärmlichem Gewand, betritt von links die Szene, geführt von Antigone.«[97] – So beginnt die genannte Tragödie.

Antigone sagt: »Dieser Ort ist sichtlich heilig« und der Fremde, der aufgetaucht ist, ergänzt: »Die ganze Gegend hier ist heilig.« Wir finden uns dennoch in keinem sakralen Spiel, sondern in einem Drama. Die profane Welt bricht brutal herein, der finstere Kreon kommt aus Theben, um den alten Ödipus zu entführen, ihn durch die Entführung seiner Töchter zur Rückkehr nach Theben zu nötigen; aus Selbstsucht, denn vom Grab dieses Vater mordenden, inzestuösen, verzweifelten »Hinkefußes«, dem als Kind die Füße durchstochen wurden, wird – so sagt das Orakel – eine segensreiche Wirkung ausgehen. Und Polyneikes, der leibliche Sohn und Bruder des Ödipus, kommt, um den Segen des Vaters für den Krieg gegen den zweiten Bruder zu erflehen. Ödipus verflucht ihn; es ist eine Grauen erregende Rede. In der Folgeszene sehen wir das von Zuneigung und Zärtlichkeit geprägte Gespräch zwischen Antigone und ihrem Bruder Polyneikes. Zuneigung kommt auch in den Worten von Theseus, dem Herrscher Athens zum Ausdruck, der Kreon daran hindert, Ödipus zu entführen und seine Töchter zu rauben. Und Zuneigung bleibt als Eindruck am Ende, wenn Ödipus seine beiden Töchter seiner tiefen Liebe versichert, an einem Ort des heiligen Haines, der »zwischen dem Fels von Thorikos, dem hohlen Birnbaum und der Gruft aus Stein« gelegen ist. Das gesamte Geschehen bleibt, so scheint mir, von Anfang bis Ende eingebettet in das Sanktuarium des Haines: Weil der heilige Hain als Stätte der Zuflucht gilt, ist er der einzige Ort, an dem es möglich ist, das zu sagen, was in dem Stück gesagt wird: Unverhüllte Verachtung, ohne fürchten zu müssen, dafür getötet zu werden, und unverhüllte Zuneigung. Die Zufluchtstätte wird zum Ort der Wahrheit: Im Griechischen ist Wahrheit a-letheia, das Unverhüllte, das Unvergessene.

Sophokles verhüllt allerdings die genaue Beschaffenheit des Haines, und auch die Stelle, an der Ödipus zuletzt aus der Welt geht. Mit einiger Ausführlichkeit wird das Opferritual beschrieben, mit dem die Eumeniden, diese uralten weiblichen Gottheiten, die als Rachegöttinnen auftreten, versöhnt zu werden verlangen für Ödipus' unbefugtes Betreten des ihnen heiligen Haines, aber kultische Bezüge scheinen lediglich der Vorbereitung für das weitere Handeln der Protagonisten zu dienen. Die Spannung zwischen Liebe und Hass, Recht und Gewalt, Schuld und Unschuld, die hier zur Verhandlung kommt, ist ganz und gar eingebettet in die von allem Alltäglichen abgetrennte Atmosphäre des heiligen Haines; alles erscheint hier wie eine Inszenierung der Frage, was der Mensch sei – die Frage, um die es nach Auffassung vieler Interpreten in der gesamten Ödipus-Trilogie vor allem geht. Das Stück kann außerdem als ein Denkmal des neunzigjährigen Dichters begriffen werden, das er gewissermaßen hier in Kolonos für sein Athen aufrichtet – Athen ein Staatswesen, in dem die Möglichkeit von Gerechtigkeit und Weisheit wenigstens zeitweise zum Vorschein gekommen war. Ein Abglanz der Überlieferung vom heiligen Hain als Zufluchtstätte liegt, so scheint mir, vor allem über den Szenen des Schauspieles, in denen die Zuneigung und Fürsorge der Menschen in Erscheinung treten und in denen damit in dieser Gestalt die Möglichkeit der Versöhnung unter den Menschen, aber im Sinne der alten Gottheiten und der ihnen geweihten Plätze angesprochen ist.

CHRISTENTUM

Aus christlicher Sicht ist der Mensch nicht Teil der Natur, sondern ihr Herr. Es entspricht der ihm von Gott zugeteilten Herrscherrolle, die Natur zu unterwerfen und für eigene Zwecke auszubeuten. Im Diskurs der christlichen Theologie ist im Lauf des 20. Jahrhunderts allerdings eine sanftere Interpretation des Verhältnisses der Menschen zu Pflanzen und Tieren ins Spiel gebracht worden. Ihr zufolge sind wir eher fürsorgliche Verwalter und Betreuer, die gegenüber Gott für den Fortbestand der natürlichen Welt verantwortlich sind. Viele christliche Theologen haben in einer Reihe theologischer Erörterungen plausibel gemacht, dass die Aussagen der Schöpfungsgeschichte in diesem Sinn verstanden werden können. Aber diese freundlichere

Auffassung gegenüber der natürlichen Welt der »zehntausend Dinge« stellt in der Geschichte des Christentums eine neue Entwicklung dar. Fast zweitausend Jahre lang war die herrschende Lesart von der wörtlichen Auslegung der hebräischen Wörter »kabash« – unterwerfen – und »radah« – beherrschen – in Vers 1:28 des Buches Genesis geprägt. Sie wurden als Handlungsanweisungen aufgegriffen und in die Tat umgesetzt.

Der Historiker Lynn White hat 1967 in dem Aufsatz *The Historical Roots of Our Ecological Crisis* eine Bilanz dieser Ausbeutungsorder vorgelegt, die unter vielen Theologen Entrüstung und Betroffenheit auslöste.[98]

Er weist auf die Intoleranz des einen, eifersüchtigen Gottes hin, die im ersten Gebot ausgesprochen wird und die Verfolgung und Ausmerzung von Götzen fordert. Die vielen kleinen Gottheiten und Geister, von denen die natürliche Welt der nichtjüdischen Menschen beseelt war, galt es also auszurotten. In den Waldländern Mitteleuropas war der Prozess der Bekehrung der Heiden gleichbedeutend mit der Zerstörung ihrer heiligen Bäume und Haine, in denen die Naturfrömmigkeit kultische Gestalt angenommen hatte. Weshalb konnte sich diese zerstörerische Sicht ausbreiten? Der Fortschritt des Christentums bei der Missionierung ging Hand in Hand mit dem systematischen Aufbau staatlicher und militärischer Strukturen, und die bereits Bekehrten wendeten sich aus der überlegenen Position des wohlorganisierten Staatswesens an die noch Ungetauften, um sie zu missionieren. Bekannt ist das Beispiel des Wynfryth (Bonifatius), des »Apostels der Deutschen«, der aus Wessex herübergekommen war und um 720 die Donareiche bei Geismar fällte. Weniger bekannt sind die Auseinandersetzungen der inzwischen christlich gewordenen Deutschen mit den noch heidnischen Slawen im norddeutschen Raum während des 12. und 13. Jahrhunderts. Hier ein

Auszug aus Helmolds *Slawenchronik*. Die Szene spielt im Winter des Jahres 1256 in der Nähe von Oldenburg in Holstein. Akteure sind der frisch geweihte Bischof Gerold, der Chronist Helmold und eine kleine Gruppe ungenannter Begleiter:

> »Da geschah es, dass wir auf dem Zuge in einen Wald kamen, den einzigen in jenem Lande, das sich ganz eben hinstreckt. Dort sahen wir zwischen sehr alten Bäumen heilige Eichen, die dem Landesgott Prove geweiht waren; ein freier Hofraum umgab sie und ein sorgfältig von Holz gefügter Zaun mit zwei Pfosten. … Der Eintritt in den Hofraum war allen verboten außer dem Priester und denen, die opfern wollten oder von Todesgefahr bedrängt wurden; denn diesen blieb die Zuflucht niemals verwehrt. … Als wir zu jenem Hain und Hort der Unheiligkeit kamen, rief uns der Bischof zu, tüchtig zuzupacken und das Heiligtum zu zerstören. Er sprang auch selbst vom Pferde und zerschlug mit seinem Stabe die prächtig verzierten Vorderseiten der Tore; wir drangen in den Hof ein, häuften alle Zäune desselben um jene heiligen Bäume herum auf, warfen Feuer in den Holzstapel und machten ihn zum Scheiterhaufen, in steter Angst, von den Eingeborenen überfallen zu werden.«[99]

Die Heidenmission war ein Projekt enormen Ausmaßes. Wie viele kleine Zerstörungsaktionen, wie viele Diskussionen, Bekehrungen und Erziehungsschritte mag diese über Jahrhunderte mit Ausdauer und Umsicht vorangetriebene Idee gebraucht haben, um aus den heidnischen Barbaren die Träger des christlichen Abendlandes zu machen! Das Ergebnis ist in den Begriffen des Fortschritts der Zivilisation verdienstvoll, in ökologischen Begriffen eine Katastrophe:

An Stelle der von animistischen Geistwesen beseelten Natur liegt die ganze Welt als weites Feld unbeseelter Objekte vor uns, an Stelle der vorsichtig und ehrfürchtig mit der Natur sich einlassenden Heiden sind wir Christen getreten mit unserer Lizenz zur grenzenlosen Ausbeutung der Welt.

Animistisch geprägte Religiosität schließt häufig Vorstellungen von Wiedergeburt und Seelenwanderung ein, die den Kreis des Menschlichen überschreiten. Die Reinkarnation in Gestalt einer Pflanze oder eines Tieres stellt sich als gangbare Möglichkeit dar innerhalb eines religiösen Universums, das Menschen als Teile der Natur einschließt und sie nicht in einer Sonderrolle der Natur gegenüberstellt. Es ist eine Idee mit weit reichenden Folgen in der Praxis, denn sie bewirkt starke Hemmungen gegenüber Ausbeutungs- und Tötungstendenzen: Den Baum, in dem die Geister der Vorfahren wohnen könnten, wird man nicht fällen. Auch diese Barriere gegen eine grenzenlose Missachtung der Naturwesen fehlt im Christentum.

Nun hat sich die Vorstellung einer vom Menschen beaufsichtigten und betreuten Natur unter christlichen Theologen ausgebreitet. Das theologische Umweltbewusstsein blühte vor allem in den siebziger und achtziger Jahren. 1988 erklärte der Vatikan den heiligen Franz von Assisi zum Schutzpatron der Ökologen. Franziskus hatte nichtmenschliche Lebewesen als Brüder und Schwestern angesprochen, und die Erde als Mutter. Sein Einfluss auf den katholischen Glauben war immens, hing aber eher mit dem Armutsgelübde zusammen und war eher auf die Zugewandtheit zu anderen Menschen zurückzuführen als auf die quasi pantheistischen Tendenzen, die in seinem Verhalten, in seinen Gesängen zum Vorschein kamen. In der Phase der Aktualität ökologisch orientierter Wertvorstellungen erinnerte man sich seiner Allverbundenheit. Manche christlichen Theologen gingen so weit, in Menschen die »Mitarbeiter

Gottes bei der Erlösung der Natur« zu sehen, doch diese Stimmen blieben isoliert, und das Konzept der vom Menschen eher betreuten als beherrschten Natur hat sich nicht überall als das tonangebende unter den Theologen durchsetzen können.

Aber selbst wenn es als einzig gültige Lesart gelten würde: Die Hierarchie bliebe bestehen, der Betreuer ist ein subtiler Herrscher. Und das Selbstinteresse des Pflegenden am Erhalt der Natur, im Prinzip der »Nachhaltigkeit« auf den ökonomischen Begriff gebracht, vermischt sich in der theologischen Argumentation mit der Vorstellung, dass Pflanzen und Tiere selber eine von menschlicher Vermittlung unabhängige Unmittelbarkeit zu Gott haben könnten. Die Voraussagen, die der amerikanische Ökologe Lowdermilk bei einem Aufenthalt in Palästina 1939 in seiner Formulierung des elften Gebots untergebracht hat, sprechen eine deutliche Sprache: »Wenn du aber in der Betreuung des Landes fehlst, so sollen deine fruchttragenden Felder zu steinigem Boden und kargen Rinnen werden, und deine Nachkommen sollen wenige an Zahl sein und in Armut leben, wo sie nicht vom Angesicht der Erde verschwinden.«[100]

Die Vorstellung, dass Menschen und andere Lebewesen miteinander eine einzige Gemeinschaft darstellen, mit saumlosen Übergängen, eine Gemeinschaft, die Leute und Bäume umschließt, Baumleute, wie sie in verschiedenen Indianersprachen Nordamerikas heißen, wäre mit dem Anspruch auf Führung unvereinbar, der mit dem Schöpfungsbetreuungskonzept implizit erhoben wird.

Dies wird angesichts der kühnen Alternative besonders deutlich, die der Dichter und Philosoph Gary Snyder vorgetragen hat; nach seinem zehnjährigen Zen-Studium in japanischen Klöstern versucht Snyder die amerikanischen Vorstellungen eines demokratischen Staatswesens mit den ostasiatischen Vorstellungen einer nahtlos zusammenhängenden Gemeinschaft von Lebewesen zu verbinden.

»The USA slowly lost its mandate
in the middle and later twentieth century
it never gave the mountains and rivers,
trees and animals
a vote.
All the people turned away from it
Myths die; even continents are impermanent
Turtle Island returned.«[101]

In Analogie zu dem schönen, von dem Historiker Leopold von Ranke überlieferten Spruch, dass jede Epoche unmittelbar zu Gott ist, kann die gleiche Nähe sämtlicher Lebewesen zu Gott in einem spirituellen Sinn postuliert und ihre prinzipielle Gleichberechtigung daraus abgeleitet werden. Dies wäre ein ethisches Argument mit moralischen Konsequenzen und mit Folgen für die herrschende Rechtsprechung und die geltenden Gesetze. Eine solche Gedankenkette wird häufig in Gang gesetzt durch eine Begegnungserfahrung mit spirituellen oder religiösen Zügen.

Derartige Erfahrungen sind von einer gewissermaßen radikaleren Art als der aus dem Buch Genesis herausgelesene Auftrag zur Bewahrung der Schöpfung Gottes. Die Metaphern, die aus Begegnungen entstehen, überschreiten die Grenzen der Logik, aber sie sind deshalb nicht sinnlos, sondern können zu einer Erweiterung unseres ökologischen Horizonts beitragen, und eine neue – oder zurückgewonnene alte – Sicht der Dinge in die Wege leiten helfen.

Ein Beispiel bietet eine autobiographische Anekdote aus dem Leben des Begründers der »Land-Ethik«, Aldo Leopold. Er berichtet, wie er als junger Parkranger im gebirgigen Hochland des Südwestens der USA mit zwei Kollegen einen Berg hoch geritten war; von oben blickten sie auf einen Bachlauf hinunter und sahen im Wasser drei Wölfe, eine Wölfin mit zwei ausgewachsenen Jungen; ohne zu überlegen, zogen sie ihre Gewehre aus den Halftern und schossen auf die Tiere, was das Zeug hielt. Damals, erklärt Leopold, war es selbstverständlich, Wölfe abzuknallen. Wölfe galten als das wilde Ungeziefer schlechthin. Sie erlegten die Wölfin, die beiden Jungen entwischten, und kamen auf ihren Pferden gerade noch zeitig genug, um das Tier sterben zu sehen. Leopold sah, »wie das grüne Feuer in den Augen der Wölfin erlosch«, er hatte geglaubt, dass es in Ordnung sei, Wölfe zu töten, weil damit die Zahl des jagdbaren Rotwilds in jener Gebirgsgegend steigen musste. Aber, so spürte er in diesem Augenblick, der Berg selber war mit dieser Vorstellung nicht einverstanden. Der Berg sah die Dinge anders als Leopold, der die Missbilligung des Lebenszusammenhangs, den der Berg repräsentierte, augenblicklich auf sich lasten fühlte. Von diesem Moment an, schreibt er, habe er gewusst, dass er lernen müsse, zu denken wie ein Berg.[102]

»Denken wie ein Berg«? Offenbar verletzt diese Metapher unseren Sinn für Logik. Denn welcher Berg kann denken? Was soll man sich unter dem Denken eines Berges vorstellen? Wie und was wäre mit einem Berg zu reden? Und doch ist die Redewendung durch den Zusammenhang der Geschichte, als deren Produkt sie präsentiert wird, untermauert und erhebt einen unhintergehbaren Anspruch darauf, vernommen zu werden. Als ob es nicht darauf ankommt, ob Berge denken können wie wir, sondern darauf, dass wir Denkenden uns der hypothetischen Form befleißigen, die wir dem Denken eines denkenden Berges zuschreiben würden.

Die spirituelle Dimension von Begegnungen dieser Art ist keine Fortentwicklung des Christentums, längst müssen solche Erfahrungen nicht mehr mit christlichen Begrifflichkeiten legitimiert werden. Diese Unabhängigkeit ist das Ergebnis der Entwicklung von Ideen während des 20. Jahrhunderts, die nicht mehr durch den theologischen Diskurs geprägt wurden. Vor wenigen Generationen lag diese Emanzipation noch in der Zukunft. Noch Albert Schweitzer widmete seiner Schlüssel-Metapher »Ehrfurcht vor dem Leben« lange Rechtfertigungen, in denen er die Christlichkeit seines Begriffs gegenüber der eng damit verwandten indischen Tradition namens »ahimsa« – »nicht verletzen«, »nicht schaden« – herauszuarbeiten suchte. Trotzdem kann sein Einfall nicht anders als religionsübergreifend gelten. Dass er alle Abgrenzungen von Denominationen und Philosophien sprengt, wird am besten durch seine Schilderung der Geburt dieses Begriffs im Jahr 1915 auf dem Ogowe-Fluss offenbar. Sie ist auch wegen einer gewissen Parallelität zu Leopolds Metaphernfund »denken wie ein Berg« von Belang:

> »Ich saß auf einem der Schleppkähne. Ich hatte mir vorgenommen, auf dieser Fahrt ganz in das Problem des Aufkommens einer Kultur, die größere ethische Tiefe und Energie besäße als die unsere, versunken zu bleiben. Blatt um Blatt beschrieb ich mit unzusammenhängenden Sätzen, nur um auf das Problem konzentriert zu bleiben. Müdigkeit und Ratlosigkeit lähmten mein Denken.
>
> Am Abend des dritten Tages, als wir uns beim Sonnenuntergang in der Nähe des Dorfes Igendja befanden, mussten wir einer Insel in dem über einen kilometerbreiten Fluss entlang fahren. Auf einer Sandbank, zur linken, wanderten vier Nilpferde mit ihren Jungen in derselben Richtung wie wir. Da kam ich, in meiner großen Müdigkeit und Verzagtheit plötzlich auf das Wort ›Ehrfurcht vor dem Leben‹, das ich, so viel ich weiß, nie

gehört und nie gelesen hatte. Alsbald begriff ich, daß es die Lösung des Problems, mit dem ich mich abquälte, in sich trug. Es ging mir auf, daß die Ethik, die nur mit unserem Verhältnis zu den andern Menschen zu tun hat, unvollständig ist und darum nicht die völlige Energie besitzen kann.«[103]

Die altbekannte, in andern Kulturen geläufige Auffassung einer Ehrfurcht vor nichtmenschlichen Lebewesen tritt für den christlichen Wissenschaftler als sensationelle Neuigkeit in Erscheinung. Es bereitet ihm beträchtliche Mühe, diese einfache Vorstellung mit dem Herrschaftsanspruch in Einklang zu bringen, der die Handlungsweise christlicher Nationen und Kulturen über lange Jahrhunderte geformt hat. Es ist fraglich, ob Albert Schweitzer mit dem aktuellen theologischen Bild vom Menschen als Verwalter und Betreuer der Schöpfung einverstanden gewesen wäre. Vielleicht hätte er auf einer »Unmittelbarkeit zu Gott« von Menschen mit Bäumen und Flusspferden bestanden.

BISHNOI UND CHIPKO

Würde die Vermengung des religiösen Respekts vor einem Baum mit dem wirtschaftlichen Interesse am Erhalt und Fortkommen der Gemeinschaft die religiöse Qualität des menschlichen Verhältnisses zum Baum mindern? Das Motiv, die Bereiche des Spirituellen und des Selbstinteresses streng voneinander getrennt zu halten, geht wahrscheinlich auf eine Entwicklung der theologischen Diskussion zurück: Eine Analogie zu der jüdischen Tradition, das makelloseste unter allen Tieren als Opfertier zu wählen. Die Suche nach dem immer weniger Vermischten, dem immer Reineren lässt am Ende nur die pure Selbstlosigkeit als angemessenen Ausdruck gelten – ein, wenn man so will, übertrieben hoher Anspruch an die Menschen. Auch religiöse Formen, die das Kultische mit dem Selbstinteresse mischen, können spirituelle Tiefe und sogar die Bereitschaft zur Hingabe des eigenen Lebens hervorrufen. Belege finden sich in der Geschichte der indischen Baumschützer, von den Bishnoi bis zur Chipko-Bewegung.

Nicht nur unter dem Blickwinkel der Vermischung des ökologischen Selbstinteresses mit der kultischen Verehrung ist es interessant, diese wahrscheinlich typisch indischen Erscheinungen aus westlicher Sicht zu betrachten. Auch wenn die im Folgenden geschilderten Beziehungen und Vorfälle keineswegs auf Europa übertragbar sind und uns als gewissermaßen märchenhaft exotisch erscheinen müssen, bleiben sie doch Verhaltensmöglichkeiten innerhalb des uns zugänglichen Universums von Vorstellungen.

Gemeinden, die der Bishnoi-Religion anhängen, gibt es vor allem im Umland von Jodhpur im indischen Bundesstaat Rajasthan, einem Trockengebiet, das unmittelbar an die Große Indische Wüste angrenzt. Der Charakter des Landes wäre durch die Wüste bestimmt, wenn er nicht durch die Dörfer der Bishnoi mit ihrer üppigen Vegetation und ihrem reichen Tierleben mit geprägt wäre. Der Name Bish (zwanzig) noi (neun) bezieht sich auf die 29 Moral- und Verhaltensvorschriften, die von dem Begründer der Lehre, Bhagwan Jambeshwar (Jambaji) gegen Ende des 15. Jahrhunderts formuliert wurden. An prominenter Stelle unter den 29 Geboten rangieren Vorschriften zum Umgang mit nichtmenschlichen Lebewesen, Tiere dürfen nicht getötet, ihr Fleisch darf nicht gegessen, und lebende Bäume dürfen nicht gefällt werden. Totholz wird als Brennholz allerdings angenommen, und das Vieh frisst die grünen Teile der Bäume. Der Baum, der in diesen Trockengebieten ähnlich verehrt wird wie in anderen Gebieten Indiens der Bodhi-

oder der Banyanbaum, ist der Khejri (*Prosopis cineraria*). Dieser akazienähnliche Baum erfüllt mit seinen langen Dornen und seinen gefiedert angeordneten winzigen Blättchen die besten Voraussetzungen für ein Leben inmitten des wüstenartigen Landes. Die Bishnoi haben ihre Khejribäume auf gewissermaßen aggressive Weise zu schützen gewusst, durch die Bereitschaft zur Hingabe des eigenen Lebens.

»Ihr sagt, dass ihr Bäume für schützenswert haltet«, fordert Harsh Vardhan die Zuhörer bei einem Gastvortrag an der Hamburger Universität heraus. »Aber wer von euch würde sein Leben für das Leben eines Baumes opfern?« Dann erzählt er von den Bishnoi-Märtyrern, den beiden Frauen Karma und Gora, die 1604 bei dem Versuch, das Fällen von Khejribäumen zu verhindern, ihr Leben verloren. Auch von dem Vorfall im Jahr 1730, als der Maharadscha von Jodhpur angeordnet hatte, Holz für die Kalkbrennerei herbeizuschaffen, und seine Soldaten und Holzfäller die Frauen, Männer und Kinder abschlachteten, die sich an den Khejribäumen festgeklammert hatten. Man sagt, der Widerstand in den Dörfern sei von einer Frau namens Devi organisiert worden. Als der Maharadscha davon erfuhr, ritt er persönlich nach Khejreli hinaus, um sich ein Bild von der Lage zu machen. 363 Leute waren bereits tot, ein Ende der Bereitschaft zur Selbstaufopferung nicht abzusehen. Er verfügte, dass in den Gebieten, in denen Bishnoi lebten, keine Bäume mehr gefällt werden würden – für alle Zeit.

Harsh Vardhan berichtet, dass er jeden Morgen den Büschen und Bäumen um sein Haus herum einen Segensspruch bringt und dass viele Bäume als Heiligtümer verehrt werden, man erkenne sie an den Schreinen, in denen den Baumgeistern Opfergaben gebracht werden.

Die Bishnoi-Anhänger pflegen nicht nur Bäume, sondern füttern auch die wilden Tiere in diesem Landstrich, so dass ihre Dörfer wie Oasen in der Wüste wirken, die auch den Rehen und Antilopen eine Zuflucht in Zeiten der Dürre bieten. Man hält einen Vorrat an Hirse und Wasser für die Tiere bereit, einer Überlieferung zufolge ist Jambaji selbst in Gestalt eines schwarzen Bocks wiedergeboren worden, und Bishnoi schließen die eigene Wiedergeburt in Tiergestalt nicht aus. Sie füttern auch Jungfernkraniche, die auf dem Durchzug im Winter auf Rastplätzen in der Nähe von Bishnoi-Gemeinden einfallen: Dass diese großen Vögel auf einer Wanderung über tausende von Kilometern unterwegs sind, gehört nicht zum Wissensrepertoire der Bewohner von Khichan, aber sie erwarten die Kraniche alljährlich und geben ihnen von Hand Hirse und Wasser.

Die Chipko (Baum-Umarmungs)-Bewegung ist 1973 in den Tälern der indischen Gebirgswälder entstanden. Dort, wo ein Dreieck indischen Gebiets in den Himalaya hineinragt, von China im Norden und Nepal im Osten umgrenzt, kam es im Mandal-Wald beim Alaknanda-Tal zu einem folgenreichen Zusammenstoß. Holzfäller, die im Auftrag des Sportgeräteherstellers Simon Eschenstämme aus dem Wald schlagen sollten, fanden Bewohner aus den umliegenden Ortschaften, die ausnahmslos alle Stämme mit ihrem Körper abdeckten und erklärten, man solle zuerst sie töten, dann die Bäume fällen. Die Vertreter der Firma Simon zogen sich daraufhin tatsächlich zurück. Der Erfolg beflügelte die Ausbreitung der Chipko-Bewegung, in den folgenden Jahren kam es immer wieder zu neuen gewaltfreien Protesten, bis die Regierung von Uttar Pradesh in den achtziger Jahren das völlige Verbot des kommerziell betriebenen Holzabbaus in den Tälern des Himalaya verfügte.

Berühmt wurde vor allem der Vorfall aus dem Jahr 1974 in der Nähe der Ortschaft Reni. Der Rani-Wald war an den höchstbietenden Holzbetrieb versteigert worden, es hatte Proteste gegeben. An dem Tag, an dem die Holzfäller anrückten, waren die Männer des Dorfes in der Bezirksstadt

Chamoli, um die Gelder abzuholen, die ihnen als Kompensation für ihr Land zugesprochen waren, und die Führer der örtlichen Chipko-Bewegung hielten sich bei Verhandlungen mit den Forstbehörden in Gopeshwar auf. Lediglich 27 Frauen waren im Dorf geblieben, sie liefen in den Wald hinauf und umklammerten die für den Abhieb markierten Bäume. Trotz aller Bedrohungen und Angriffe ließen sie sich nicht vertreiben und hielten so lange aus, bis die Nachricht von ihrem Widerstand in den umliegenden Ortschaften verbreitet war; am nächsten Tag sahen sich die Holzfäller einer Menschenmenge aus zwölf Dörfern gegenüber und zogen sich zurück.

Die Chipko-Bewegung ist aus einer politischen Initiative zur Stärkung der Unabhängigkeit ländlicher Regionen hervorgegangen. Die Organisation namens Dasholi Gram Swarajya Mandal versucht, die Vorstellungen Mahatma Gandhis über Landwirtschaft in die Tat umzusetzen und verfolgt seine Philosophie des gewaltlosen Widerstands. Ihr Einfluss führte dazu, dass anstelle von Sabotage an Transportfahrzeugen die Chipko-Methode angewandt wurde, die anfangs vielen als exotisch und wirkungslos erschienen war. Inzwischen widmet sich die Bewegung der Wiederaufforstung kahl geschlagener Hänge.

Der Raubbau an den Wäldern in den Talhängen des Himalaya war die Ursache der katastrophalen Flut des Alaknanda im Jahr 1970 gewesen, wie sich überall herumgesprochen hatte: Die Zeit war in diesen Jahren reif für eine Revision der schrankenlosen Vergabe von Abholzungslizenzen. Der Escheneinschlag durch die Firma Simon im Jahre 1973 war lediglich der Auslöser für eine Auseinandersetzung, die gewissermaßen seit längerer Zeit in der Luft gelegen hatte.

In den Kommentaren zur Chipko-Bewegung wird immer wieder die führende Rolle der Frauen herausgestellt.

Man weist auf das besondere Interesse von Frauen am Erhalt der Wälder hin, denn Frauen müssen gemäß ihrer hergebrachten Rolle Feuerholz sammeln, tote Zweige und Äste, die sie unter alten Bäumen finden. Aber es gibt Ansichten, die eine besondere Verbundenheit von Frauen mit der natürlichen Welt unterstellen: Die Natur im ursprünglichen Sinne von »natura« – »geboren werden« sei ihnen wegen der Orientierung ihres eigenen Lebens an der Möglichkeit, Kinder zu gebären, näher als den Männern, die sich eher von technischen Dingen fasziniert zeigen. Die Fruchtbarkeit des eigenen Leibes führe sie eher zur Vorstellung von der Kostbarkeit und Schutzbedürftigkeit allen Lebens, behaupten Vertreterinnen des Ökofeminismus. Es ist eine Behauptung, die seit längerem kontrovers diskutiert wird. Dass Frauen eine besondere Nähe zu Bäumen haben, erscheint vielen absurd, und doch ist die führende Rolle von Frauen auch in der amerikanischen Baumbesetzerbewegung, von der noch die Rede sein wird, eine Tatsache, die auf ein Muster hindeuten könnte, das erst einmal widerlegt sein will. Es fällt auch auf, dass sowohl in der Bishnoi-Religion als auch in der Chipko-Bewegung Frauen als führende Kräfte wirken. Eine Verbindung der beiden Formen ist historisch nicht belegbar und geographisch ausgeschlossen. Auch die Priesterinnen des Eumeniden-Haines auf Kolonos, wo der alte Ödipus eine Zuflucht fand, waren Frauen. Es muss nicht erst eine besondere weibliche Baumverwandtschaft konstruiert werden, um die Tatsache festzuhalten, dass Frauen es waren, die auf gewaltlose Weise den erfolgreichsten und nachhaltigsten Widerstand gegen das Abholzen von Bäumen inszeniert haben.

Die eingangs erwähnte christliche Forderung nach der Reinheit der religiösen Motive, die selbstlos und ohne Eigeninteresse ausgeübt werden sollten, erscheint in der Bishnoi Bewegung gegenstandslos, denn selbstverständlich verbindet sich hier die Einsicht in die kultische Bedeutung des Baumes mit den selbstsüchtigen Motiven der Erleichterung des eigenen Lebens in wirtschaftlichen Kategorien von Holz und Laubwerk. Die Bishnoi-Religion stellt die Verehrung von Khejribäumen in den Mittelpunkt, die Chipko-Bewegung verfolgt die Autonomie der Dorfbewohner. Wo es aber darum geht, feindlichen Kräften zu begegnen, fallen beide auf die ultimative Geste zurück, den Baum mit dem eigenen Körper zu schützen. In dieser Geste liegt die beredte und klare Aussage: »Das Gewicht meines Lebens entspricht dem deinen.«

BUDDHISMUS

Zwischen Buddhismus und Baumkult gibt es eine gewissermaßen systembedingte Verbindung. Die rituelle Verehrung des Bo-Baumes ist Teil der Verehrung des Buddha selbst; sie wurde durch ihn begründet. Nachdem er in einer Vollmondnacht im Mai des Jahres 528 v. Chr. unter dem Bo-Baum in Bodh Gaya in Bihar die Erleuchtung (bodhi) im Kampf mit Tod und Begierde empfing, verbrachte er eine ganze Woche im Glück der Erleuchtung, und eine zweite Woche widmete er der Betrachtung des Bodhi-Baumes, ohne je den Blick abzuwenden, als Ausdruck der Dankbarkeit.

Eine zweite Überlieferung ist womöglich noch wichtiger, um den gleichsam fließenden Übergang zwischen der alten Verehrung von Baumgeistern der vorbuddhistischen Zeit und der religiösen Form des Buddhismus zu erkennen, die auf der Einsicht Buddhas in die Vergänglichkeit aller Dinge beruht: Am Abend seiner Erleuchtung saß Buddha unter dem Bo-Baum, und eine Frau namens Sujata brachte ihm Milchreis als Opfergabe, im Glauben, er sei der Geist, der in diesem Baum hauste.

Wenn man die Buddha-Statuen vor dem Luftwurzelgeflecht alter Bodhi-Bäume in der Nähe buddhistischer Klöster betrachtet, so wird die Verbindung zwischen der Hochreligion des Buddhismus und der althergebrachten animistischen Überlieferung auf gleichsam präsentative Weise deutlich; es bedarf keiner langen Erklärungen, um den Buddha als dem Baum innewohnendes Wesen zu erkennen: Wie hätte Sujata ihn mit dem Baumgeist nicht verwechseln sollen?

Die Lage wird dadurch noch komplizierter, dass in manchen Kulturen die alte kultische Verehrung von Bäumen und Baumgeistern neben der buddhistischen Verehrung des Bodhi-Baumes weiter besteht. Für einen Dorfbewohner Sri Lankas in seiner Rolle als Buddhist entspricht der Bodhi-Baum einem der heiligen Monumente, er verehrt in ihm den Buddha selbst und bringt ihm Opfergaben, Blumen, Milchreis, Früchte, Betel, Kampfer, Münzen, mit Kokosnussöl gefüllte Lampen und, alljährlich in Anaradhapura, goldene Ornamente, um die Zweige zu schmücken. Er schreitet dreimal um den Baum herum und rezitiert dabei den überlieferten Spruch: »Ich verehre diesen Bodhi-Baum, unter dem sitzend der Lehrer Allwissenheit gewann, indem er alle feindlichen Kräfte überwand. Auch ich verehre diesen großen Bodhi-Baum, den der Führer der Welt verehrt hat. Gegrüßet seist du, o König Bodhi.«

Und gleichzeitig mag der gleiche Dorfbewohner den Geistern in anderen Bäumen nach althergebrachter Überlieferung Opfergaben bringen in der Erwartung, dass sie ihm Hilfe gewähren.

Der Übergang vom buddhistischen Zeremoniell der traditionellen Verehrung des Baums der Erleuchtung hin zur Anrufung von Baumgeistern kann im Handumdrehen geschehen, wie Richard Gombrich und Gananath Obeyesekere in einer Studie aus dem Sri Lanka der siebziger und achtziger Jahre zeigen. Der buddhistische Mönch Panadure Ariyadhamma verfolgte eine Erneuerung des buddhistischen Rituals, bei dem der Gemeinde der Gläubigen eine Rolle zugeteilt wird – im Chor gesprochene Anrufungen und Lobpreisungen – und die traditionellen Elemente der Baumverehrung innerhalb der Liturgie wieder verstärkt ins Spiel kommen. Offenbar treffen diese Reformen die Bedürfnisse der Gläubigen, im August 1978 kam eine Menge von hunderttausend Menschen zu einem Bodhi Puja zusammen. Doch schnell rückte dabei der Baum als gewissermaßen selbständiges magisches Element mehr und mehr in den Vordergrund. Schon vor dem Tod des Begründers des reformierten Bodhi Puja hatte sich die Baumanbetung von den Formen des überlieferten Buddhismus gelöst und war zur Zauberei herabgesunken, wie Gombrich und Obeyesekere beklagen. Sie schildern das in ihren Augen eher animistische als buddhistische Ritual, das inzwischen den Bodhi Puja bestimmt:

> »Der Anbetende muss zuerst das eingezäunte Gebiet des Baumes säubern. Dann muss er zum Tempel gehen und vor den Buddha-Statuen dort Blumen darbringen und Lichter anzünden. Er muss die drei Zufluchten und die fünf Grundbegriffe rezitieren (auf Pali, wie üblich) und dann zum Baum zurückkehren. Nun hat er den Baum in Wasser zu baden, das mit verschiedenen genau vorgeschriebenen Substanzen parfümiert worden ist, und Töpfe voll Wasser über seinen Wurzeln auszuleeren. Tabletts mit Blumen und andere Opfergaben müssen am Fuß des Baumes niedergelegt werden. Dann rezitiert man Verse aus dem Bodhi Puja Text auf Pali und Sinhala. Man schweigt in meditativer Haltung und wiederholt sein Anliegen auf Sinhala. Ein Auszug des Gebets aus den uns vorliegenden Texten: ›Der Bodhi-Baum der dem

Buddha der drei Welten half, Allwissenheit zu erlangen, der Baum der die Bodhisattva vor den Feinden des moralischen Niedergangs schützt – dieser Bodhi-Baum, Nachkomme des glorreichen Großen Bodhi aus Indien, der den Herrn Buddha beschützt hat: Möge er all unser Leid und unsere Sorge vertreiben, die ungünstigen Wirkungen der Planeten, des bösen Blicks und des lästerlichen Mundes, die Krankheiten und Nachstellungen durch Feinde; und möge er unsere Wünsche erfüllen und uns unermeßlichen Reichtum bringen.‹«[104]

Für die beiden Autoren handelt es sich um einen Skandal: Die Hochkultur der Lehre von der Vergänglichkeit und der Religion des Mitgefühls kommt auf den Hund niederer magischer Versuche zur Mehrung des eigenen Wohlstandes. Sie nennen aber auch gleichzeitig einige Elemente der Überlieferung, die diesen Niedergang nahe legen, etwa die Baumverehrung durch den Buddha selbst, die Identifikation mit Baumgeistern durch führende Buddhisten, die Abbildung des Prozesses der Erleuchtung nicht in Gestalt des Buddha, sondern in Gestalt des Bodhi-Baumes. Diese Aspekte legen die Vorstellung nahe, dass der Buddha, der Baum und der Geist des Baumes alle irgendwie miteinander zusammenhängen.

Bei dem beschriebenen Vorgang handelt es sich offenbar um ein Aufleben der althergebrachten Volksreligion aus vorbuddhistischer Zeit, und der Verlust an höchsten geistigen Standards, der damit einhergeht, ist wohl unvermeidlich. Das Ritual verändert sich entsprechend. Der wohlbekannte alte Spruch beim Niederlegen einer Blumenblüte vor einer Buddhastatue – »Ich bringe dem Buddha die Gabe dieser Blume; möge mir dieser Dienst Erleichterung schaffen. Genau wie diese Blume welkt, so geht mein Körper dem Verfall entgegen.« – wirkt auf die Masse der Menschen als allzu negativ. Er ist einer der ersten Sprüche, die im Bodhi-Puja Ritual in Sri Lanka durch die gefälliger wirkenden, aber flacheren Worte ersetzt worden sind: »Den Duft des Guten verströmend, im Überfluss von Farbe und Duft, bringe ich diese Blumen der allwissenden Buddha-Mutter.«

DIE RELIGIÖSE ROLLE DES FEIGENBAUMS

Häufig wird der Ashvatta- oder Bo- oder Bodhi-Baum (*Ficus religiosa*) mit dem Banyan (*Ficus bengalensis*) verwechselt; beide gehören zur Gattung der Feigenbäume und treiben Luftwurzeln, und beide Bäume sind Gegenstände der Verehrung. Der Banyan wird höher als der Bo und breitet sich mit seinen Luftwurzeln weiter aus. Dabei erreicht er skurril anmutende Dimensionen; im botanischen Garten in Kalkutta steht ein 240 Jahre alter Banyan, der 24 Meter hoch ist, bei einem Umfang von 420 Metern; dieser Baum erscheint wie ein Wald, selbst mit einer Weitwinkellinse kann man ihn kaum fotografieren; der Hauptstamm, aus dem er einst hervorgewachsen ist, ist längst zerfallen, er wird von 1825 Luftwurzeln getragen, die sich in den Boden hinabgesenkt haben und nun wie die Stämme des Kronendachs eines Wäldchens erscheinen, das immer neue Luftwurzeln hervorbringt und sich an der Peripherie immer weiter ausdehnt. Der Banyan gilt als Symbolbaum des hinduistischen Indien. Tausende von Hotels tragen seinen Namen.

Wie der Ashvatta- oder Bo-Baum, ist er ein Epiphyt, ein »Obendrauf-Gewächs«; er sprosst aus den Astgabeln der Wirtsbäume oder auch aus Mauerritzen, in die das Samenkorn mit Vogelkot gelangt ist. Das Pflänzchen ist kein Schmarotzer wie die Mistel, die den Nährstoffhaushalt der

Wirtspflanze direkt anzapft, sondern ein Bäumchen, das selbständig im Prozess der Photosynthese Substanz produziert. Es bildet Luftwurzeln aus, die senkrecht von oben nach unten wachsen und, wenn sie den Boden erreicht haben, sich dort verankern. Bald schließen sie den Stamm der Wirtspflanze in einen organischen Käfig aus lauter finger- bis faustarken Stämmchen ein. Manchmal überlebt der alte Wirtsbaum, aber meist stirbt er ab und vermodert, nur eine Lücke im Innern der mächtig gewordenen Feige erinnert an ihn. Das Muster liefert – wenn man sich auf eine Übertragung einlässt – ein Abbild der Ausbreitung des Buddhismus selbst, der im 5. Jahrhundert in seinem Mutterland Indien die stärkste Ausbreitung erfuhr, von dem heute aber dort nur noch Spuren zu finden sind, neben den Monumenten der Stupas (Reliquienstätten) eine vergleichsweise winzige Zahl von Gläubigen, während er die Religiosität von umliegenden Ländern wie Tibet, Sri Lanka, Vietnam prägt und im fernen China und Japan fest verankert ist.

Der Wachstumsprozess der epiphytischen Feige fällt so sehr aus dem Rahmen dessen, was als botanisch »normal« gilt, dass er häufig als Metapher aufgegriffen wird und beträchtliche Emotionen hervorruft. Der einheimische Exkursionsleiter im Regenwald von Mabira in Uganda erläutert diesen Vorgang angesichts einer Würgerfeige, *Ficus thonningii*, einer dem Banyan verwandten Feigenart, die wie auf Stelzen um einen Hohlraum herum gewachsen ist, um dann seinen Abscheu auszudrücken; es sei, sagt er, als ob man einen Gast zu sich nach Hause eingeladen hat, der dann das Haus in Besitz nimmt, um dein Bett, deine Frau, deine Kinder für sich zu haben, und um dich gleichzeitig umzubringen. Das in der botanischen Terminologie gebräuchliche Wort »Würgerfeige« (englisch »strangler fig«) spielt auf eine ähnliche metaphorische Bedeutung an. Im Gegensatz dazu erklärt die Baumkronenforscherin Margaret Lowman die Würgerfeige zu ihrem Lieblingsbaum, »aufgrund ihres einzigartigen Lebensstils«: »Insgeheim bin ich davon überzeugt, dass die Feigen – aufgrund ihres unglaublichen Erfolgsrezepts – eines Tages den Regenwald beherrschen werden.«[105]

Das Wachstum der Luftwurzeln von oben nach unten fällt völlig aus dem Rahmen des Verhaltens der gesamten bekannten Vegetation; die Beobachtung hat der religiösen Symbolik eines umgekehrten Weltenbaumes einen Fingerzeig gegeben: Dieser Baum wurzelt im Himmel, seine Zweige sind abwärts gerichtet, sein wirkliches Wesen kann keiner erfahren. Gewiss ist nur, dass er die Kräfte der Schöpfung in sich trägt und dass die kontemplative Betrachtung dieses Baumes eine wichtige geistliche Übung ist.

Es gibt neunhundert Feigenarten, nicht alle sind Epiphyten mit Luftwurzeln, nicht alle sind bevorzugte Kultobjekte, aber es fällt auf, wie häufig die großen Feigen als heilige Bäume verehrt werden. In Hadda im Hochland des Jemen, unweit der Hauptstadt Sana'a, sind die meisten alten Bäume verdorrt, seit man vor einer Generation begann, das aus den Quellen sprudelnde Wasser über eiserne Leitungsrohre abzupumpen. Von den toten Nussbäumen finde ich nur die abgesägten Stümpfe, aber die alten Feigen bleiben selbst als tote Bäume unangetastet: »Palas Tyn«, so erklärt mir Mohammed, seien ganz besondere Bäume, die man besser in Ruhe lasse.

In Gebieten, in denen jede Spur der alten Baumverehrung gründlich zerstört ist, stehen die Bäume sozusagen für sich, ohne mitgedachte Bezüge zu den kultischen Praktiken der Vergangenheit, und hier erweist sich, dass sie den Anspruch auf Bewunderung im Auge des Betrachters auch unter diesen Umständen auslösen können, unabhängig von kulturgeschichtlichen Vorgängen und überlieferten religiösen Symbolen. In der Gegend um den botanischen Garten von Sydney in Australien gibt es riesige »Morton Bay Fig Trees«, die mächtig wie grüne Gebirge erscheinen. Der Boden unter ihnen ist im australischen Winter mit Zentnern von beerenartigen Feigen bedeckt, und bei Anbruch der Dämmerung segeln hunderte von Flughunden aus dem dichten Laub hervor; sie flattern nicht wie Fledermäuse, sondern segeln umher wie Pterodactylen, neugierig richten sie ihre schwarzen knopfgroßen Augen auf den Fußgänger, der den Bannkreis des Feigenbaums durchschreitet.

Auf dem Massai-Markt in Nairobi erstehe ich nach einigem Verhandeln zwei Hüte, die aus der Rinde von Mugumobäumen angefertigt sind, für Thuita und mich. Die Hüte sind kreissägeförmig, der Stoff ist jeweils in zwei Bahnen verarbeitet, man hat zuerst einen handtellerbreiten Streifen geschnitten und zu einer Walze zusammengenäht, dann einen Kreis als Deckel obendrauf und einen runden, vier Finger breiten Rand am unteren Ende angenäht. Es ist ein papierleichtes Material, ein wenig rau, in schönen Farbtönen, außen tiefbraun, innen hellbraun, mit einer Struktur, die weder wie ein Gewebe noch wie Filz erscheint; durch eine Lupe vergrößert, erinnert die Oberfläche an die von Gießkannenschwämmen mit ihrer dünnen Lage aus wellenförmigen, zusammengepressten Fasern.

Spät nach Mitternacht sitzen Thuita, Frank und ich mit unseren Hüten in der Lounge des Fairview Hotels in Nairobi, im riesigen offenen Kamin prasselt ein Feuer, und trinken Tusker Lager. Frank ist Botaniker, er arbeitet im Forstministerium von Kenia, und Thuita bereitet sich auf seine Studie der Ökologie des Gelben Sumpfes am Ufer des Victoria-Sees vor. Frank erklärt den Rindenstoff: Es sind die Fasern aus der Bastschicht unter der oberen Rinde des Mugumobaumes, der Natalfeige (*Ficus natalensis*); in Kenia ist dieser Baum viel seltener als die Würgerfeige (*Ficus thonningii*), die Standorte sind genau bekannt, der Mugumo ist den Kikuyu heilig. In Uganda, wo der Baum häufiger vorkommt, hat man – offenbar ohne Rückgriff auf die Papyrusherstellung der Ägypter – die Technik entwickelt, die Bastschicht in Streifen abzuziehen und mit Holzhämmern in die vierfache Breite zu treiben, dann in der Sonne zu trocknen, wo der Rindenstoff von alten Bäumen jene rotbraune Färbung annimmt, von der ich meine, dass sie den Zauber all der Farben Afrikas in sich trägt, und wo der Stoff jüngerer Bäume hellere Schattierungen ausbildet. In früheren Zeiten, bevor die Fremden kamen, sagt Frank, trug man Kleider aus Rindenstoff bei kultischen Zeremonien, und noch heute werden in Uganda die Toten in einen Sack aus solchem Stoff eingenäht und beerdigt. In der Luganda-Sprache heißt der Baum »Mutuba«; eine Bekannte von der Makerere-Universität in Kampala habe ihm erzählt, dass sie als Kind in der Schule noch erlebte, wie Schüler mit dem Tragen des Rindenkleides bestraft worden sind, als ob damit ausgedrückt werden sollte: Du bist noch in der alten heidnischen primitiven Stammesgesellschaft gefangen und noch nicht auf dem Wege zu Zivilisation und Christentum.

Frank und Thuita sind beide Kikuyu vom Hochland um den Mount Kenja. Sie erzählen, wie sie als Kinder um den Mugumobaum in der Nähe ihres Dorfes stets einen großen Bogen machten, der Baum war ihnen unheimlich, er verfügte, wie jeder wusste, über magische Kräfte, und man ging ihm besser aus dem Weg. Selbst Erwachsene kamen dem Baum ohne Not nicht nahe. Man wusste beispielsweise, dass eine schwangere Frau das Geschlecht des Kindes ändern konnte, das in ihr wuchs, wenn sie siebenmal in der einen oder der andern Richtung um den Mugumo herumging. Der Rindenbast, zerstoßen und mit Wasser verdünnt, ergebe ein wirksames Mittel zur Förderung des Milchflusses bei Müttern. Die meisten Feigenbäume sondern einen hochgiftigen Saft ab, nur der des Mugumo sei als Medizin zu gebrauchen. Und immer biete er für Mensch und Tier eine letzte Rettung.

Zum Beispiel in Zeiten der Trockenheit und des Hungers, wenn das Warzenschwein nichts für seine Jungen zu fressen findet, dann hängt der Mugumo voller beerengroßer Feigen; das Warzenschwein rennt mit aller Gewalt gegen den Baum, die Feigen prasseln herab, die jungen Warzenschweine fressen sich voll, aber das alte Schwein muss auf jeden Fall dabei sterben, so heißt es, weil es gegen den heiligen Baum gerannt ist. Und, fügt Thuita hinzu, das weiß es vorher.

Bevor die Fremden kamen, war der Mugumo die Quelle allen Wassers, wo er wuchs, war ein Bachlauf oder eine Sumpfstelle. Jetzt sieht es immer noch so aus, fügt Thuita hinzu, aber jetzt sagen wir, dass der Baum wächst, wo das Wasser ist, und früher sagten die Leute, dass das Wasser ist, wo der Baum wächst.

In Zeiten der Dürre, wenn gar nichts mehr helfen will, sagt Frank, dann bringen die Dorfältesten dem Baum ein Opfer. Es ist ein junger weißer Ziegenbock, er wird unter dem Baum geschlachtet, und nichts, kein Fetzen Fleisch, kein Tropfen Blut, wird davon genommen. Alles bleibt für den Baum. Ich schaue Frank an, er trägt eine schwarze Lederjacke über einem weißen Hemd, er stellt das Bierglas auf den Tisch, er wendet sich mir zu und blickt mir direkt in die Augen. Und dann?, frage ich. Dann gehen sie weg, sagt Frank. Sie brauchen nicht weit zu gehen. Schon nach 100 Metern oder so beginnt der Regen zu fallen.

Es ist schwierig, die niedere Magie und die höhere Religiosität eindeutig voneinander zu unterscheiden. Vielleicht führt die Trennung zwischen »Religion« und »dem Religiösen« weiter, die der amerikanische Philosoph des Pragmatismus John Dewey vorgeschlagen hat. Dewey stellt die Religionen mit ihren heiligen Büchern, ihren Dogmen, ihren Doktrinen und Riten als Verwalter und Kontrolleure des Religiösen dar. Das Religiöse ist Teil der Erfahrung des geistigen Lebens von Menschen. Es ist die mystische Erfahrung vor ihrer Interpretation, vor ihrer Vereinnahmung und Beschlagnahmung durch Doktrinen. Typisch für die doktrinäre Interpretation von mystischen Erfahrungen ist der Zirkelschluss, wonach eine solche Erfahrung akzeptabel erscheint so weit sie die herrschende Lehre stützt, aber so weit als »Irrweg« abgetan wird, als sie mit den vorgegebenen Begrifflichkeiten, Symbolen usw. der Lehre nicht zur Deckung gebracht werden kann.

Das Religiöse hat Dewey zufolge die Funktion, den Lebensprozess intensiver und reicher zu machen; es verbindet sich mit Vorstellungen vom Idealen, von höchsten Werten und Tugenden wie Freundschaft, Liebe, Wahrhaftigkeit und Gerechtigkeit und führt diese Vorstellungen ihrer Verwirklichung entgegen. Deweys Erörterung legt die Frage nahe: Wohin kämen wir, wenn das Religiöse als Kraft der Menschen freigesetzt und nicht länger der Kontrolle und dem Reglement durch Formen und Institutionen der etablierten Religionen unterworfen wäre? Er schreibt:

> »Das Religiöse – so würde man finden – hat seinen natürlichen Ort in jedem Aspekt menschlicher Erfahrung, bei dem es darum geht, Möglichkeiten einzuschätzen,

> in jedem Aspekt, der starke Gefühle im Hinblick auf die Möglichkeiten auslöst, die noch nicht verwirklicht sind, und in jedem Aspekt, der schließlich das Handeln hervorbringt, das diese Möglichkeiten zu realisieren sucht.«[106]

Das Religiöse erscheint diesen Formulierungen zufolge verwandt mit dem »Möglichkeitssinn«, den Robert Musil dem »Wirklichkeitssinn« gegenübergestellt hat: »Das Mögliche umfasst jedoch nicht nur die Träume nervenschwacher Personen, sondern auch die noch nicht erwachten Absichten Gottes.«[107]

Eine Art Aufbruch zu Neuem also, eine Antenne, die unsichtbare Wellen empfängt, wie ein Baum, der seine Äste in den Himmel streckt, um das Licht zu empfangen und es in seinen Blättern mit dem Prozess der Photosynthese in greifbare Substanz zu verwandeln.

Die Möglichkeiten einer ökologischen Bewegung, die selber religiöse Züge trägt, sind in diesem Zusammenhang von besonderem Interesse. In den letzten Jahren ist in den amerikanischen Bundesstaaten Nordkalifornien und Oregon das Besetzen von Bäumen, die gefällt werden sollen, in Mode gekommen. Das Beispiel von Julia Hill, die von 1998 bis zum Jahr 2000 auf einer Plattform mit einem winzigen Schutzraum in einem gigantischen Redwoodbaum lebte, macht Schule. Auch die Namenumbenennung, die sie eingeführt hatte – sie selber nannte sich »Butterfly« und ihren Baum »Luna« – wird von dutzenden von Baumbesetzern nachgeahmt. Sie nennen sich Talcon, Savage, Kiwi, Dirt, Life, Glisten, und die von ihnen besetzen Bäume – meist Douglasfichten und Redwoods – heißen Monteverdi, Happy, Truth usw. Sie driften aus allen Gegenden Amerikas in das Gebiet an der Nordwestküste, ihre Baumbesetzungen sind gesetzwidrig, die Holzabfuhrunternehmen und die Besitzer des Landes haben das geltende Recht auf ihrer Seite, und selbst wenn es gelingt, einen einzelnen alten Baum zu erhalten, so fällt das gegenüber den enormen Kahlschlägen kaum ins Gewicht, die in unmittelbarer Nachbarschaft ablaufen. Trotz ihres illegalen Protestverhaltens wächst unter Angehörigen der Mittelschicht seit einiger Zeit die Akzeptanz der Baumbesetzer. Als die Bewohner von Cottage Grove in Oregon im Jahr 2000 beim Staat und bei der Bundesregierung vorstellig wurden, um das Abholzen eines Wäldchens mit riesigen uralten Douglasien in ihrer Nachbarschaft zu verhindern, wurden sie kurzerhand abgewiesen. Auf Initiative von Janine Nilsen, der Inhaberin eines Reitstalls, nahmen sie mit einigen Baumbesetzern Kontakt auf. Sie bauten eine hölzerne Plattform und zimmerten sie in einer Nacht- und Nebelaktion in 40 Metern Höhe in den Bäumen zusammen. Drei Baumbesetzer leben dort oben, der Besitzer des Waldes hat die Fällaktion verschoben, um seine juristischen Optionen zu prüfen.

Nilsen sagt:

> »Das ist mehr als eine Baumbesetzung. Wir müssen auf unseren Wald achten. Wir verschwenden unsere natürlichen Ressourcen. Aber wir sind selber ein Teil davon, und wir können uns nicht leisten, diesen Teil zu verlieren. Es ist schwer, das in Worte zu fassen. Es ist ein Gefühl. Die Sprache ist so begrenzt. Es geht um etwas, das wir unbedingt brauchen. Wir sehen die Natur verkehrt. Wir versuchen, dass die Welt nach unseren Vorstellungen lebt, statt zu verstehen, wie die Welt funktioniert.«[108]

Das Besetzen von Bäumen ist gefährlich. Am 4. Oktober 2001 stürzte ein Baumbesetzer, der sich den Namen Tre Arrow gegeben hatte, 20 Meter tief von einem Baum, nachdem die Holzfäller alle unteren Äste abgesägt hatten und ihn mit Lautsprechern Tag und Nacht über 48 Stunden lang terrorisierten, und er, ohne Nahrung und Wasser, das Bewusstsein verloren hatte; er erlitt eine Schädelfraktur, einen Lungenriss und zahlreiche Knochenbrüche. Schon vorher war eine 22-jährige Frau von einem Baum gefallen und durch den Sturz ums Leben gekommen, und am 17. September 1998 war ein 24-jähriger junger Mann, der sich »Gypsy« nannte und aus Houston stammte, von einem Baum erschlagen worden, den ein Holzfäller absichtlich in seiner Richtung zu Fall gebracht hatte. Das verantwortliche Holzabfuhrunternehmen Pacific Lumber einigte sich außergerichtlich mit der Mutter von Gypsy auf eine Abfindung in ungenannter Höhe. Gegenüber der Öffentlichkeit fanden die Public Relations Manager einen Ausweg, der unter wirtschaftlichen Gesichtspunkten von brillanter Sparsamkeit war: Sie erklärten sich dazu bereit, den umgestürzten Baum, der den jungen Mann unter sich begraben hatte, als Denkmal an Ort und Stelle liegen zu lassen. Das Moderholz bietet vielen Sämlingen des Waldes beste Gelegenheit, emporzuwachsen: Die Lichtlücke von oben, die den Bedürfnissen des Sämlings genau angemessene Mykorrhiza – die Pilzkultur im Boden, die seinen Wurzeln hilft, Wasser und Nährstoffe aufzunehmen – machen den alten Baumstamm zum Nährboden für neue Bäume.

In den Wochen nach dem Totschlag an Gypsy war es zu einer Art Kleinkrieg zwischen den radikalen Aktivisten und der Polizei von Humboldt County gekommen. Die Spuren – Barrikaden und Gräben – sind alle noch da. Man hat einen Rundweg angelegt. Der Ort ist unter dem Namen »Gypsy Mountain« zur Pilgerstätte geworden.

VOM NUTZEN DER BÄUME

Vor Jahrzehnten waren Herings- und Makrelenkästen an Bord der Trawler noch aus Holz und nicht aus Plastik. Damit die Händler in den Auktionshallen auf ihnen herumlaufen konnten, hatten die 80 mal 50 Zentimeter großen Kästen an den Längskanten je eine Leiste von sechs Zentimetern Breite, alles aus ungehobelten Fichten- und Kiefernbrettern zusammengenagelt. Im Frühjahr 1978 suchte ich am dänischen Nordseestrand unter dutzenden solcher Fischkästen, die ein Wintersturm von den Fischkuttern gefegt und haufenweise auf den Sand gespült hatte, zwei einigermaßen gut erhaltene heraus. In das Holz des einen war der Name »Edinburgh« eingebrannt, auf dem anderen stand ein norwegischer Name. Beide waren über und über mit einem Pelz aus feinem Tang bedeckt, der aus dem Holz herauszuwachsen schien. Nachdem sie im Heizungskeller ausgetrocknet waren, schliff ich die Oberflächen mit Sandpapier glatt. An den genagelten Stellen waren rostrote Flecken in das Holz hineingeblutet, und um die Eingriffslöcher hatte sich eine Patina gebildet, die wie eine Art dunkles Fett in die Maserung eingedrungen war. Jedes Brett zeigte seine eigene Textur, war ein wenig anders beschaffen als die anderen. Die Bodenbretter schimmerten stellenweise bläulich. Ich schmirgelte alle rauen Flecken und Unebenheiten glatt und lernte dabei die Kästen kennen. Offenbar entsprechen die Maße einem Standard, jedenfalls sind beide einander ziemlich gleich. Mit einer transparenten Lackschicht überzogen, hängen sie übereinander als Regale für Tassen und Teller in der Küche. Aber sie sind doch unterschiedlich.

Wenn man sich mit ihnen befasst und sie ein wenig kennen gelernt hat, so zeigen sich ihre verschiedenen Charaktere – der aus Schottland ist der leichtere, ich würde ihn »älter« nennen, weil seine Maserung tiefer ausgeprägt ist, der norwegische ist stärker und auch einen halben Zentimeter höher, sein Holz ist glatter. Die Kücheneinrichtung besteht aus resopalbeschichteten weißen Schubladen mit einer Arbeitsplatte aus grauem Kunststoff und blitzendem Stahl am Herd und im Spülbecken. Die Farbe der Kästen ist demgegenüber nicht leicht zu bestimmen. Sie changieren zwischen gelb, braun und rot und wirken an der Küchenwand wie Erscheinungen aus einer anderen Zeit.

Einer der japanischen Schönheitsbegriffe, »shibui«, bezeichnet die besondere Schönheit alter Dinge, die quasi naturförmigen Gebrauchsspuren auf Geräten des Alltags: die oxydierte Kupferplatte, der Kessel, der im Lauf der Zeit von Teeschichten bedeckt wurde, der Zaun, aus dem ein Bambusschössling heraussprosst, als ob die Natur die technischen Dinge wieder für sich reklamieren wolle. Eine Wohn- und Arbeitsumwelt aus Holz mit hölzernen Gegenständen, über lange Jahrhunderte üblich, gewährte jederzeit Zugang zu dieser Art Schönheit und Würde. Vielleicht hängen wir deshalb immer noch der Erinnerung an diese vergangene Holzwelt nach. Die schweren Pressspanplatten, aus denen die meisten modernen Möbel zusammengesetzt werden, sind wahrscheinlich deswegen mit einer papierdünnen Holzschicht furniert oder mit dem fotografierten Abbild einer Holzmaserung beklebt: »in Buchenoptik«, wie dies dann etwa in der Produktbeschreibung genannt wird. Der Fußbodenbelag Laminat ist dem hölzernen Parkett oder Dielenboden oft täuschend ähnlich, und Gartenmöbel oder Fensterrahmen aus weißem Kunststoff sehen wenigstens aus der Entfernung aus wie weiß lackiertes Holz. Ein Inventar der Gegenstände, mit denen wir unsere Wohnräume einrichten, zeigt, dass wir uns mit Holzimitationen umgeben.

Echtes Holz, das aus den Stämmen und Ästen von Bäumen geschnitten und zu Schränken und Böden verarbeitet worden ist, »arbeitet«: Seine Zellen nehmen Feuchtigkeit auf, dann quillt es, und in der trockenen Luft der zentral geheizten Wohnungen schrumpft es, und all dies in individuellen Raten, kaum genau zu berechnen. Es ist, als ob es ein Gedächtnis seiner Herkunft aus lebenden Bäumen bewahren würde. Deshalb wirkt es lebendig, gerade wenn es alt und von Gebrauchsspuren geprägt ist; während verbrauchte Kunststoffartikel nur unansehnlich sind, scheint jedes abgetragene, abgescheuerte Brett eine eigene Würde zu gewinnen. Aber genau diese Individualität stellt wie die Anpassung an Temperatur und Feuchtigkeit der Luft auch ein Hindernis dar für die standardisierte Massenproduktion; daraus ergab sich eine der Herausforderungen für die Holz verarbeitende Industrie: Die Reduktion der baumähnlichen Individualität des Werkstoffs Holz. Die Holz-Natur des Holzes sollte beseitigt werden.

Um das Arbeiten des Holzes zu verhindern, kann man es in dünne Platten zerlegen, die in Längs- und Querrichtung übereinander verleimt werden. Solches »Sperrholz« verzieht sich nicht mehr. Die heutzutage sehr kostenintensive Technik ist vor etwa hundert Jahren erfunden worden; die meisten Sperrhölzer werden zur Zeit in Thailand gefertigt und von dort importiert. Einfacher und effektiver – noch weniger anfällig gegen Feuchtigkeit und Trockenheit – sind Pressspanplatten, die aus zerschnipselten Holzabfällen gefertigt werden. In Deutschland liegt der Verbrauch solcher Spanplatten derzeit bei etwa 8 Millionen Kubikmeter pro Jahr.

Man kann Holz noch weiter zerkleinern, etwa durch Schleifen und Herstellen jenes Zellulosebreis, aus dem

Papier und Pappe angefertigt werden, eine Technik, die im Jahr 1844 von einem sächsischen Handwerker namens Friedrich Keller erstmals angewandt und sofort in großem Stil eingeführt wurde – der bestehende Rohstoffmangel für Papier, das vorher fast ausschließlich aus so genannten Hadern – Baumwoll- und Leinenlumpen – hergestellt worden war, ließ sich auf diesem Wege rasch beheben. Die Zellulose kann noch weiter verarbeitet werden, in einem Zerkleinerungsprozess, der sich auf die Molekülebene erstreckt, um Zelluloseacetat zu gewinnen, einen Stoff, aus dem sich beispielsweise Klarsichthüllen, Zigarettenfilter und Brillengestelle fertigen lassen.

Auf diesem Wege entfernen wir uns immer weiter vom hölzernen Holz, dessen Individualität verloren geht. Die Spuren des lebenden Holzes werden getilgt, erscheinen nur noch als nostalgisch gestaltete Oberflächen in Form von Photofolien auf den Möbeln, oder in Gestalt von Fischkästen in der Küche oder anderen Souvenirs, die an die Holzzeit erinnern, wie etwa die in Amerika verbreiteten rustikal wirkenden Bilderrahmen, die aus alten Weidezaunpfählen zusammengesetzt sind.

BEMERKUNGEN ZUM PAPIER

Am häufigsten haben wir Holz wahrscheinlich in Gestalt von Papier in der Hand, denn Papier besteht aus einem vor allem aus Faserholz hergestellten Faserbrei. Dieses »Pulpwood« aus den Fichtenwäldern Finnlands und Russlands ist ein Gemisch aus Fichtenstangen und Abfallstücken aus der Herstellung von so genannten Halbwaren wie Bretter und Balken, aus schnellwüchsigem Hartholz, das in den letzten Jahren mehr und mehr von Eukalyptusplantagen stammt, und aus Altpapier.

Papier ist eine Art Filz aus Pflanzenfasern. Fasersuppe wird in dünnen Lagen abgeschöpft und getrocknet. Einige Male habe ich mich mit Freunden an der Kunst des Papierschöpfens versucht – die paar Dinge, die man braucht sind schnell besorgt: Zuber, Tücher, Schöpfsieb und Schöpfrahmen. Für das Schöpfsieb werden Holzleisten zu einem etwa papierbogengroßen Rahmen verbunden, der mit einem Netz aus Fliegendraht straff bespannt wird. Ein zweiter Rahmen gleicher Größe ohne Netz dient als Schöpfrahmen. Kleingeschnipselte Zeitungen werden in Wasser eingeweicht und mit dem elektrischen Rührstab weiter zerkleinert, so dass eine trübe, nicht zu dicke Papierbreisuppe entsteht. Der Schöpfrahmen mit dem Schöpfsieb wird in einer möglichst fließenden Bewegung in die Suppe hineingeführt und herausgehoben.

Wenn man den Rahmen vorsichtig abgenommen hat, zeigt sich sofort seine Funktion: Der Papierbrei liegt mit vollkommen geraden Kanten auf dem Sieb. Man könnte auch nur mit dem Sieb Papier schöpfen, dann würde der Rand ähnlich zerfasern wie der mancher Büttenpapiere. Jetzt wird das Sieb mit einer raschen Bewegung umgedreht, auf die Unterlage aus Tuch geklatscht und vorsichtig hochgehoben. Das Papier wird die Textur des Tuchgewebes annehmen, auf dem der Papierbrei liegt.

Einmal setzte ich den Papierfaserbrei auf eine Betonplatte, um ihn in der Sonne rasch trocknen zu lassen, und kurze Zeit später schnürte eine Katze ausgerechnet über diesen Bogen; sie hinterließ die Spuren ihrer Pfoten und ich beschloss, den Bogen als Rarität zu behalten. Weil sich der Untergrund wie eine Schablone in den Papierbrei eindrückt, kann man Blätter, Gräser und Krautstängel unterlegen, die entweder als eine Art Wasserzeichen im Papier sichtbar sind oder auch von dem feuchten Brei eingehüllt werden und später im Papier eingeschlossen erscheinen.

Papier ist ein Filz aus Pflanzenfasern, der keines besonderen Klebstoffs bedarf, um eine zusammenhaltende Matte zu bilden. Durch die Lupe kann man vor allem beim Zeitungspapier die Fasern noch ganz gut erkennen. Wenn man einen Fetzen von einer Wespenglocke danebenhält, so fällt die Ähnlichkeit des Wespenpapiers ins Auge. Wespen raspeln Holzsplitter zwischen ihren scharfen Chitinzangen zu Papierbrei und fügen den Brei Fetzchen für Fetzchen in einer Reihe aneinander, die sie als Spirale zu einer Glocke ausbauen. Auf diese Weise umhüllen sie ihre Brutwaben mit einer Glocke aus mehreren Lagen, um die Temperatur im Innern konstant zu halten. Die Glocken sind von grauweißen oder beigefarbenen Tönen durchsetzt, je nach der Holzart, die verarbeitet worden ist.

Als erster beschrieb der chinesische Minister Tsai Lun im Jahr 105 die Papierherstellung, doch offenbar wurde in China Papier lange vorher benutzt, vielleicht seit Jahrhunderten; die Technik kam über chinesische Kriegsgefangene auf die Araber, die bereits um das Jahr 800 in Bagdad eine Papierfabrik betrieben, und dann über die Mauren im Jahre 1150 nach Spanien; von dort breiteten sich Papiermühlen über Europa aus: Frankreich 1190, Italien 1260, Deutschland 1390 und so weiter. In den Mühlen wurden Baumwoll-, Hanf-, Leinen- und Nessellumpen zerschnitten und dann durch ein Wasser getriebenes Hammerwerk zerstampft – eine Erfindung der Papiermanufaktur Fabriano in Italien, die einen technischen Fortschritt gegenüber dem von Hand in Mörsern hergestellten Faserbrei der Chinesen und Araber bedeutete. Der Brei wurde mit Schöpfsieben geschöpft und abgegautscht; das Papier war sehr fein und ebenmäßig.

Nachdem im Jahr 1844 der Holzschliff erfunden worden war, ergab sich ein Problem, das wohl durch die gewohnte Wahrnehmung des glatten Hadernpapiers hervorgerufen wurde: Das aus Holzbrei geschöpfte Paper war nicht »holzfrei«; man konnte die Ligninfasern erkennen, denn Lignin geht mit Zellulose jene kaum aufzulösende Verbindung ein, die wir »Holz« nennen. Auch wird das Papier im Lauf der Zeit brüchig und vergilbt im Sonnenlicht. Heute ist nur noch Zeitungspapier, und auch das nicht immer, aus Holzschliff hergestellt, bei dem Ligninfasern erkennbar sind. Schon zehn Jahre nach Erfindung des Holzschliffs war die Technik zur Herstellung »holzfreien« Papiers entwickelt: Der Brei wurde mit Natron in Druckbehältern gekocht und zu Natronzellstoff aufgeschlossen. Weitere Verfahren, Sulfitzellulose und Sulfatzellulose, folgten im Lauf des 19. Jahrhunderts. Dem Papierbrei werden bestimmte Stoffe beigegeben, Leim, um auf dem Papier mit Tinte schreiben zu können, Baryt und Kaolin, um es zu glätten, Stärke, um es stabil zu machen, Chlor, um es zu bleichen. Die Chlorbleiche ist seit den achtziger Jahren durch Wasserstoffperoxyd ersetzt worden, einen Stoff mit weniger umwelt- und gesundheitsschädigenden Folgewirkungen als Chlor.

Schon seit Anfang des 19. Jahrhunderts war ein Verfahren entwickelt worden, bei dem das Schöpfsieb durch ein Schöpfband ersetzt ist, das »endlos« umläuft. Diese Technik wurde rasch perfektioniert: Der Papierbrei gelangt auf eine Rolle, wo er sofort gepresst, getrocknet und aufgewickelt wird. Die neuesten, computergesteuerten Papierproduktionsmaschinen erreichen Arbeitsgeschwindigkeiten von 2000 Metern pro Minute. In Europa werden 50 Prozent des hergestellten Papiers als Ausgangsstoff für neues Papier wieder verwendet. Die Papierhersteller sprechen mit einer bezeichnenden Sprachfigur von der Herkunft des gesammelten Altpapiers aus dem »urban forest« im Unterschied zum Pulpwood aus dem »natural forest«. Nichts erinnert bei diesem Papier an das Holz, aus dem es hergestellt worden ist. Allenfalls in einem abstrakten Sinn könnte man hier noch die Spur einer »Baumbegegnung« vermuten. Das Schleifen des Holzes, das Hineinmischen verschiedener Substanzen, die das Papier »holzfrei« machen, haben das Produkt vom Rohstoff und von den Bäumen, die ihn geliefert haben, so weit entfernt, dass der Zusammenhang kaum mehr zu erfassen ist.

Dagegen ist in der japanischen Kultur die Wahrnehmung einer Nähe zwischen Papier und Baum tradiert worden und erhalten geblieben. Diese Wahrnehmung rührt wahrscheinlich daher, dass dort das Washi-Papier von Anfang an aus Bäumen – der Papier-Maulbeere – hergestellt worden ist, ohne den langen Umweg über Hadern und ohne die Erfindung des Papierschliffs mitsamt den chemischen Prozeduren zwecks Entwicklung des »holzfreien Papiers«. Die weit getriebene Distanz zur Beschaffenheit des Rohmaterials richtete das Augenmerk der Europäer vor allem auf die Ebenmäßigkeit des Produkts, und die Perfektionierung der Ebenmäßigkeit lieferte den wichtigsten Qualitätsmaßstab. Dem Auge der Japaner erscheint demgegenüber gerade die Individualität, die durch die unregelmäßig und zufällig erscheinenden Einschlüsse langer Fasern erreicht wird, als schön und wertvoll. Die unterschiedliche ästhetische Perspektive bringt weitreichende Folgen mit sich.

Die Rinde der Papier-Maulbeere, *Broussonetia papyrifera,* japanisch Kozo, ist der Rohstoff, der in Japan seit dem 6. Jahrhundert hauptsächlich für die Papierherstellung benutzt wird. Der Papierbrei von Kozo entwickelt fermentierend einen Schleim, der das überaus feine und feste Washi-Papier ohne weitere Zusatzstoffe mit einer Schicht überzieht, auf der Tusche nicht in die Fasern des Papiers ausblutet: Kozo-Papier ist von Natur aus auch ohne Zugabe chemischer Substanzen beschreibbar. Über die besondere Qualität dieses Papiers und des besonders dicken Hosho-Papiers, das für Texte der Regierung vorbehalten war, hat Tanizaki Jun'ichiro in seinem *Entwurf einer japanischen Ästhetik* 1933 folgende Bemerkungen niedergeschrieben:

> »Wenn wir westliches Papier vor uns haben, empfinden wir nichts, außer dass es sich um einen einfachen Gebrauchsgegenstand handelt. Wenn wir jedoch die Musterung von China- oder Japanpapier betrachten, so spüren wir darin eine Art Wärme, die unser Herz beruhigt. Auch wenn alle Sorten weiß sind, so ist doch das Weiße des westlichen Papiers verschieden von der Weiße des dicken japanischen Hosho-Papiers oder des weißen Chinapapiers. Die Oberfläche des westlichen Papiers scheint die Lichtstrahlen gleichsam zurückzuwerfen, während das hosho- und das Chinapapier wie eine Fläche weichen, frisch gefallenen Schnees die Lichtstrahlen satt in sich aufsaugt. Berührt man es, so ist es geschmeidig und erzeugt beim Falten und Zusammenlegen kein Geräusch. Es fühlt sich sanft und feucht an, als ob man ein Laubblatt anfasste.«[109]

Ebenso bezeichnend für diese Betrachtungsweise des Papiers durch die Japaner ist, dass man es dort nicht nur als Empfangsmedium für Schrift wahrnimmt, sondern als Ausgangsmaterial für alle möglichen Zwecke des täglichen Lebens nutzt, ähnlich einem Rohstoff wie das Holz selbst. Lampenschirme aus Papier sind ebenso gebräuchlich wie papierene Sonnen- und sogar Regenschirme, und die Wände in den Wohnungen sind häufig mit Washi-Papier bespannte, verschiebbare Wandschirme, die Türen oft Schiebetüren, die in den oberen und unteren Segmenten im Unterschied zu den weißen Wandschirmen mit bedrucktem oder bemaltem Papier verkleidet sind. Auch Papierkleider haben in Japan eine alte Tradition, und Prof. Nobuyuki Harada von der Universität Gifu versichert, dass Papier auch als Kochtopf über dem offenen Feuer gebraucht wird. Mit Suppe gefüllt, verbrenne es nicht, natürlich könne ein solcher Kochbehälter auch nur ein einziges Mal benutzt werden.

Besonders aufschlussreich ist die Verbreitung der Kunst des Papierfaltens; schon Kinder lernen das Falten von »Kranichen«, die als Symbol der guten Wünsche etwa am Krankenbett übergeben werden, so dass über dem Bett eines kranken Mitschülers dutzende, manchmal hunderte von papierenen Kranichen hängen. Einen womöglich noch höheren Stellenwert im täglichen Leben nimmt »Tsutsumi«, die Kunst des Verpackens von Geschenken ein, die mit der des Papierfaltens verbunden ist: Man betrachtet ein Geschenk als ein Teil von sich selbst, zu intim, um gewissermaßen »nackt« übergeben zu werden; das kunstvoll in Papier eingeschlagene Geschenk erscheint dann »bekleidet«, und wie die Hände und das Gesicht des Schenkenden aus den Kleidern hervorschauen, soll auch das Geschenk nicht vollkommen durch das Papier verborgen werden, sondern erkennbar sein. »Tsutsumi« kann eigentlich nur mit Washi-Papier, nicht mit westlichen Papieren ausgeübt werden, so jedenfalls die Meister des »Orikata«, der Kunst des Verpackens.

Auch wenn rührige Künstler in Europa und Amerika längst die vielfältigen Möglichkeiten von Papier erkannt haben – sie fertigen aus ihren alten Jeans »Identitäts«-Papier, schöpfen mit Hilfe eines Flaschenzuges Papierbögen in der Größe von Bettlaken, um sie zu bemalen, und vieles andere mehr – so bleiben dies individuell erdachte Erfindungen, deren ästhetischer Reiz hauptsächlich in ihrer Außergewöhnlichkeit liegt. Gewohnt erscheint uns – im Vergleich zum japanischen Kontext – vielmehr der Zusammenhang mit dem Schriftlichen, wenn wir von Verpackungspapier und Kartons absehen. Die Geschichte des Papiers hat im Westen zu einer Gleichsetzung von Papier mit »Schreiben«

und »Lesen« geführt. Diese Wahrnehmung prägt den Umgang mit Papier, sie hat auch Rückwirkungen auf die europäische Auffassung vom Sinn und Zweck des Schreibens, die sich von der in anderen Kulturen vorherrschenden Auffassung unterscheidet.

Papier scheint den Anspruch des Schreibenden auf Dauer und Erhalt des Geschriebenen aufzunehmen und zu transportieren. Als in den achtziger Jahren bekannt wurde, dass die damals für den Buchdruck gebräuchlichen Papiere wegen ihres hohen Säureanteils nach wenigen Jahrzehnten zu zerfallen drohten, äußerten sich viele Schriftsteller besorgt. Umberto Eco stellte das eingebaute Zerfallsdatum als Katastrophe heraus; die Bibliotheken, in denen das Wissen der Menschheit versammelt sei, würden untergehen. Inzwischen ist das Papier, auf dem Bücher gedruckt werden, weitgehend säurefrei und kann über Jahrhunderte lesbar bleiben. Aber angesichts der schriftlichen Kommunikation mit elektronischen Medien wird uns die Eigenart der Aufzeichnung auf Papier dauernd vor Augen gehalten.

Besonders deutlich ist die Umstellung beim Schreiben von Briefen. Die elektronisch verschickten Botschaften sind zum raschen Verbrauch bestimmt, und nicht dazu, irgendeiner so genannten Nachwelt etwa in einem Band mit dem Titel »Briefwechsel« präsentiert zu werden. Selbst die ausgedruckte E-Mail Korrespondenz wirkt formlos, alles deutet darauf hin, dass die Botschaft dazu bestimmt ist, über kurz oder lang nach dem Lesen gelöscht zu werden, das elektronisch übermittelte Schreiben hat seinen Anspruch auf Dauer und Bestand aufgegeben.

Literatur ist aus Situationen hervorgegangen, die gewissermaßen Lichtjahre weit vom Zugang zu den Schreibprogrammen der Computer entfernt sind. Als Jizchok Kazenelson *Dos lied vunem ojsgehergetn jidischn volk* – das Lied vom Ermordeten Jüdischen Volk – auf Jiddisch im Internierungsgefängnis von Vittel auf den Seiten eines Schulheftes in winziger Schrift aufschrieb, schrieb er für niemand anderen als für die Nachwelt. Er wurde umgebracht und verschwand im Rauch des Krematoriums von Auschwitz. Das von ihm beschriebene Papier aber hatte er noch rechtzeitig zusammen mit seiner Komplizin Myriam Novitsch unter den Wurzeln eines alten Fichtenbaumes vergraben können:

> »Der Dichter steckte die Manuskripte in drei kleine Flaschen. Ich hatte ein Messer und eine Art kleine Feuerschaufel besorgt. Wir wählten einen Fichtenbaum aus, der einen Riss hatte, genau der sechste in einer Reihe von sechs Fichten, nahe einem Fußballplatz. Katzenelson stand Schmiere, während ich die Erde aushob. Sobald sich jemand näherte, gab er mir ein Zeichen, worauf ich meinen Mantel über das Loch warf, das ich gemacht hatte. Wir beide setzten uns dann auf eine Bank und taten so, als würden wir Zeitung lesen. Auf diese Art war es mir möglich, die Flaschen tief in der Erde zu verstecken, unter den Wurzeln der Fichte. Nachdem ich die Erde wieder in das Loch geschaufelt hatte, verteilte ich ein paar trockene Blätter über die Oberfläche. So ein bisschen dachte ich daran, dass der Tag kommen und ich die Schätze ausgraben würde.«[110]

Sie wurden ausgegraben, aufgehoben und publiziert, um gelesen zu werden, immer wieder: »die erd hot sich varschlossn in der nider do far uns wie der himl dortn in der hojch« – »Die Erde in der Tiefe ist für uns verschlossen, ach und der hohe Himmel auch.«[111]

Aber vielleicht liegt in der Trennung von Text und Papier auch ein Gewinn. Die Annahme, dass die kleinen Zeichen auf Papier schon für sich einen Wert darstellen, bezeichnet wahrscheinlich eine Illusion. Was man schwarz auf weiß besitzt, kann man getrost nach Hause tragen, doch es ist gewissermaßen tot, solange es nicht von Menschen aufgenommen und reaktiviert wird. Das in den Bibliotheken ruhende Wissen ist so gesehen lediglich potenzielle Energie, die darauf wartet, durch Leser abgerufen und umgesetzt zu werden. Sokrates diskutiert die Erfindung der Schrift in dem von Platon niedergeschriebenen Dialog *Phaidros,* und er vertritt genau diese kritische Position: Ein Lesender, sagt er, müsse »von außerordentlicher Einfalt sein, um zu glauben, dass das geschriebene Wort noch etwas anderes kann, als einen an das zu erinnern, was man schon weiß.«[112] Sokrates zog das gesprochene Wort vor, es schulte das Gedächtnis und war ein Spiegel der Weisheit des Sprechenden. Wir können hinzufügen, dass das gesprochene Wort außerdem immer wieder zur Anpassung an den Verstehenshorizont der Zuhörer zwingt. Ohne den Seitenblick auf eine potenzielle Leserschaft wird dieser »Adressatenbezug« möglicherweise auch beim Schreiben erleichtert. So gesehen führt vielleicht die Korrespondenz per E-Mail zu einer Annäherung an das gesprochene Wort, an dessen Spontaneität und Adressatenbezug.

Glücklicherweise deutet alles darauf hin, dass wir uns weder für das scheinbar von der Zeit unabhängige Schreiben und Lesen noch für das an den Augenblick gebundene Reden zu entscheiden brauchen. Sokrates stand an der Schwelle zur Bücherzeit, er erinnerte an die Gefahr des Verlusts von Weisheit, die das Schreiben mit sich bringt. Der Verdacht, dass auch wir an einer ähnlichen Schwelle zu einer neuen Kultur stehen, in der die alte Schreib- und Lesekultur durch elektronische Medien abgelöst wird, mag sich aufdrängen. Marshall McLuhan hatte in den siebziger Jahren das »Ende der Gutenberg-Galaxis« verkündet. Aber tatsächlich scheint es sich bei dem Wandel doch eher um die Ergänzung der alten Medien als um ihren Ersatz zu handeln. Neue Formen der Kommunikation treten hervor, ohne dass die alten Formen deshalb zwangsläufig verschwinden müssen.

Pro Jahr werden derzeit in Deutschland etwa 1,1 Kubikmeter »Holzerzeugnisse« pro Kopf verbraucht; die Hälfte davon ist Papier, mit steigender Tendenz. Diese Entwicklung gilt global; die Statistik zeigt für den Weltholzhandel zwischen 1963 und 1996 eine Zunahme für Papier und Pappe von 32,1 auf 46,1 Prozent.[113]

BEMERKUNGEN ZUR LUFT

Das Karbonzeitalter umfasst etwa den Zeitraum zwischen 350 Millionen und 270 Millionen Jahren vor unserer Zeit. Es war die Ära der Wälder aus riesigen Schachtelhalmen, Bärlappgewächsen wie den bis 30 Meter hohen Siegel- oder Schuppenbäumen, und aus vielfältigen Farnen und farnartigen Verwandten der heutigen Nadelbäume. Die Wälder bedeckten die ausgedehnten Sumpfgebiete der Erde, die in den Becken der trockenfallenden Meere entstanden und die Landmasse des Planeten anfüllten. Bäume waren damals noch nicht in der Lage, Wasser aufzunehmen und in ihren Zellen zu transportieren wie heutige Bäume mit ihrem Kambium und ihren Wachstumsringen, sie waren noch so angelegt, dass sie gewissermaßen mit dem Fuß im Wasser stehen mussten. Aber sie verwandelten die Welt durch den chemischen Prozess der Photosynthese, den Vorgang der Umwandlung von Kohlendioxid aus der Luft unter Zuhilfenahme von Licht in organische, kohlenstoffhaltige Materie; dabei wird Sauerstoff freigesetzt. Dieser Verwandlungsprozess veränderte die Beschaffenheit der Welt, weil er in ungeheuren Ausmaßen ablief. Die Luft um den Planeten füllte sich mit Sauerstoff an, und ein beträchtlicher Teil des

Kohlendioxids verschwand aus der Atmosphäre. Denn die Bäume behielten den Kohlenstoff für sich: Wenn sie umstürzten und im Wasser lagen, lief der chemische Prozess nicht umgekehrt ab, wie normalerweise bei der Zersetzung oder Verbrennung von Holz, durch die neues Kohlendioxid produziert wird, so dass die Gase, die der Luft beim Wachstum der Bäume entzogen worden sind, ihr wieder zurückgegeben werden. Das organische Material zersetzt sich im Sumpfboden nicht. Deswegen entstanden damals Torflager von enormer Mächtigkeit, in denen das Kohlendioxid gebunden blieb; sie wurden im Lauf der Zeit von immer neuen Schichten abgedeckt und zusammengepresst, der Sauerstoffanteil des Kohlendioxid entwich, meist mit Wasserstoff verbunden, in Form von Wasser, und übrig blieb der fast reine Kohlenstoff, die Steinkohle.

Einige Geologen vermuten, dass die Entnahme des Kohlendioxids durch die Wälder aus der Atmosphäre zu einer Klimaänderung führte: Gewissermaßen ein umgekehrter Treibhauseffekt, bei dem sich in der Luft die Hitze nicht aufstauen konnte, weil die Kohlendioxiddecke fehlte. Spuren einer Vereisung wurden vor allem auf der Südhalbkugel im Gondwanaland gefunden, jenem Ur-Kontinent, der Mutter aller Kontinente, der die Landmasse des Planeten in sich schloss. Diese Eiszeit ist auf das Ende des Karbon datiert worden. Vielleicht haben die Bäume, die dem Zeitalter der Steinkohlenwälder den Namen gaben, schließlich selber den Ablauf ihrer Erdzeitepoche durch Abkühlung der Temperatur unter einen kritischen Punkt herbeigeführt. Erwiesen ist, dass damals viele der Schachtelhalme und Bärlappbäume, die das Karbonzeitalter dominierten, während der Kältephase ausgestorben sind.

Der Zusammenhang zwischen den Wäldern und dem CO_2-Gehalt der Atmosphäre ist ein aktuelles Thema; noch vor hundert Jahren wurde die Steinkohlenzeit vor allem als

Anlage des Vorratsspeichers für Brennstoffe wahrgenommen, die den industriellen Fortschritt sicherten, denn ohne die Kohlenlager hätte die große Umwälzung zur modernen Massenproduktion nie vonstatten gehen können. Inzwischen beschäftigt uns die beunruhigende Frage, welche Folgen das Verbrennen der Kohle und anderer fossiler Energiespeicher wie Erdöl für das globale Klima haben wird. Bei der Verbrennung wird Kohlendioxid erzeugt: Der gleiche Stoff, der vor dreihundert Millionen Jahren der Atmosphäre entnommen, im Holz gespeichert und in der Kohle gewissermaßen versteinert worden ist, entsteht aufs Neue und gelangt in die Luft. Wir machen die Leistung jener alten Wälder rückgängig. Die CO_2-Emissionen bewirken langfristig die Aufheizung, die als »Treibhaus-Effekt« bezeichnet wird: Die mit Kohlendioxid gefüllte Atmosphäre fängt die Sonnenenergie ähnlich wie ein gläsernes Treibhaus ein und heizt das Klima auf. Dadurch könnte sich die Atmosphäre unseres Planeten so weit aufwärmen, dass die Eisflächen an den Polkappen schmelzen und der Meeresspiegel steigt: Inseln und tief liegende Länder wie Bangladesh würden im Wasser versinken und die Wüsten in den Trockengürteln der Kontinente würden sich weiter und weiter ausdehnen.

Kohlendioxid ist nicht das einzige Treibhausgas. Das Kyoto-Protokoll von 1997, mit dem sich 38 Industrienationen verpflichteten, ihre Emissionen bis zu den Jahren 2008 bis 2012 um insgesamt etwa 5 Prozent zu reduzieren, nennt außerdem Methan, Kohlenwasserstoff, Fluorkohlenstoff und Stickoxide.

Die Vereinigten Staaten von Amerika, die am Ende der Vereinbarung von Kyoto nicht zustimmten, brachten eine interessante merkantile Variante in die Verhandlungen ein: Sie schlugen einen Emissionsaustausch vor, bei dem Länder mit hohen CO_2-Emissionen – ihre eigenen sind die höchsten der Welt – Ländern mit niedrigen Emissionen –

wie viele der so genannten Entwicklungsländer – ihre Werte abkaufen können. Das Beispiel dieses Ablasshandels machte Schule. Eine Initiative der Hamburger Umweltbehörde aus dem Jahr 2003 schlägt vor, im fernen Tschad das Pflanzen von Bäumen zu finanzieren, um die CO_2-Bindung der dort wachsenden Hölzer mit der CO_2-Emission vor Ort, etwa durch Autofahrten, zu verrechnen: »Und auch die Hamburger Spender haben etwas von der Aktion: Sie erhalten nicht nur eine Urkunde, in der Ort und Baumart verzeichnet sind. Ihnen wird auch jährlich die vom Holz gespeicherte CO_2-Menge gutgeschrieben.«[114]

Es überrascht kaum, wenn die Werbung für Papier und Holzwaren den Hinweis enthält, dass CO_2 nicht nur in den Bäumen des Waldes, sondern auch in den Produkten gespeichert ist, die aus ihnen hergestellt werden, selbst wenn es zu unhaltbar simplen Formulierungen führt: »The more we use products from the forest, the better it is for the climate.«[115] Wahrscheinlich wird die kreative Phantasie, die das schlechte Gewissen der CO_2-Produzenten auslöst, noch weitere Spielarten dieses Ablasshandels erfinden.

Das *Zwischenstaatliche Panel zum Klimawandel* (IPCC) schätzt, dass zwischen 1989 und 1998 ein Fünftel der Kohlenstoffemissionen der Welt auf Entwaldung zurückzuführen ist: Die Abholzung der Wälder schlägt hier als Verminderung der Kohlenstoffaufnahme rechnerisch genauso zu Buche wie die CO_2-Emissionen aus den Verbrennungsmotoren. Derartige Berechnungen sind Teil einer weltweiten Buchführung, bei der die Kohlenstoffbindung auf der Habenseite und die Kohlenstoffemissionen auf der Sollseite erscheinen: Der Profit liegt in der Reduktion des Ausstoßes von Treibhausgasen im Interesse des Erhalts der Welt, wie wir sie kennen.

Ob dieses Ziel erreicht werden kann, hängt nicht allein von der Reduktion von Emissionen ab, sondern auch vom

Erhalt der Wälder. Im Gesamtwaldbericht der Bundesregierung aus dem Jahr 2001 heißt es: »Die jährliche Kohlenstoffaufnahme durch den deutschen Wald wird auf 8 Mio. t Kohlenstoff (30 Mio. t CO_2) geschätzt.«[116] Wo die Wälder abgeholzt werden, fehlt das Mittel, um die Atmosphäre des Planeten zu heilen.

Der Austausch zwischen den Bäumen und der Luft ist ein zentraler Gesichtspunkt. Durch den Stoffaustausch mit der Luft nehmen Bäume Einfluss auf das Klima. Durch Verwandlung von Kohlendioxid in Sauerstoff produzieren sie den für uns wichtigsten Bestandteil der Luft. Gleichzeitig nehmen sie aber auch Kohlenmonoxid auf, Schwefeldioxid, Ammoniak, Ozon und Stickstoffoxide, Stoffe, durch die sie selbst geschädigt werden. Einige dieser Schäden sind an ausgedünnten Baumkronen ablesbar. Kronenverlichtungen sind, ähnlich wie die Schäden am Wurzelwerk, die sich nur dem Blick des Experten zeigen, typische Reaktionen eines Baumes beispielsweise auf übermäßige Versäuerung oder auf übermäßige Stickstoffmengen im Boden. Doch sind es nicht diese Schäden selbst, die zum Absterben eines Baumes führen. Es ist vielmehr die disponierende Wirkung, die von ihnen ausgeht. Sie schwächen den Baum so, dass er anfällig wird für Insekten und Pilze, die immer da sind und alles, was geschwächt ist, fressen und zersetzen. Auf diese Weise führen diese Lebewesen die organische Materie wieder in den Boden zurück und schließen sie für die Sequenz des Lebens im Wald auf. Weil sie aufs Ganze gesehen eine wichtige Funktion im Kreislauf der Organismen einnehmen, ist die Bezeichnung »Schädlinge« nicht angemessen. Wo immer die Gesundheit von Bäumen lädiert ist, steht gewissermaßen ein ganzes Heer von Arbeit suchenden Insekten und Pilzen bereit, das aus lauter Spezialisten besteht: Borkenkäfer, vor allem Buchdrucker und Kupferstecher, und Gespinstblattwespe für die Fichte; die Nonne, ein Falter, für Fichte und Kiefer; Kiefernspanner, Kiefernspinner, Forleule und Kiefernbuschhornblattwespe für die Kiefer, Eichenwickler und Eichenprachtkäfer für die Eiche.

Eichenmehltau, Kiefernschütte, Douglasienschütte und auch der Wurzelschwamm sind verbreitete Pilzerkrankungen, die wie der Verursacher des Ulmensterbens zum Absterben der befallenen Bäume führen kann. Die von den Schadstoffen der Luft geschwächten Bäume werden von derartigen biotischen Agenten eher und leichter aufgesucht als gesunde Bäume.

Die Vorstellung vom »Waldsterben« ist heute umstritten. Der Volkskundler Albrecht Lehmann betrachtet es in seinem Buch über die *Deutschen und ihr Wald* vor allem als Beleg für ein Klischee. Er versucht die »Maßlosigkeit und Peinlichkeit der journalistischen Schreibtischarbeiten« aus den achtziger Jahren zu belegen und weist auf die Korrumpierbarkeit von einzelnen Forstwissenschaftlern und Forschergruppen hin, die sich »in dem Medienspektakel ohne jede Selbstkritik engagierten«.[117]

Der Forstwissenschaftler Hansjörg Küster weist in seiner *Geschichte des Waldes* auf die politischen Entscheidungen hin, die im Zuge der Wálduntergangsstimmung jener Jahre die Einrichtung von Rauchgasentschwefelungsanlagen für Kraftwerkschlote und Katalysatoren für Autos durchsetzten. Er kritisiert aber den Begriff »neuartige Waldschäden«, der damals zuerst in den amtlichen Schriften auftauchte; viele dieser angeblich neuen Schäden spiegeln in Wirklichkeit altbekannte Schadensbilder, die man allerdings jetzt in den achtziger Jahren wie zum ersten Mal sah; manche der Schäden seien eher auf die Armut der Böden an Mineralstoffen zurückzuführen als auf eine Zunahme von toxischen Substanzen in der Luft.

Aber der Alarm war nicht so blind, wie er in diesen rückblickenden Darstellungen beschrieben wird. Sowohl Küster als auch Lehmann haben vor allem die Diskussion um die Auswirkungen des sauren Regens in Erinnerung, die damals im Mittelpunkt des Interesses standen. Diese Folgen sind nun tatsächlich durch die inzwischen in Kraft getretenen gesetzlichen Emissionsbestimmungen reduziert, wenn auch nicht aus der Welt geschafft. »In sensitiven Bereichen«, heißt es im Gesamtwaldbericht der Bundesregierung aus dem Jahr 2001 über die Gefährdung der deutschen Wälder, »liegen die aktuellen Säurefrachten um bis zu 15-fach über den Belastungsgrenzen.«[118]

Inzwischen haben sich jedoch die Stickstoffeinträge als Hauptproblem herausgestellt. Auf den Dauerbeobachtungsflächen, die seit den achtziger Jahren eingerichtet sind – eine Folge der Diskussion über das »Waldsterben« war die Einrichtung ausgedehnter Monitoring-Netze in deutschen Wäldern – wurde eine Dauerberieselung durch Stickstoff ermittelt, die zwischen 9 und 46 Kilogramm pro Hektar und Jahr liegt, im Mittel bei 25 Kilogramm. Als »verträgliches Maß« werden – je nach Standortbedingungen – Stickstoffeinträge von 5 bis 15 Kilogramm pro Jahr und Hektar genannt. Stickoxide aus den Auspuffrohren der Autos vor allem machen die Böden der deutschen Wälder zu den am höchsten belasteten Europas. Ein Anstieg der ermittelten deutlich sichtbaren Schäden auf 40 Prozent bei der Buche und die Zunahme der Kronenverlichtungen bei der Eiche stehen wahrscheinlich damit in Zusammenhang, während sich die Schäden bei Fichte (25 Prozent) und Kiefer (13 Prozent) in Grenzen halten, die als akzeptabel gelten.[119]

Während die von den Medien gesteuerten Diskussionen sich längst neuen Themen zugewandt haben, bleibt die Transaktion zwischen den von Menschen eingerichteten Wäldern und der von Verkehrs- und Industrieabgasen gefüllten Luft als fortlaufender Prozess bestehen. Aber die Brennpunkte auch dieses Prozesses unterliegen dem Wandel. Es ist bezeichnend, dass die Bundesregierung im Kapitel *Analyse der Gefährdungspotentiale* der Klimaänderung einen eigenen Abschnitt einräumt, der – wie sollte es anders sein – lediglich Spekulationen über mögliche Folgen der Erwärmung für den deutschen Wald enthält. Die Erwärmung der Lufttemperatur während der nächsten hundert Jahre wird mit einem Anstieg von irgendwo zwischen 1,4 Grad und 5,8 Grad Celsius zugrunde gelegt. Vielleicht kommt es zu einem katastrophalen Waldsterben, wenn der Klimawechsel so rasch eintritt, dass die besser angepassten Arten nicht allmählich die ökologischen Nischen der weniger angepassten besiedeln können; vielleicht kommt es immer häufiger zu Waldbränden; vielleicht müssen die Bäume zusätzlich durch Trockenheit leiden; vielleicht wird es mehr Stürme und Orkane geben; vielleicht wird es massenhaft Befall von Insekten geben, die sich bei höheren Temperaturen besser entwickeln.[120]

Das Zusammenspiel von Baum und Luft, das sich in der »Kohlenstoff-Verbindung« niederschlägt, beeinflusst auch die menschliche Gesundheit, nicht nur vor dem Hintergrund der Klimaveränderung, die weitreichende gesellschaftliche Folgen mit sich bringen wird, sondern auch unmittelbar. Auf der einen Seite wird die Qualität der Luft in den Städten zum Beispiel von den Bäumen positiv beeinflusst: Bäume in der Stadt machen das Atmen leichter. Die Redewendung von den »grünen Lungen« ist berechtigt, wenn man bedenkt, welche Massen an schädlichen Gasen von Bäumen absorbiert werden. Eine Studie aus Chicago fand, dass die Bäume dieser Stadt im Jahr 1991 der Luft 210 Tonnen Ozon entnahmen, 98 Tonnen Stickstoffoxide, 93 Tonnen Schwefeldioxid und 17 Tonnen Kohlenmonoxid.[121] Noch wichtiger ist womöglich die Aufnahme von Staubpartikeln durch Bäume. Staub, der durch die Bewegung von Füßen und Rädern dauernd aufgewirbelt und durch den

Abrieb von Autoreifen und Straßenbelag vermehrt wird, besteht aus winzigen Teilchen, die unsichtbar in der Luft schweben und eine Art Dunstglocke über den Städten bilden. Die feinsten dieser Partikel sind die für Menschen gefährlichsten; sind sie kleiner als 2,5 Mikron, verkeilen sie sich unentfernbar im Gewebe der Lunge und bilden Ablagerungen, die das Atmen schwer machen und chronisches Asthma und Bronchitis hervorrufen, was zu Lungenkrebs und Herzkrankheiten führen kann. Die Bäume von Chicago, die etwa 11 Prozent der Fläche dieser Stadt bedecken, filterten der genannten Studie zufolge im Jahre 1991 die Masse von 234 Tonnen Partikeln von weniger als 10 Mikron Größe aus der Luft heraus. Die meisten dieser Teilchen sind mineralisch, nichts, was mit Verbrennungsmotoren direkt in Verbindung zu bringen wäre; indirekt schon, wenn man die Zunahme der Zahl der Autos veranschlagt, denn es ist die Menge der reibenden, schleifenden und schleudernden, Bewegungen – die schlurfenden und tretenden der Fußgänger kommen hinzu – die diese Wolke von Mineralien in der Luft halten, wo sie von den Blättern der Bäume wie von großen Reusen aufgefangen und festgehalten werden, bis sie ein Regenguss abwäscht oder bis sie mit den fallenden Blättern im Herbst auf der Straße landen. Je stärker die Oberfläche der Blätter einem Frotteetuch gleicht, umso mehr Staub nimmt sie auf. Einer englischen Studie zufolge können fein behaarte Lindenblätter viermal so viele Partikel festhalten wie die glatten Blätter von Platanen.

Auf der anderen Seite hat das kluge Arrangement von Baum und Mensch in der Stadt allerdings auch negative Auswirkungen, die von den Menschen – aus anfänglicher Unkenntnis oder aus Geringschätzung der Folgen – selbst hervorgerufen worden sind. Die Zahl der Pollenallergiker ist, wie bekannt, im Ansteigen begriffen, und sie ist unter Stadtbewohnern höher als unter der Landbevölkerung.

Dies ist vor allem auf die überwiegende Zahl männlicher Bäume zurückzuführen, die entlang der Straßen und in den Parks der Städte gepflanzt werden. Weibliche Bäume sind den zuständigen Stadtverwaltungen und Gartenbauämtern meist unerwünscht, weil sie Früchte tragen, die den Boden bedecken und der Straßenreinigung Extrakosten verursachen. Das gilt nicht nur für weibliche Ginkgobäume, deren Früchte den berüchtigten Buttersäuregeruch verbreiten, sondern für alle möglichen Arten. Nun produzieren die männlichen Exemplare von windbestäubenden Bäumen extrem kleine, extrem leichte Pollen, die vom Wind über sehr weite Entfernungen transportiert werden können. So kommt es zur Zeit des Pollenflugs in den Städten zu dichten wenn auch unsichtbaren Pollenwolken. Ein Vergleich der Pollenfluganalysen der Wettervorhersage für Stadt und Land belegt die unterschiedliche Verteilung. Dies ist ein zurzeit typisches Gesundheitsrisiko der Städte. Da Pollen aus Eiweißverbindungen bestehen, beschränkt sich die Reaktion unseres Körpers nicht auf die Symptome der geröteten Augen und der triefenden Nase, es kommt vielmehr zu Immunreaktionen, die ihrerseits zu Atembeschwerden und Atemwegserkrankungen führen können.

BEMERKUNGEN ZUR WARE HOLZ

Der Ursprung aller Transaktionen zwischen Menschen und Bäumen liegt vielleicht in der Holzentnahme. Auf die Frage »Was haben wir mit den Bäumen zu schaffen?« fiele den meisten genau dies ein: dass wir Bäume fällen und aus ihrem Holz etwas für unsere eigenen Zwecke Brauchbares herstellen. Diese Nutzung bezeichnet gewissermaßen den harten Kern unseres Verhältnisses.

Der Wert des Holzes wird seit jeher nach seiner Nutzbarkeit und Schönheit im Tausch gegen andere Dinge gemessen. Wen-Amun, der 1086 v. Chr. von Theben in Ägypten aus abreiste, um im Regierungsauftrag das Bauholz für die Barke des Götterkönigs Amun-Re aus dem Libanon zu besorgen, wurde dort von Dieben bestohlen und von seinem Handelspartner, dem Fürsten von Byblos, gedemütigt und bedroht, bevor er für eine erste Lieferung von Libanonzedern im Tausch folgende Waren lieferte:

> »4 Tjebu-Gefäße und 1 Kekmen-Gefäß Gold, 5 Tjebu-Gefäße Silber, 10 Stück Kleider aus Königsleinen, 10 Ballen gutes oberägyptisches Leinen, 500 Rinderhäute, 500 Seile, 20 Sack Linsen, 30 Körbe Fische.«[122]

Diese Art Tausch setzt voraus, dass Holz bereits in einem gewissen Sinn als »abstrakt« betrachtet wird, als »Wert« oder »Ware«, die von ihrer Baumherkunft losgelöst ist und als Handelsgut zur Verfügung steht, gewissermaßen ohne eigene Persönlichkeit. Vielleicht kommt hier bereits jene Animismusdistanz des modernen Naturverhältnisses in einer frühen Variante zum Vorschein, die Lynn White als eine Folge der Ausbreitung des Christentums im Abendland beschrieben hat.

Unter den wenigen schriftlichen Aufzeichnungen aus noch früherer Zeit findet sich jedenfalls eine, in der die Transaktion zwischen Holz und Mensch auf der Ebene der persönlichen Begegnung dargestellt wird. Es ist eine Passage aus dem aus verschiedenen Dichtungen zusammengetragenen Gilgamesch-Epos, dessen Teile in verschiedenen Sprachen aus der Zeit vom 21. bis zum 6. Jahrhundert v. Chr. aus dem babylonischen Kulturkreis überliefert sind, meist in Keilschrift auf Tontafeln. Ein Teil in hethitischer Sprache wurde bei dem heute türkischen Ort Boghazköy gefunden, die Beschreibung des Todes von Enkidu, des Gefährten des Helden Gilgamesch. Enkidu stammte aus der Wildnis, wurde auf Geheiß des Gilgamesch von einer Frau zu einem für die damalige Zeit zivilisierten Menschen erzogen und avancierte dann zu Gilgameschs Freund. Gemeinsam waren sie in den Zedernwald eingedrungen, der von dem schrecklichen Chumbaba bewacht wurde, und hatten mit ihren Äxten uralte Zedern gefällt und schließlich den Hüter des Waldes Chumbaba erschlagen. In dem Teil der Geschichte, von dem die erwähnte Tontafel aus Kleinasien berichtet, liegt Enkidu krank auf seinem Bett und spricht mit der riesigen Tür seines Raumes, die er aus dem Holz des mächtigsten unter den Zedernbäumen hatte bauen lassen. Der Übersetzer des immer wieder lückenhaften Keilschrifttextes – die Tontafeln sind aus Bruchstücken zusammengesetzt – erklärt: »In der Lücke wurde anscheinend erzählt, dass Enkidu, vielleicht im Fieberwahn, der Tür aus dem Holz der im Forst von Chumbaba gefällten Zeder die Schuld an seiner Krankheit zuschreibt«[123] Enkidu spricht:

»Auf zwanzig Doppelstunden ersah ich das gute Holz für dich!
Bis dass ich die hohe Zeder gesehen …,
War dein Holz ohnegleichen in meinen Augen.
Sechsmal zwölf Ellen beträgt deine Höhe,
Zweimal zwölf Ellen beträgt deine Breite;
Türstange, Polschuh und Stangenkopf bei dir sind …
Ich zimmerte dich, ich hob dich auf, in Nippur …
Hätt ich, o Türe, gewußt, dass dies deine Schönheit,
Und dies deines Holzes Schönheit war,
Erhoben hätt ich ein Beil, es gehandhabt,
Fügen lassen ein Floß.«

Der Übersetzer Albert Schott erläutert in einer Fußnote: »Wahrscheinlich grollt Enkidu der Tür um so mehr, als ihn ihre Schönheit betrogen hatte, die nur ein Deckmantel für ihre schädlichen Kräfte war.«[124]

Enkidus Worten folgend scheint eine Korrespondenz zwischen einem Baum und der Nutzung seines Holzes zu bestehen: Offenbar ist demnach ein Floß von geringerem Status als eine Tür. Edles Holz verlangt nach nobler Nutzung, man könnte aus der Rede des Enkidu die Anklänge einer Theorie der Wertschöpfung nach Maßgabe des Angemessenen heraushören. Aber dies wäre nur eine Nebenmelodie, in der Hauptsache geht es um die Krankheit, um Enkidus Verdacht, dass es das Holz der Tür ist, das ihn krank macht, vielleicht im Sinn einer Rache für das Überschreiten der Grenze des heiligen Waldes, für das Erschlagen des Hüters des Zedernwaldes für das Fällen der Bäume. Dies hier unterstellte »Wie du mir – so ich dir« wäre eine selbstverständliche Transaktion, wie irgendein anderer Austausch. Vielleicht klingt in der Rede von Enkidu, dem gezähmten Wilden, das Echo einer Beseelung der Natur nach, ein alt vertrautes Muster, in das er vor seinem Tode zurückfällt; Gilgamesch, der aufgeklärte Freund, steht fassungslos dabei: »Doch die Türe ist unvernünftig, Verständigkeit ist bei ihr nicht vorhanden!« Er hat dem Freund gerade von seinem Traum erzählt, in dem die Götter miteinander beraten und den Tod Enkidus beschlossen haben aus Gründen, die mit dem Fällen von Bäumen und der Rache des Holzes nicht im Geringsten zu tun haben, sondern mit der Eifersucht einer von Gilgamesch verschmähten Göttin.

Das zunehmende Machtgefälle zwischen dem Zivilisierten und dem Wilden bringt das ausgeglichene Verhältnis von »nimm« und »gib«, von Konkurrenz und Kooperation zum Kippen. Das Wilde muss verschwinden. So ist die Freundschaft zwischen Gilgamesch und Enkidu die Folge der Zähmung des wilden Enkidu durch eine vom Herrscher Gilgamesch inszenierte Mission: Weil er den wilden Enkidu zum Freund möchte, schickt er eine Frau zu ihm hinaus in die Wildnis, die ihn auf den Weg der Zivilisation bekehrt. Und der Zedernwald, der vom Anfang der Welt an bestand, dieser Gegenpol aller Zivilisation, muss mitsamt seinem Beschützer Chumbaba den Äxten der aus Uruk eindringenden Stadtbewohner zum Opfer fallen. Indem der Wald die alte Ordnung der Dinge bewahrte, repräsentierte er eine Macht des Konservativen, gegen das sich der Prozess der Verwandlung des Landes durch die Menschen richtet. Vielleicht könnte man Enkidus Sicht bei seinem Tod auf die Formel bringen: Die Zivilisation tötet das Wilde des Waldes, aber auf den Tod des Wilden folgt die Rache am Zivilisierten. Die Spannung zwischen dem Wilden, Ursprünglichen und dem Kultivierten, Neugeformten ist jedenfalls eine der typischen Figuren, die die unterschiedliche kulturelle Wahrnehmung des Waldes geprägt hat.

Eine ähnliche Auffassung bestimmte auch das römische Bild vom Lebensraum der Germanen. Die Römer stellten sich den Herkynischen Wald in ungeheuren Ausmaßen vor. Caesar schrieb, dass der Reisende von Süden nach Norden neun, von Westen nach Osten sechzig Tage lang brauchen würde, um ihn zu durchqueren. Und Plinius schrieb, dass dieser Wald zugleich mit der Welt entstanden sei. Tatsächlich waren zu Plinius' Zeit – 23–79 n. Chr. – die germanischen Völker längst allesamt zu Ackerbauern geworden, die fleißig die Wälder rodeten und den Boden bearbeiteten. Das Landschaftsbild muss also durch einen Wechsel von Feldern und Wäldern geprägt gewesen sein. Obwohl dies in Rom selbstverständlich bekannt gewesen sein muss, hielt man trotzdem am Bild eines massiven, seit Anfang der Welt bestehenden Waldes fest. Die Landschaft der Wildnis passte zum Bild des wilden Volkes, das dort hauste.

Allerdings hinderte ihre Vorstellung vom wilden Germanien die Römer keineswegs daran, tatkräftig die Rodung der germanischen Waldgebiete in Angriff zu nehmen. Entlang ihrer Grenzbefestigungen und Heerstraßen legten sie aus militärischen Gründen zu beiden Seiten breite waldfreie Streifen an; riesige Flächen wurden systematisch für den Feldbau nutzbar gemacht, beispielsweise wurde im süddeutschen Raum, dem Dekumatsland, Weizen für den Export angebaut, und die Hänge von Rhein und Mosel wurden nach erfolgreicher Rodung durch Anlegen von Terrassen für den Weinbau genutzt.

Die germanischen Bauern dagegen verfolgten keine zentrale Strategie; sie übernahmen weder die römische Agrarwirtschaft noch die römischen Straßen, Kastelle und Villen, die sie nach dem Abzug der Römer dem Verfall überließen. Sie lebten stattdessen mit dem Wald, den sie entsprechend den Möglichkeiten zu nutzen lernten. Und der Wald selbst erweist sich als guter Lehrmeister, was seine bestmögliche Nutzung angeht, wenn man ihn nur lange und geduldig genug zu beobachten versteht. Zum Beispiel treiben Eichen, Eschen, Ulmen, Hainbuchen, Weiden, Espen und Erlen, die über dem Boden abgeschnitten worden sind, immer wieder aufs Neue aus; man kann die hervorsprossenden Ruten im Spätsommer abschneiden, »schneiteln«, und die getrockneten Blätter als »Laubheu« im Winter ans Vieh verfüttern, oder man braucht sie nur ein paar Jahre lang vor dem Vieh zu schützen, das die jungen Triebe abfressen würde, um die Äste, Zweige und armdicken Stämmchen, die heranwachsen, wieder schneiden zu können. Diese Form eines Waldes mit immer wieder erntebereiten Austrieben nennt man Niederwald. Er liefert Berge von Zweigen und Massen dünner Stangen, zu dünn, um daraus tragende Balkenkonstrukte zu zimmern, aber bestens geeignet, um beispielsweise Wandflächen auszuflechten. Ähnlich einem Korb oder einem geflochtenen Zaun, setzt man in die Gefache der Fachwerkbalken senkrecht eine Reihe von kräftigen Stäben, um die herum schlanke Gerten gewunden wurden. Das entstandene Korbgeflecht wird innen und außen mit Lehm verputzt. Im Norden Englands wurden jahrhundertelang Behausungen gebaut, die ganz ohne Balken auskamen und nur aus Ruten bestanden: eine Art von Wohnkörben.

Niederwälder gab es überall in Europa, sie sind immer wieder aufs Neue entdeckt worden, als ob sie sich gewissermaßen von sich selbst aus dem Bauern aufdrängen, der den Wald bewirtschaftet. Am Monte Cucco in den Marken von Ancona zum Beispiel, wo heute noch das weiße Vieh zum Weiden in den Wald getrieben wird, findet sich an der Südflanke des Berges ein Niederwald aus schnellwüchsigen Eschen und Ahornbäumen. Die fingerdicken Stämme streben dicht an dicht wie ein Bambusfeld empor; sobald sie 3 bis 4 Meter hoch sind, werden sie über dem Boden abgeschnitten wie Zuckerrohr und als Brennholz für die großen offenen Kamine in den Küchen der Bauernhäuser gehortet. In diesen Bauernwäldern hat der Förster wenig zu sagen. Anstelle der forstwirtschaftlichen Prinzipien, die von Umtriebszeiten ausgehen, die sich an der Hiebreife ausgewachsener Stämme orientieren, herrscht die althergebrachte Waldbewirtschaftung vor. Die Bauern nutzen die vergleichsweise kümmerlichen Reste der alten Waldbestände des Apennin, indem sie dauernd viele kleine Stämmchen ernten, statt ihren Urenkeln den Segen eines hiebreifen Waldes mit lauter mächtigen Stämmen zu überlassen. Manchmal enthält auch der Niederwald einzelne große Bäume mit einem Stammumfang, der beispielsweise für den Hausbau geeignet erscheint. Man schlägt diese einzelnen Bäume, wie man sie braucht, und lässt im Übrigen auch einzelne wieder hochkommen. Diese Form der Nutzung wird »Mittelwald« genannt. Im »Plenterwald« wiederum stehen Bäume unterschiedlichen Alters, von denen immer nur einzelne, je nach Hiebreife und Bedarf, gefällt werden.

Die Beispiele des Niederwaldes, des Mittelwaldes und des Plenterwaldes belegen, dass der Lernprozess, der auf nachhaltiges Wirtschaften hinausläuft, bis zu einem Grade vom Wald selbst vorgeformt ist; die Reaktion der Bäume richtet bei dem auf Versuch und Irrtum beruhenden Verfahren allmählich das Verhalten der Menschen so aus, dass sie den Wald zu ihren Zwecken bestmöglich zu nutzen lernen.

Auch die Umwandlung der anfangs beherrschenden Buchenwälder zu Eichenwäldern oder Eichenmischwäldern ist ein Ergebnis menschlicher Eingriffe, die zuerst allmählich und ohne strategische Absicht abliefen, später dann systematisch, als Viehzüchter und Zimmerleute die vorherrschenden Buchen in großem Stil durch Eichen ersetzten. Eichen waren seit Beginn der Schweinemast vor wenigstens zweitausend Jahren die bevorzugten Bäume.

Für die Viehwirtschaft eignete sich der Boden im Wald aus alten Eichen, der mit Gras bedeckt ist, besser als der Buchenwald, wo nach dem Austrieb der Bäume im April und Mai kein Kraut mehr wächst. Der Waldboden wurde alljährlich gebrannt, um den Boden mit Asche zu düngen und das Wachstum der Gräser anzuregen; darunter litten die jungen Buchen mit ihrer glatten und empfindlichen Rinde stärker als die borkigen Jungeichen. Auch für das allherbstliche Mästen von Schweinen war die Eichelmast die bessere Alternative zur Bucheckernmast, weil der Mastzyklus von Buchen weniger ergiebig ist als der von Eichen.

Hauptsächlich aber waren es Qualität und Nutzbarkeit des Holzes, die den Ausschlag für den systematischen Anbau von Eichen gab. Buchenholz ist kurzfaserig und kaum belastbar. Es liefert zwar hervorragendes Brennholz und ist zur Herstellung von Holzkohle bestens geeignet, aber zum Hausbau taugt es nicht; aus Eichenholz waren die Balken der Häuser, und Eichen gaben das Holz für den Schiffbau.

Die Ausbreitung der Eiche auf Kosten der Buche ist ein Beispiel für das Zusammenspiel zwischen den Wirtschaftsinteressen der Menschen und dem Erscheinungsbild der Wälder. Die Dominanz der Eiche ist jedenfalls das Ergebnis wirtschaftlicher Prozesse im Lauf des Mittelalters. Die Vorstellung eines mit Eichenwäldern dekorierten Germaniens dürfte dem tatsächlichen Bild der damals vorhandenen Landschaft kaum entsprechen.

Dort, wo der Wald den menschlichen Eingriff überlebt, wird seine Erscheinung immer deutlicher von den wirtschaftlichen Interessen der Menschen geformt. Zunächst beobachtet man die Wirkungen der Eingriffe, man inszeniert hier und da die wünschenswerten Folgen, um dann allmählich eine planvolle Umsetzung in Angriff zu nehmen. Und da der veränderte Wald seinerseits die Vorstellungen der Menschen prägt, ist es gerechtfertigt, dieses Zusammenspiel als Anpassung des Waldes an die Bedürfnisse der Gesellschaft zu bezeichnen. So geht der eher mitgängige Prozess der Waldbewirtschaftung allmählich in eine systematische Forstwirtschaft über.

Vielleicht kann schon die im großen Stil durchgeführte Rodungspolitik der fränkischen Herrscher, die nach der Vereinigung des Frankenreichs im 9. Jahrhundert gegen den in der Völkerwanderungszeit wieder mächtig vorgedrungenen Wald arbeiteten, als eine Art forstwirtschaftliche Maßnahme betrachtet werden. Während der Rodungsphasen der Frankenzeit galt die Beseitigung des Waldes als eine Art »Kulturtat« – ein Wort, das den frühen Herrschern und Mönchen so fremd war wie den germanischen Bauern, das aber die Arbeit treffend bezeichnet, um die es ihnen dabei ging: Die Herstellung des Fundaments der Zivilisation. Der Wald musste weichen, aber zugleich wuchs die Abhängigkeit vom Holz, das den Baustoff für die Häuser und den einzigen Brennstoff lieferte. Als im 13. Jahrhundert die ersten

Klagen über Holzmangel aufgeschrieben wurden, hatte bereits ein Umdenken eingesetzt: Zwar galt es, den Wald in seinen Grenzen zu halten, ihn aber auf alle Fälle zu erhalten. Man lernte, ihn anzulegen und zu pflegen.

Ein besonderes Beispiel für ein frühes Forstwesen, das über die Waldbewirtschaftung hinausging, war die Anlage von Eibenforsten. Während des Mittelalters war das Bild des Waldes unter anderem von sorgfältig gepflegten, plantagenartigen Eibenhainen bestimmt; aus den Stämmchen der langsam und stracks emporwachsenden Eibe wurden die Bögen der Bogenschützen gefertigt, und weil die Bogenschützen als kampfentscheidende Truppe galten, war der Besitz von Eibenwäldern zugleich Kriegspotenzial und Produktionsquelle eines enorm wertvollen Handelsguts. Noch lange nach Einführung der ersten Feuerwaffen blieb der Bogen in Gebrauch, die Schussgeschwindigkeit war höher – ein Bogenschütze konnte angeblich sechs Pfeile abschießen, bevor eine Muskete einen einzigen Schuss abgab – die Treffsicherheit genauer, die Durchschlagskraft jedenfalls im Vergleich mit den ersten Feuerwaffen nahezu gleich. So kam es, dass Eiben vor tausend Jahren überall planvoll als Waffenholz angebaut wurden. Erst nachdem die neuen Schießpulvergewehre technisch perfektioniert und die Kriegstechnik immer genauer auf den Einsatz von Feuerwaffen zugeschnitten war, wurden die Bogenschützen überflüssig, und der Wert des Waffenholzes verfiel. Die Eiben hätten danach in den Wäldern ungestört weiter wachsen und sich ausbreiten können, wären sie nicht gezielt abgeholzt worden. Vor allem für Pferde hochgiftig, wurde der Baum in den Weidewäldern ausgerottet, und wegen des langsamen Wachstums war er forstwirtschaftlich in Deutschland nie von Interesse. Er besteht fort als Hecke in Gärten und Parks, denn er bildet sogar direkt am Stamm dauernd neue Triebe aus und wächst zu einer dichten geschlossenen Wand wie Thuja oder Buchs. Aus den Wäldern, deren Bild er im Mittelalter prägte, ist er fast völlig verschwunden.

Eine weitere Quelle der staatlich geregelten Aufsicht über die Wälder war vermutlich die Festlegung von Bannwäldern für die Jagd durch König und Adel und die Rolle der Jagd für den Schutz der Ansprüche des Wildes gegenüber denen der Landbevölkerung, doch die Hauptursache der immer weiter um sich greifenden zentralisierten Reglements zur Waldbewirtschaftung war der Holzmangel.

Die Übernutzung der Waldböden im Mittelalter durch Landwirtschaft und Holzentnahme, der ungeheure Bedarf an Holz und Holzkohle in den frühen Industrien der Salinen- und Siederbetriebe, der Glashütten, der Eisenschmelzen, des Bergbaus – all dies führte zu einem andauernden Holzmangel, der schon im 14. Jahrhundert Versuche einer Anzucht von Wäldern hervorrief. 1368 säte der Unternehmer Peter Stromer aus Nürnberg Kiefernsaat auf nahe gelegenen Brachflächen aus und brachte den ersten von Menschenhand angelegten Forst, einen Kiefernwald, in die Welt. Der Verkauf von Saatgut und Bäumchen entwickelte sich für die Nürnberger zu einem einträglichen Geschäft. Auch dies ein Indiz für den Kampf gegen einen dauernden Holzmangel, der in Deutschland aufgrund der politischen Strukturen nicht wie in England oder Frankreich durch Importe gelöst werden konnte.

Obsthölzer, aber auch Waldbäume zu pflanzen und mit Sorgfalt zu pflegen, ist der Bevölkerung Deutschlands durch die Obrigkeit vor allem seit dem 18. Jahrhundert auferlegt worden. Das vorherrschende merkantilistische Denken war auf autarkes Wirtschaften hin angelegt: Was im Land an Lebensmitteln und nachwachsenden Rohstoffen erzeugt werden konnte, das sollte auch dort hervorgebracht werden. Bei Hochzeiten, Taufen, Umzügen, bei jeder sich bietenden Gelegenheit verpflichteten die Herren der Duodezfürstentümer ihre Untertanen deshalb zur Anpflanzung von Bäumen. Dies galt nicht nur für Obstbäume, die entlang den Straßen und Alleen zu setzen waren, und nicht nur für Pappeln und Weiden, die an den Ufern der Bäche gepflanzt werden sollten, sondern auch für Waldbäume, die in den Gemeindewäldern ausgebracht und regelmäßig gepflegt werden mussten. So heißt es in einer Verordnung des Hessischen Landgrafen Friedrich aus dem Jahre 1739:

> »Mit der Anpflantzung wilder Bäume als Eichen, Büchen, Pappeln, Eschen, Hainbüchen, Aspen, Weiden und anderer Art Holtzes, ist gleichergestalt fortzufahren.
>
> Die neue Innzöger seynd ehender nicht aufzunehmen, bis jeder auf seinem eigenen Grund 5 Obst-Bäume, und da er keine hätte, in die Gemeinde-Hecken und Waldung 5 Eichen oder andere wilde Bäume angepflantzt habe.
>
> Diejenige aber, welche sich verheurahten, pflantzen auf obige Mase nur 4 Stämme, und müssen sie von Zeit zu Zeit auf dergleichen neu gepflantzte Bäume Acht haben, bis solche gerahten.«[125]

Die Erfahrungen mit der andauernden Wiederaufforstung des Landes glichen einem Lernprozess, der – im Unterschied zur hergebrachten Waldbewirtschaftung mit ihren Niederwäldern und ihren nach einer Laisser-faire-Methode betriebenen Plenterwäldern – auf ein zentralisiertes und weitsichtiges Planungsverfahren hinauslief. Es zahlte sich für die weitsichtige Obrigkeit aus, die kluge Ausbeutung des Waldes auf Spezialisten zu übertragen. Das besondere Wissen dieser Experten kreiste von Anfang an um Techniken, die geduldiges Verhalten mit der bestmöglichen

Nutzung der angebauten Rohstoffe belohnen würden. Das Nachhaltigkeitsprinzip, das bei der Rio-Konferenz im Jahr 1992 unter dem Namen »sustainability« zur Leitvorstellung der Umweltpolitik schlechthin erklärt wurde, entstammt ursprünglich diesen forstwirtschaftlichen Aktivitäten. Es basiert auf der Berechnung der Folgen menschlichen Handelns über einen Zeitraum von mehreren Generationen hin. Zeit wird auf diese Weise zu einer schier unerschöpflichen Ressource. »Wollt nit sorg hann, daß es nit in Ewig Zeit geben wurt!«, hatte im 16. Jahrhundert Michael Schwegelin formuliert, ein Förster aus Memmingen.

Ein frühes Beispiel für die Bewunderung, die der Försterberuf wegen dieses weit reichenden Blickes hervorgerufen hat, ist in der folgenden Anekdote zu Friedrich Schiller überliefert.

> »Vor einigen Jahren suchte Schiller Erholung in Ilmenau und dem nahen Gebirg. Dort führte ihn das Ungefähr zu einem Forstmann, der eben für den so sehr verhauenen Ilmenauer Forst Abtrieb und Anbau entwarf. Die Bestandeskarten waren ausgebreitet, die Schläge waren auf zweimal 120 Jahre projektiert und mit ihren Jahreszahlen bezeichnet; daneben lag im Plan das bezielte Ideal eines vollkommenen Nadelwaldes, welcher bis zum Jahr 2050 verwirklicht werden sollte. Aufmerksam und still betrachtete der erhabene Dichter die sprechenden Hilfsmittel des ordnenden Forstmannes und besonders die Zahlen so weit entfernter Jahre. Er überschaute bald nach kurzer Erläuterung den Zweck dieser Arbeit und sprach dann von Verwunderung ergriffen: ›Nein! bei Gott, ich hielt euch Jäger für sehr gemeine Menschen, deren Thaten sich über das Tödten des Wildes nicht erheben. – Aber ihr seyd groß: – Ihr wirket unbekannt, unbelohnt, frei von des Egoismus Tyrannei, und Eueres

stillen Fleißes Früchte reifen der späteren Nachwelt noch. – Held und Dichter erringen eiteln Ruhm. Fürwahr, ich möchte ein Jäger seyn!«[126]

Zufall oder nicht – tatsächlich ist Schillers Sohn Forstmeister geworden. Nebenbei liefert die Anekdote auch einen Hinweis darauf, dass der Nadelwald mit dem rasch heranwachsenden Stangenholz eine Kreation der Forstwirtschaft des 18. und 19. Jahrhunderts darstellt. Als die Fichten nach der letzten Eiszeit aus ihrem Refugium in den Ostalpen zurückkehrten, wanderten sie den Alpenrand entlang und besiedelten die erreichbaren Höhenzüge, vermieden aber das Flachland. Die heißen Sommer zu den Zeiten des Kontinentalklimas und die milden Winter zu Zeiten des atlantischen Klimaeinflusses hielten sie von dort ebenso fern wie die felslosen Böden, in denen sie mit ihren flachen Tellerwurzeln nur ungenügend Halt fanden, so dass sie von den Sturmwinden immer wieder geworfen wurden. Auch Tannen konnten sich in den flacheren Räumen nicht halten, ihre Pioniere sind bei dem mehrfachen Klimawechsel ohne Nachkommen abgestorben, und die Population ist in die Gebirgsräume zurückgeführt worden. Der Wald, der sich in Deutschland sozusagen selbst einrichten würde, der auf Dauer Bestand hätte, wäre jedenfalls kein Nadelwald.

»Das bezielte Ideal eines vollkommenen Nadelwaldes, welcher bis zum Jahr 2050 verwirklicht werden sollte« hatte im frühen 19. Jahrhundert noch Schillers Begeisterung hervorgerufen; ein heutiger Waldspaziergänger würde, wenn er wie Schiller einem Forstmeister über die Schultern schauen dürfte, bei dieser Planung wahrscheinlich eher kritisch reagieren. Die Forstwirtschaft selbst hat sich, sieht man von einigen Ausnahmen wie den Weihnachtsbaumplantagen ab, inzwischen selbst dem Ideal des Mischwaldes verschrieben, was einer althergebrachten Waldvorstellung entspricht, die sozusagen unter der Hand stets tonangebend geblieben war.

Der Anteil des Waldes an der Fläche des Landes schwankt im Verlauf der Geschichte. Vor tausend Jahren gab es weniger Waldland als heute, und über lange Phasen hin waren die Wälder auch in der Folgezeit – vor allem in den Gebieten von Hütten und Siedereien – ausgeräumt, dünn und arm. Die Herstellung von Holzkohle in Kohlenmeilern, die vielen kleinen Glashüttenbetriebe und der ungesteuerte Viehtrieb ließen anstelle von Bäumen über weite Flächen des Landes nur Gestrüpp zurück. Inzwischen hat sich unter Einfluss der Forstwirtschaft ein Waldanteil von um die 30 Prozent des Gesamtgebiets eingependelt: Insgesamt ist also ein Drittel Deutschlands mit Wäldern bedeckt – bei beträchtlichen regionalen Unterschieden, von 10 Prozent Waldfläche in Schleswig-Holstein bis mehr als 40 Prozent in Hessen – zwei Drittel sind Siedlungs- und Verkehrsflächen oder waldfreie Feldflur.

Dem Gesamtwaldbericht der Bundesregierung vom Juli 2001 zufolge haben die Waldflächen in Deutschland in den letzten Jahren zugenommen. Vom »verfügbaren Rohholzaufkommen« werden jeweils nur 70 Prozent geschlagen, so steigt das Holzpotenzial ständig an. Zur Erklärung gibt der Bericht den Hinweis auf die wirtschaftliche Lage: Fast die Hälfte der Wälder sind in Privathand, die Bewirtschaftungskosten sind hoch, die Erlöse aus dem Holzverkauf vergleichsweise niedrig, der Orkan »Lothar« aus dem Jahr 1999 hinterließ ein Überangebot an Holz auf dem Markt und verdarb die Preise.

Diese Erklärung erscheint angesichts des tatsächlich ansteigenden Pro-Kopf-Holzverbrauchs erklärungsbedürftig. Da es sich um einen »Gesamtwaldbericht« im Sinne eines Berichts über den Zustand der Wälder der Welt handelt, wird neben der deutschen auch die globale Perspektive verfolgt. Interessant ist der Überblick zur weltweiten Waldflächenveränderung zwischen 1990 und 2000. Der Statistik ist zu entnehmen, dass die Waldfläche in sämtlichen Regionen der Welt während dieser Dekade zurückgegangen ist, manchmal dramatisch, vor allem in Afrika mit 5 264 000 Hektar und Südamerika mit 3 628 000 Hektar, insgesamt um 9 023 000 Hektar, mit einer Ausnahme: In Europa ist die Fläche um 885 000 Hektar angewachsen.[127]

Die Vermutung, dass der Holzverkauf innerhalb Deutschlands nur deshalb nicht lohnt, weil gleichzeitig die Länder der »Dritten Welt« Raubbau an ihren Wäldern treiben und den internationalen Markt mit billigen Halbwaren und Pulpwood überschwemmen, liegt auf der Hand. Der Gesamtwaldbericht der Bundesregierung enthält zahlreiche Analysen über die Lage der Regenwälder und der Wälder in den nördlichen Zonen, verbunden mit Ratschlägen, die sich genau genommen an die Adresse der Regierenden in den betroffenen Ländern richten. Man fragt sich nach der Funktion derartiger Übungen. Dass der offensichtliche Zusammenhang zwischen dem nahezu weltweit um sich greifenden Verlust der Waldflächen und dem Zuwachs der Waldflächen in Europa und Deutschland an keiner Stelle des Berichts zur Sprache gebracht wird, ist kein zufälliges Versäumnis.

Der Nutzen der Wälder umfasst viel mehr an Gesichtspunkten, als unter wirtschaftlicher Perspektive erfasst werden kann. Über Entnahme von Holz und Rohstofflieferung für Papier hinaus, über die kohlenstoff- und abgasbindende und wasserspeichernde Funktion hinaus, über die Nutzbarkeit für Erholungssuchende, Spaziergänger, Pilzsammler, Jogger, Mountainbikefahrer und Jäger hinaus standen und stehen Wälder immer wieder für die Hoffnung der Menschen auf Veränderung und Erneuerung, wie beispielsweise in der Geschichte *Der Mann, der die Bäume pflanzte* von dem französischen Schriftsteller Jean Giono aus dem Jahr 1953. Giono erzählt von Elzeard Bouffier, einem Schafhirten, dem er in dem desolaten Gebiet des Alpenvorlands um Sisteron und Mirabeau, nicht weit vom Mont Saint Ventoux im Jahr 1913 zum ersten Mal begegnete. Zwischen den kahlen, abgeholzten Hängen und den verlassenen Ortschaften dieser Gegend pflanzte Bouffier Eicheln, Tag für Tag hundert Stück. Als er ihn nach dem Ersten Weltkrieg wieder sieht, ist ein Zehntel der Saat aufgegangen und über ein weites Gebiet emporgewachsen. Bouffier pflanzt inzwischen auch Buchen und andere kleine Bäume, die er vorher herangezogen hat, alles ohne Wissen der zuständigen Behörden und Regierungsstellen. 1935 kommt eine Regierungsdelegation, um den »natürlichen« Wald zu besichtigen, die Bäume sind 6 und 7 Meter hoch. Das Land verwandelt sich, im Jahr 1945 sind die vormals wüstenartigen Hügel bewaldet, das Wasser fließt aus den Dorfbrunnen, die Ortschaften besiedeln sich aufs Neue. Anstelle der Handvoll unzufriedener und bösartiger Menschen, die in den Ruinen der ausgegangenen Siedlungen ihr Leben voller Hass gefristet hatten, kommen jetzt viele, vor allem junge Familien, die das Leben im Waldland neu gestalten wollen. Giono sagt am Ende seiner Erzählung: »Wenn ich überlege, dass ein Mann allein, ausgestattet einzig mit seinen eigenen einfachen körperlichen und moralischen Ressourcen, in der Lage gewesen ist, aus der Wüste dieses Land Kanaan hervorzubringen, dann erscheint mir die menschliche Lage insgesamt bewundernswert zu sein, allem zum Trotz.«[128]

1953, noch im Schatten des Zweiten Weltkriegs, mag die Bedeutung solcher Worte schwerer ins Gewicht gefallen sein als heute. Giono hatte die Geschichte für die bekannte Serie *Ein Mensch, den man nicht vergisst* der Zeitschrift Reader's Digest verfasst. Die Redaktion hatte zuerst mit Enthusiasmus reagiert, aber dann hatte man Recherchen anstellen lassen und herausgefunden, dass Elzeard Bouffier ebenso von Giono erfunden worden war wie die gesamte Aufforstungsgeschichte. Indigniert schickte man das Manuskript aus New York zurück. Inzwischen ist der Text in zahlreichen Zeitschriften abgedruckt, in zwölf Sprachen übersetzt und als Buch dutzendfach verlegt worden – in Deutschland in mehreren Verlagen, ein so genannter Kulttext. Offenbar haben die Leser die Allegorie angenommen, die Gleichsetzung des Prinzips Hoffnung mit der Anpflanzung eines Waldes. Die Fiktion der Aufforstung eines ganzen Landstrichs durch einen einzelnen Menschen, ausgestattet allein mit seinen Körperkräften, steht nicht nur für den Wunsch vieler, eine bessere Welt zu schaffen, sondern auch für die reale Möglichkeit, dabei auf die Natur als Verbündete rechnen zu dürfen.

ANMERKUNGEN

1 Lynn White, Jr.: The Historical Roots of Our Ecological Crisis. In: Science, March 1967, S. 1203–1207, Übers. H. S.

2 Johannes Gabriel Granö: Reine Geographie. Eine methodologische Studie beleuchtet mit Beispielen aus Finnland und Estland. Helsinki 1929

3 Martin Buber: Ich und Du. Heidelberg: Lambert Schneider, 11. Aufl. 1983; ursprgl. 1923; S. 13/14

4 Martin Buber: Ekstatische Konfessionen. Heidelberg: Lambert Schneider, 5. Aufl. 1984

5 Martin Buber: Ich und Du, a.a.O., S. 148

6 ibid., S. 149

7 Annie Dillard: Der freie Fall der Spottdrossel. Stuttgart: Klett-Cotta 1998 (engl. Pilgrim at Tinker Creek. A mystical excursion into the natural world. New York: Bantam Books 1975)

8 1. Könige 19, 4

9 Johannes Bobrowski: Rainfarn. In: Boehlendorff und Mäusefest. Erzählungen. Berlin: Union Verlag 1965, S. 111

10 Goethes Briefe an Charlotte von Stein (Hrsg. Petersen), 1. Band, Leipzig 1923, S. 205 f., zitiert nach Erwin Chargaff: Ein zweites Leben. Autobiographische und andere Texte. Stuttgart: Klett-Cotta 1995, S. 202/203

11 Jean-François Lyotard: Heidegger und die »Juden«. Wien: Passagen 1988, S. 58

12 Heinz von Foerster: Entdecken und Erfinden. In: Einführung in den Konstruktivismus. München, Zürich: Piper 1992, S. 83

13 ibid., S. 87

14 Pattiann Rogers: Firekeeper. New and Selected Poems. Minneapolis: Milkweed Editions 1994, S. 44/45, Übers. H. S.

15 Keekok Lee: The Natural and the Artefactual. The Implications of Deep Science and Deep Ecology for Environmental Philosophy. Lanham, Boulder: Lexington Books 1999

16 ibid., S. 201

17 Einzelheiten dazu hier im Abschnitt über »Religiöse Ansichten von Bäumen«, »Bishnoi und Chipko«

18 Harald Vieth: Hamburger Bäume. Hamburg: Selbstverlag Vieth 1995

19 Walter Benjamin: Denkbilder. Frankfurt a.M.: Suhrkamp 1974, S. 125/126

20 Manfred Geier: Unter einem Baum. Warum sich Walter Benjamin an seinem vierzigsten Geburtstag nicht umgebracht hat, sondern noch einmal von der Aura des Lebens berühren ließ. In: Die kleinen Dinge der großen Philosophen. Hamburg: Rogner & Bernhard bei Zweitausendeins 2001, S. 214 bis 236

21 Die Ambivalenz gegenüber der Partizipationsthese von Ding-Name-Sprache ist verbreitet. Der Benjamin-Experte Christopher Bracken erläutert Benjamins Sprachtheorie unter dem bezeichnenden Doppel-Titel *The language of things. Walter Benjamin's primitive thought.* Im ersten Teil entwickelt er das Benjaminsche Vorstellungs-Universum; im zweiten Teil zeigt er durch Vergleiche mit der Darstellung des Weltbildes der so genannten »Primitiven« durch Levi-Bruhl, wie Benjamins Theorie durch magische Vorstellungen geprägt ist. Christopher Bracken: The language of things. Walter Benjamin's primitive thought. In: Semiotica 138-1/4 (2002), S. 221–349

22 Walter Benjamin: Angelus Novus. Ausgewählte Schriften 2. Frankfurt a.M.: Suhrkamp 1966, S. 20

23 Dani Caravan: Homage to Walter Benjamin. »Passages, Place of Remembrance at Portbou. Main: Philippe von Zabern 1995

24 Walter Benjamin: Über den Begriff der Geschichte. In: Ders.: Gesammelte Schriften I. 2. Frankfurt a.M.: Suhrkamp 1999, S. 695

25 Jorge Semprun: Was für ein schöner Sonntag! Frankfurt a.M.: Suhrkamp 1981, S. 175

26 ibid. S. 394

27 ibid. S. 171

28 ibid. S. 138

29 ibid. S. 11
30 ibid.
31 ibid. S. 394
32 ibid.
33 ibid. S. 11
34 ibid. S. 175
35 ibid. S. 394
36 Franz Kafka: Der Prozeß. Cyprus: Eurobooks 1999, S. 240
37 zitiert nach www.sonic.net/bristlecone unter: Discovery by Dr. Edmund Schulman, Übers. H. S.
38 Oliver Sacks: Oaxaca Journal. Washington, D.C.: National Geographic Society 2002, S. 69, Übers. H. S.
39 zitiert nach Günter Sinn, Hans-Peter Stoehrel, Rolf Canters: Zur Stabilität des großen Drachenbaums von Teneriffa. www.baumstatik.de/pages/aufsaetze/art193.htm
40 ibid.
41 David Lukas: Aspens. In: Orion. People and Nature, Spring 1997, S. 59–61
42 www.xs4all.nl GINKGO BILOBA – The Ginkgo Pages
43 Siegfried Unseld: Goethe und der Ginkgo. Ein Baum und ein Gedicht. Frankfurt a. M. und Leipzig: Insel-Verlag 1998
44 www.friedwald.de
45 Hiob 14, 7–12
46 Jared Diamond: Arm und Reich. Die Schicksale menschlicher Gesellschaften. Frankfurt a. M.: Fischer Tb 2003
47 Peter Huchel: Gedichte. Berlin: Aufbau 1948, Die Magd
48 Peter Heilmann: Die Natur als Drucker. Naturselbstdrucke der k. u. k. Hof- und Staatsdruckerei. Wien, Dortmund: Harenberg Kommunikation. Die bibliophilen Taschenbücher Nr. 330, 1982
49 zitiert nach: Annie Dillard: The Wreck of Time, in: Harper's Magazine, January 1998, S. 55, Übers. H. S.
50 ibid.
51 Lars Gustafsson: Die Maschinen. München: Carl Hanser 1967, S. 23
52 Robert Walser: Verstreute Prosa I (1907–1919); hrsg. von Jochen Greven. Zürich und Frankfurt a. M.: Suhrkamp o. J., S. 99

53 Adolf Portmann: An den Grenzen des Wissens. Vom Beitrag der Biologie zu einem neuen Weltbild. Wien und Düsseldorf: Econ 1974, S. 82
54 Robert Musil: Wer hat dich du schöner Wald? In: Nachlaß zu Lebzeiten. Hamburg: Rowohlt 1957, S. 91
55 Bundesministerium für Verbraucherschutz, Ernährung und Landwirtschaft: Gesamtwaldbericht der Bundesregierung. Juli 2001
56 Simon Schama: Der Traum von der Wildnis. Natur als Imagination. München: Kindler 1996
57 zitiert nach Robert König: Deutsche Litteraturgeschichte. Leipzig und Bielefeld: Velhagen & Klasing, 15. Aufl. 1883, S. 348
58 Elias Canetti: Masse und Macht. Düsseldorf: Claassen 1960, S. 190
59 ibid.
60 William Shakespeare: Macbeth. Übersetzt von Dorothea Tieck. Stuttgart: Reclam 1970, S. 69
61 Robert Bly: Eisenhans. Ein Buch über Männer. München: Kindler 1991
62 Hans Jonas: Das Prinzip Verantwortung. Versuch einer Ethik für die technologische Zivilisation. Frankfurt a.M.: Suhrkamp Tb 1984
63 Thomas Merton: When the Trees Say Nothing. Notre Dame, Indiana: Sorin Books 2003, S. 147, Übers. H.S.
64 zitiert nach Schama a.a.O., S. 253
65 Johann Wolfgang Goethe: Gedenkausgabe der Werke, hrsg. von Ernst Beutler, Zürich 1948–54, Bd. 13, S. 19 f.
66 Hans Sachs: Klag der wilden Holtzleut über die ungetrewen Welt. In: Werke, hrsg. von A. v. Keller, Bd. 3, Stuttgart 1870, zitiert nach Schama a.a.O., S. 115
67 Thomas Merton: Love and Solitude. In: Ders.: Love and Living. New York: Harcourt, Brace & Co. 1979, S. 15, Übers. H.S.
68 Patricia Ebray: Chinese Civilization. A Sourcebook. New York: Free Press 2nd ed. 1999, S. 24, Übers. H.S.
69 zitiert nach Thomas Merton: Classic Chinese Thought. In: Mystics and Zen Masters. New York: The Noonday Press

1967, S. 66; Merton merkt an, die englische Übersetzung nach I. A. Richards: Mencius on the Mind zu zitieren. Übers. H. S.
70 Günter Trolldenier: Bodenbiologie. Die Bodenorganismen im Haushalt der Natur. Stuttgart: Kosmos 1971
71 The Selected Poems of Po Chu-I. San Francisco: New Directions 1999, Übers. H. S.
72 Alexander von Humboldt: Ideen zu einer Geographie der Pflanzen. Abgedruckt in: Walter Sauer (Hrsg.), Verlassene Wege zur Natur. Impulse für eine Neubesinnung. Ein Lesebuch. Witzenhausen: Die Graue Reihe 9, 1992, S. 208–220
73 Albert Schott: Das Gilgamesch-Epos. Neu übersetzt und mit Anmerkungen versehen, ergänzt und teilweise neu gestaltet von Wolfram von Soden. Stuttgart: Reclam 1980, S. 45
74 Jared Diamond a. a. O.
75 Hansjörg Küster: Geschichte des Waldes. Von der Urzeit bis zur Gegenwart. München: C. H. Beck 1998, S. 78–85
76 William Butler Yeats: Collected Poems. London: Macmillan 1933, S. 66
77 Gordon Mackenthun: Zur Kenntnis der einheimischen Ulmenarten. Hamburg: Das Ulmenbüro 2003
78 Hinweis in Oliver Rackham: The History of the Countryside. London: Weidenfeld & Nicolson 1995, S. 233
79 Portmann: An den Grenzen des Wissens, a. a. O., S. 97/98
80 Rackham a. a. O., S. 240
81 ibid., S. 246
82 Annette von Droste-Hülshoff: Die Judenbuche. Ein Sittengemälde aus dem gebirgichten Westfalen. Stuttgart: Reclam 1958, S. 69
83 Urwaldreservat Bödmeren. Vegetationstypen und deren Verbreitung; Spätglaziale und holozäne Vegetationsgeschichte (Pollenanalyse); Kleinsäuger. (Berichte der Schwyzerischen Naturforschenden Gesellschaft, dreizehntes Heft). Einsiedeln: Schwyzerische Naturforschende Gesellschaft 2001
84 Theo Weber: Lehrer Urwald. In: Walter Kälin, Ernst Scagnet: Urwald in den Schwyzer Bergen. Schöne wilde Bödmeren. Zürich: Werd, 2. Aufl. 1997, S. 56/57

85 ibid., S. 56
86 Portmann a.a.O., S. 90
87 ibid., S. 96
88 Henry David Thoreau: Walking. Boston: Beacon Press 1991; ursprgl. 1862; Übers. H.S.; eine deutsche Ausgabe unter dem Titel »Vom Spazieren« ist in Zürich bei Diogenes 2001 erschienen
89 von Humboldt a.a.O. , S. 209
90 Bericht des Wissenschaftlichen Beirats der Bundesregierung: Globale Umweltveränderungen. Berlin 1996
91 Die andern Mächte, die als Großväter bezeichnet werden, wohnen den drei anderen Himmelsrichtungen und den beiden Sphären über uns und unter uns inne. Mit diesen sechs Koordinaten ist der Ort, an dem sich jemand befindet, genau bezeichnet. Ein markanter Unterschied zum Selbst- und Weltverhältnis der Europäer wird anhand dieser Standortbestimmung deutlich: Liegt der abendländischen Identität die Frage zugrunde »Wer bin ich?«, so stellt der Bewohner der »Schildkröteninsel« (Indianername für Nordamerika) die Frage »Wo bin ich?«
92 Black Elk Speaks. Being the Life Story of a Holy Man of the Oglala Sioux As told through John G. Neihardt (Flaming Rainbow). Lincoln and London: University of Nebraska Press, 6th cloth printing 1992, S. 273/274, Übers. H.S.
93 P. Ovidius Naso: Die Verwandlungen. Eine Auswahl. Bearbeitung von W. Plankl. Stuttgart: Reclam 1955, S. 39
94 Leonardo da Vinci: Sämtliche Gemälde und die Schriften zur Malerei, hrsg. von André Chastel. München: Schirmer/Mosel 1990
95 Marcel Minnaert: Licht und Farbe in der Natur. Basel, Boston, Berlin: Birkhäuser 1992, S. 19
96 Annie Dillard: Pilgrim at Tinker Creek. A mystical excursion into the natural world. New York: Bantam Books 1975, S. 35, Übers. H.S.
97 Sophokles: Ödipus auf Kolonos. Übersetzung von Kurt Steinmann. Stuttgart: Reclam 1996, S. 9
98 Lynn White a.a.O.
99 zitiert nach: Gisela Graichen: Das Kultplatzbuch. Ein Führer

zu den alten Opferplätzen, Heiligtümern und Kultstätten in Deutschland. Hamburg: Hoffmann und Campe 1988, S. 127/128

100 zitiert nach Roderick F. Nash: The Rights of Nature. A History of Environmental Ethics. Madison: The University of Wisconsin Press 1989, S. 97/98, Übers. H. S.

101 Gary Snyder: Tomorrow's Song, in: ders., Turtle Island. New York: New Directions, 14th printing 1974, S. 77

102 Aldo Leopold: Thinking Like A Mountain. In: A Sand County Almanac. New York: Oxford University Press 1966, S. 129 - 132

103 Albert Schweitzer: Die Lehre von der Ehrfurcht vor dem Leben. Grundtexte aus fünf Jahrzehnten. München: Beck 1966, S. 20

104 Richard Gombrich, Gananath Obeyesekere: Buddhism transformed, religious change in Sri Lanka. Princeton, N. J.: Princeton University Press 1988, S. 395/396, Übers. H. S.

105 Margaret D. Lowman: Die Frau in den Bäumen. Eine Biologin erforscht das Leben in den Baumkronen. München: Kunstmann 2000, S. 258

106 John Dewey: A Common Faith. New Haven: Yale University Press, 13th printing 1957, S. 57, Übers. H. S.

107 Robert Musil: Der Mann ohne Eigenschaften. Roman. Hamburg. Rowohlt 1952, S. 16

108 Jack Hitt: A Gospel According to the Earth. Sown by science, a new eco-faith takes root. In: Harper's Magazine, July 2003, S. 50, Übers. H. S.

109 Tanizaki Jun'ichiro: Lob des Schattens. Entwurf einer japanischen Ästhetik. Zürich: Manesse, 4. Aufl. 1989, S. 19/20

110 Myriam Novitsch, zitiert nach Wolf Biermann: Katzenelson, A Mensch. In: Jizchak Katzenelson: Dos lied vunem ojsgehargetn jidischn volk. Köln: Kiepenheuer & Witsch 1994, S. 190

111 Jizchak Katzenelson a. a. O., Achter Gesang, S. 90

112 zit. n. Alberto Manguel: Eine Geschichte des Lesens. Darmstadt: Wissenschaftliche Buchgesellschaft 1998, S. 74/75

113 Bundesministerium für Verbraucherschutz, Ernährung und Landwirtschaft: Gesamtwaldbericht a. a. O.

114 Hamburger Umweltzentrum: Mit Bäumen und Bildung gegen die Wüstenausbreitung. Hamburg 2003, S. 21/22
115 www.paperonline.org
116 Gesamtwaldbericht a.a.O., S. 37
117 Albrecht Lehmann: Von Menschen und Bäumen. Die Deutschen und ihr Wald. Reinbek bei Hamburg: Rowohlt 1999, S. 265
118 Gesamtwaldbericht a.a.O., S. 75
119 ibid.
120 ibid., S. 77/78
121 Ron Sullivan: Breathing Easier. In: Orion. People and Nature, Sept./Oct. 2003, S. 70/71
122 Elke Blumenthal (Hrsg.): Altägyptische Reiseerzählungen. Der Reisebericht des Wen-Amun. Leipzig: Philipp Reclam 1982, S. 35
123 Albert Schott: Das Gilgamesch-Epos, a.a.O., S. 58
124 ibid.
125 Verordnung des Allerdurchlauchtigsten, Großmächtigsten Fürsten und Herrn, Hm. Friedrichs, von Gottes Gnaden der Schweden, Gothen und Wenden Königs, Landgraffen zu Hessen, Fürsten zu Herßfeldt, Graffen zu Catzenelnbogen, Dietz, Ziegenhayn, Nidda und Schaumburg. Cassel, gedruckt bei Hüter und Harmes, Königl. Schwed. Fürstl. Hess. Hof-Buchdruckere 1739, S. 31
126 Forstzeitschrift Sylvan aus dem Jahre 1814, zitiert nach Wilhelm Koch: Vom Urwald zum Forst. Stuttgart: Kosmos 1957, S. 57
127 Gesamtwaldbericht a.a.O., S. 61
128 Jean Giono: L'homme qui plantait des arbres. Paris: Editions Gallimard 1980; dt. Ausgaben: Der Mann, der die Bäume pflanzte, Sanssouci 1998; Der Mann mit den Bäumen, Theologischer Verlag 1981

Walter Benjamin: Denkbilder. Frankfurt a. M.: Suhrkamp 1974
Walter Benjamin: Angelus Novus. Ausgewählte Schriften 2. Frankfurt a. M.: Suhrkamp 1966
Walter Benjamin: Über den Begriff der Geschichte. In: Ders.: Gesammelte Schriften I. 2. Frankfurt a. M.: Suhrkamp 1999
Bericht des Wissenschaftlichen Beirats der Bundesregierung: Globale Umweltveränderungen. Berlin 1996
Black Elk Speaks. Being the Life Story of a Holy Man of the Oglala Sioux As told through John G. Neihardt (Flaming Rainbow). Lincoln and London: University of Nebraska Press, 6th cloth printing 1992; ursprgl. 1932
Elke Blumenthal (Hrsg.): Altägyptische Reiseerzählungen. Der Reisebericht des Wen-Amun. Leipzig: Philipp Reclam 1982
Christopher Bracken: The language of things. Walter Benjamin's primitive thought. In: Semiotica 138-1/4 (2002), S. 221–349
Johannes Bobrowski: Rainfarn. In: Ders.: Boehlendorff und Mäusefest. Erzählungen. Berlin: Union Verlag 1965
Martin Buber: Ekstatische Konfessionen. Heidelberg: Lambert Schneider, 5. Aufl. 1984
Martin Buber: Ich und Du. Heidelberg: Lambert Schneider, 11. Aufl. 1983; ursprgl. 1923
Bundesministerium für Verbraucherschutz, Ernährung und Landwirtschaft: Gesamtwaldbericht der Bundesregierung. Juli 2001
Elias Canetti: Masse und Macht. Düsseldorf: Claassen 1960
Erwin Chargaff: Ein zweites Leben. Autobiographische und andere Texte. Stuttgart: Klett-Cotta 1995
John Dewey: A Common Faith. New Haven: Yale University Press. 13th printing 1957–copyright 1934
Jared Diamond: Arm und Reich. Die Schicksale menschlicher Gesellschaften. Frankfurt a. M.: Fischer Tb 2003
Annie Dillard: Der freie Fall der Spottdrossel. Stuttgart: Klett-Cotta 1998 (engl. Pilgrim at Tinker Creek. A mystical excursion into the natural world. New York: Bantam Books 1975)

Annie Dillard: The Wreck of Time. In: Harper's Magazine, January 1998

Annette von Droste-Hülshoff: Die Judenbuche. Ein Sittengemälde aus dem gebirgichten Westfalen. Stuttgart: Reclam 1958

Patricia Ebray: Chinese Civilization. A Sourcebook. New York: Free Press 2nd ed. 1999

Heinz von Foerster: Entdecken und Erfinden. In: Einführung in den Konstruktivismus. München, Zürich: Piper 1992

Manfred Geier: Unter einem Baum. Warum sich Walter Benjamin an seinem vierzigsten Geburtstag nicht umgebracht hat, sondern noch einmal von der Aura des Lebens berühren ließ. In: Die kleinen Dinge der großen Philosophen. Rogner & Bernhard bei Zweitausendeins 2001

Jean Giono: L'homme qui plantait des arbres. Paris: Editions Gallimard 1980

Johann Wolfgang Goethe: Gedenkausgabe der Werke, hrsg. von Ernst Beutler, Zürich 1948–54, Bd. 13

Richard Gombrich, Gananath Obeyesekere: Buddhism transformed, religious change in Sri Lanka. Princeton, N.J.: Princeton University Press 1988

Gisela Graichen: Das Kultplatzbuch. Ein Führer zu den alten Opferplätzen, Heiligtümern und Kultstätten in Deutschland. Hamburg: Hoffmann und Campe 1988

Lars Gustafsson: Die Maschinen. München: Carl Hanser 1967

Hamburger Umweltzentrum: Mit Bäumen und Bildung gegen die Wüstenausbreitung. Hamburg 2003

Peter Heilmann: Die Natur als Drucker. Naturselbstdrucke der k.u.k. Hof- und Staatsdruckerei. Wien, Dortmund: Harenberg Kommunikation. Die bibliophilen Taschenbücher Nr. 330, 1982

Jack Hitt: A Gospel According to the Earth. Sown by science, a new eco-faith takes root. In: Harper's Magazine, July 2003

Peter Huchel: Gedichte. Berlin: Aufbau Verlag 1948

Alexander von Humboldt: Ideen zu einer Geographie der Pflanzen. Abgedruckt in: Walter Sauer (Hrsg.): Verlassene Wege zur Natur. Impulse für eine Neubesinnung. Ein Lesebuch. Witzenhausen: Die Graue Reihe 9, 1992

Hans Jonas: Das Prinzip Verantwortung. Versuch einer Ethik für

die technologische Zivilisation. Frankfurt a. M.: Suhrkamp Tb 1984
Tanizaki Jun'ichiro: Lob des Schattens. Entwurf einer japanischen Ästhetik. Zürich: Manesse, 4. Aufl. 1989; ursprgl. Tokio 1933
Franz Kafka: Der Prozeß. Cyprus: Eurobooks 1999
Jizchak Katzenelson: Dos lied vunem ojsgehargetn jidischn volk. Köln: Kiepenheuer & Witsch 1994
Wilhelm Koch: Vom Urwald zum Forst. Stuttgart: Kosmos 1957
Hansjörg Küster: Geschichte des Waldes. Von der Urzeit bis zur Gegenwart. München: C. H. Beck 1998
Keekok Lee: The Natural and the Artefactual. The Implications of Deep Science and Deep Ecology for Environmental Philosophy. Lanham, Boulder: Lexington Books 1999
Albrecht Lehmann: Von Menschen und Bäumen. Die Deutschen und ihr Wald. Reinbek bei Hamburg: Rowohlt 1999
Aldo Leopold: Thinking Like A Mountain. In: A Sand County Almanac. New York: Oxford University Press 1966
Margaret D. Lowman: Die Frau in den Bäumen. Eine Biologin erforscht das Leben in den Baumkronen. München: Kunstmann 2000
David Lukas: Aspens. In: Orion. People and Nature, Spring 1997, S. 59–61
Jean-Francois Lyotard: Heidegger und die »Juden. Wien: Passagen 1988
Gordon Mackenthun: Zur Kenntnis der einheimischen Ulmenarten. Hamburg: Das Ulmenbüro 2003
Alberto Manguel, Eine Geschichte des Lesens. Darmstadt: Wissenschaftliche Buchgesellschaft 1998
Thomas Merton: When the Trees Say Nothing. Notre Dame, Indiana: Sorin Books 2003
Thomas Merton: Classic Chinese Thought. In: Mystics and Zen Masters. New York: The Noonday Press 1967
Thomas Merton: Love and Solitude. In: Ders.: Love and Living. New York: Harcourt, Brace & Co. 1979
Marcel Minnaert: Licht und Farbe in der Natur. Basel, Boston, Berlin: Birkhäuser 1992
Robert Musil: Der Mann ohne Eigenschaften. Roman. Hamburg: Rowohlt 1952

Robert Musil: Wer hat dich du schöner Wald? In: Nachlaß zu Lebzeiten. Hamburg: Rowohlt 1957

Roderick F. Nash: The Rights of Nature. A History of Environmental Ethics. Madison: The University of Wisconsin Press 1989

P. Ovidius Naso: Die Verwandlungen. Eine Auswahl. Bearbeitung von W. Plankl. Stuttgart: Reclam 1955

The Selected Poems of Po Chu-I. San Francisco: New Directions 1999

Adolf Portmann: An den Grenzen des Wissens. Vom Beitrag der Biologie zu einem neuen Weltbild. Wien und Düsseldorf: Econ 1974

Oliver Rackham: The History of the Countryside. London: Weidenfeld & Nicolson 1995

Pattiann Rogers: Firekeeper. New and Selected Poems. Minneapolis: Milkweed Editions 1994

Oliver Sacks: Oaxaca Journal. Washington, D.C.: National Geographic Society 2002

Simon Schama: Der Traum von der Wildnis. Natur als Imagination. München: Kindler 1996

Albert Schott: Das Gilgamesch-Epos. Neu übersetzt und mit Anmerkungen versehen, ergänzt und teilweise neu gestaltet von Wolfram von Soden. Stuttgart: Philipp Reclam jun. 1980

Albert Schweitzer: Die Lehre von der Ehrfurcht vor dem Leben. Grundtexte aus fünf Jahrzehnten. München: Beck 1966

Jorge Semprun: Was für ein schöner Sonntag! Frankfurt a.M.: Suhrkamp 1981

William Shakespeare: Macbeth. Übersetzt von Dorothea Tieck. Stuttgart: Reclam 1970

Günter Sinn, Hans-Peter Stoehrel, Rolf Canters: Zur Stabilität des großen Drachenbaums von Teneriffa. www.baumstatik.de/pages/aufsaetze/arti93.htm

Gary Snyder: Tomorrow's Song, in: Ders., Turtle Island. New York: New Directions, 14th printing 1974

Sophokles: Ödipus auf Kolonos. Übersetzung von Kurt Steinmann. Stuttgart: Reclam 1996

Ron Sullivan: Breathing Easier. In: Orion Sept./Oct. 2003

Henry David Thoreau: Walking. Boston: Beacon Press 1991; ursprgl. 1862

Günter Trolldenier: Bodenbiologie. Die Bodenorganismen im Haushalt der Natur. Stuttgart: Kosmos 1971

Siegfried Unseld: Goethe und der Ginkgo. Ein Baum und ein Gedicht. Frankfurt a. M. und Leipzig: Insel-Verlag 1998

Urwaldreservat Bödmeren. Vegetationstypen und deren Verbreitung; Spätglaziale und holozäne Vegetationsgeschichte (Pollenanalyse); Kleinsäuger. (Berichte der Schwyzerischen Naturforschenden Gesellschaft, dreizehntes Heft). Einsiedeln: Schwyzerische Naturforschende Gesellschaft 2001

Verordnung des Allerdurchlauchtigsten, Großmächtigsten Fürsten und Herrn, Hm. Friedrichs, von Gottes Gnaden der Schweden, Gothen und Wenden Königs, Landgraffen zu Hessen, Fürsten zu Herßfeldt, Graffen zu Catzenelnbogen, Dietz, Ziegenhayn, Nidda und Schaumburg. Cassel, gedruckt bei Hüter und Harmes, Königl. Schwed. Fürstl. Hess. Hof-Buchdruckere 1739

Harald Vieth: Hamburger Bäume. Hamburg: Selbstverlag Vieth 1995

Leonardo da Vinci: Sämtliche Gemälde und die Schriften zur Malerei, hrsg. Von André Chastel. München: Schirmer/Mosel 1999

Robert Walser: Verstreute Prosa I (1907–1919). Hrsg. von Jochen Greven. Zürich und Frankfurt a.M.: Suhrkamp o.J.

Theo Weber: Lehrer Urwald. In: Walter Kälin, Ernst Scagnet: Urwald in den Schwyzer Bergen. Schöne wilde Bödmeren. Zürich: Werd, 2. Aufl. 1997

Lynn White, Jr.: The Historical Roots of Our Ecological Crisis. In: Science, March 1967, S. 1203–1207

William Butler Yeats: Collected Poems. London: Macmillan 1933

ABBILDUNGSNACHWEISE

S. 236 © Horst Janssen
S. 108 © Hansjörg Kuster
S. 86 © Karl-Heinz Raach
S. 6, 12, 42, 64, 154, 194, 216, 278 © Helmut Schreier
S. 278 © Antje Tönnis

Für Sie gratis: Unser beliebtestes Taschenbuch.

Jedes Jahr verteilen wir Millionen dieses Büchleins (Bibeldünndruckpapier, Format 11 x 19 cm, Broschur), das sich in aller Bescheidenheit als »Heft« bezeichnet: Das Merkheft, der Katalog von Zweitausendeins mit allen Büchern, CDs, DVDs und Softwaren, die es bei uns gibt.

Manches gibt es nur bei uns, und das meiste gibt es so billig auch nur bei uns. Wenn Ihnen dieses Buch gefallen hat, können wir versprechen: Im Merkheft finden Sie noch viel mehr Dinge, die Ihnen gefallen.

Und wo gibt es das Merkheft? Nur bei uns. Wir schicken es Ihnen kostenlos und ohne Verpflichtungen. Einfach im Internet bestellen unter www.Zweitausendeins.de/Merkheft oder mit diesem Coupon anfordern. *Die gespeicherten Adressen unserer Kund/inn/en werden nicht weitergegeben.*

Hiermit wird bestellt:

Einsenden an
Zweitausendeins, Postfach, 60381 Frankfurt am Main

Telefon 069-4208000, Telefax 069-415003

Bitte senden Sie das kostenlose Merkheft und den Newsletter Merkmail an diese Adresse:

Name, Vorname

Straße, Nummer

Postleitzahl, Ort

E-Mail

Datum, Unterschrift